高等职业教育"十四五"规划教材

U0965321

药用菌生产

崔颂英　刘俊杰　主编

中国农业大学出版社
·北京·

内容简介

本书为园艺技术专业群国家双高建设成果。全书共有 5 个模块 30 个学习单元，配套 200 多幅图片，13 个二维动画，24 个教学视频，内容涵盖药用菌（大型真菌）生产的基础知识、制种基本条件与技术、菌种选育技术、栽培技术、病虫害防治技术 5 个部分。制种技术和栽培技术是本教材重点学习部分，对应设计了 12 个实验实训内容。本书可以作为高等职业院校农林类相关专业的教材，也可以作为中等职业技术学校相关教师和广大药（食）用菌生产、经营及爱好者的参考用书。

图书在版编目（CIP）数据

药用菌生产 / 崔颂英，刘俊杰主编. -- 北京：中国农业大学出版社，2024.2
ISBN 978-7-5655-3153-8

Ⅰ. ①药… Ⅱ. ①崔…②刘… Ⅲ. ①药用菌类-高等职业教育-教材 Ⅳ. ①Q949.3

中国国家版本馆 CIP 数据核字（2024）第 024565 号

书　　名　药用菌生产
作　　者　崔颂英　刘俊杰　主编

策划编辑　康昊婷　　**责任编辑**　康昊婷　刘彦龙
封面设计　郑　川　李尘工作室
出版发行　中国农业大学出版社
社　　址　北京市海淀区圆明园西路 2 号　　**邮政编码**　100193
电　　话　发行部 010-62733489，1190　　编辑部 010-62732617，2618
出版部 010-62733440　　读者服务部 010-62732336
网　　址　http://www.caupress.cn　　**E-mail**　cbsszs@cau.edu.cn
经　　销　新华书店
印　　刷　北京鑫丰华彩印有限公司
版　　次　2024 年 2 月第 1 版　2024 年 2 月第 1 次印刷
规　　格　185 mm×260 mm　16 开本　15.25 印张　384 千字
定　　价　66.00 元

图书如有质量问题本社发行部负责调换

编审人员

主　编　崔颂英（辽宁农业职业技术学院）

刘俊杰（辽宁省农业科学院食用菌研究所）

副主编　牛长满（辽宁农业职业技术学院）

关丽霞（辽宁农业职业技术学院）

邹存兵（辽宁三友生物科技集团有限公司）

伦志明（黑龙江农业经济职业学院）

毕　博（长春中医药大学）

参　编　刘　迪（辽宁农业职业技术学院）

马　野（葫芦岛农函大玄宇食用菌野驯繁育有限公司）

李　红（辽宁省农业科学院食用菌研究所）

邢路军（河北旅游职业学院）

李宇伟（河南牧业经济学院）

王志勇（咸宁职业技术学院）

审　稿　马世宇（葫芦岛农函大玄宇食用菌野驯繁育有限公司）

前 言

习近平总书记在党的二十大报告中强调，育人的根本在于立德。为全面贯彻党的教育方针，落实全国职业教育大会和全国教材工作会议精神，根据《国家职业教育改革实施方案》和《关于推动现代职业教育高质量发展的意见》要求，落实立德树人、培养德智体美劳全面发展的社会主义建设者和接班人的教育方针，结合新农科高等职业教育的发展需要，按照高等职业教育培养能够从事生产、建设、管理、服务一线的高素质技术技能人才的目标，结合高等职业教育园艺技术类专业人才培养"具有农业生物技术等职业岗位(群)所需的基本理论和专业技能，具有较强综合职业能力的高技能应用型人才"的要求，我们编写了《药用菌生产》一书。

药用大型真菌(以下简称药用菌)一般是指能够形成大型子实体或菌核的高等真菌，其中大部分属于担子菌亚门，少数属于子囊菌亚门。药用菌在生长、发育的过程中，菌丝体、菌核或子实体能够产生酶、蛋白质、脂肪酸、氨基酸、肽、多糖、生物碱、甾醇、萜类、苷类以及维生素等具有药理活性和对人体疾病有抑制或治疗作用的物质。临床上直接利用菌丝体、菌核、子实体，或是利用从其中分离出来的有效物质作为药用制剂和保健食品的原料。《中国经济真菌》(卯晓岚，1998)收录了我国具有经济价值的大型真菌 1 341 种，其中药用菌 451 种，已经用于抗肿瘤治疗的有 302 种。药用菌的生产对于开发药用制剂和保健食品市场，具有重要的意义。

本书是园艺技术专业群国家双高建设成果，由辽宁农业职业技术学院和中国农业大学出版社共同牵头，组织国内多所从事药(食)用菌教学、生产、科研工作的教师、科研人员、企业人士共同编写。教材系统介绍了药用菌生产的基础知识、制种基本条件与技术、菌种选育技术、栽培技术、病虫害防治技术五个部分。制种技术和栽培技术是本教材重点学习内容，栽培技术部分加入产品开发内容，同时针对重点学习部分设计了 12 个实验实训内容。在教材编写过程中，编写团队从理论与实践相结合的角度入手，按照在真实的生产环境中模拟企业化生产的理念展开教材内容，做到了理论与实践的高度统一。教材拓展阅读部分介绍了菌业名人事迹、创新创业案例、科技兴农典型等，旨在培养学习者的工匠精神和家国情怀。全书重点、难点和实验实训部分设计制作了配套的动画和视频，增加了学习效果。本书可以作为高等职业院校农林类相关专业的教材，也可以作为中等职业技术学校相关教师和广大食（药）用菌生产、经营及爱好者的参考用书。

教材编写分工如下：崔颂英、牛长满、马野、邢路军编写前言、彩色组图、超级链接、模块二、模块四单元三、模块六、全部动画和视频并制作除署名外的全部图表；刘俊杰、刘迪、李红编写模块一、模块四单元九和单元十；牛长满、刘迪编写模块三；关丽霞编写模块四单元一、单元二；伦志明编写模块四单元四、单元五；邹存兵编写模块四单元六、单元七；毕博编写模块四单元八；李宇伟编写模块五单元一、单元二、单元三、单元四；王志勇编写模块五单元五、单元六、单元七。

崔颂英、刘俊杰、关丽霞进行了前期统稿工作，崔颂英对全书进行了最后的定稿工作，葫芦岛农函大玄宇食用菌野驯繁育有限公司马世宇董事长为教材审稿。在此对马先生、教材编写团队全体人员的辛勤劳动深表谢意！由于编者水平有限，编写时间仓促，如果教材使用过程中疏漏之处给您造成了不便，敬请谅解！同时也衷心希望您能够及时与我们联系，对教材的使用与建设提出更好的意见和建议，以便再版时予以修改！

编　者
2023年6月

目 录

数字资源索引

模块一 药用菌概述

知识目标

了解药用菌的生物学特性。
熟悉药用菌的来源、药效成分、药理作用和产品开发的知识。
掌握药用菌对营养条件和环境条件的需求。

单元一　药用菌生物学特性

药用菌的生长发育过程可分为营养生长（菌丝体阶段）和生殖生长（子实体阶段）两个阶段。菌丝体相当于高等植物的根、茎、叶等营养器官，具有分解、吸收和输送水分和营养物质的功能。生长在培养基中的基内菌丝能够对培养基物质进行降解和吸收，也能够对降解吸收后的营养物质进行输送和贮藏；生长在培养基上部的气生菌丝能够进行有性繁殖。子实体相当于高等植物的花和果实，能够产生药用菌的生殖细胞，如伞菌类的分生孢子、子囊菌类的子囊孢子。

专题一　菌丝体

大型真菌的孢子是微小的繁殖单位，在适宜的条件下萌发成菌丝，随后在培养基上向各方向呈辐射状延伸、分支，并吸收养分。药用菌的菌丝均为多细胞，细胞管状，壁薄，透明。细胞内含有一个、两个或多个细胞核。真菌菌丝由多细胞组成，细胞与细胞相连接处，有的无隔膜（鞭毛菌亚门、接合菌亚门），有的隔膜不完全（子囊菌亚门），有的隔膜较完全（担子菌亚门）（图 1-1）。根据不同阶段的生长发育特点，菌丝又可以分为初生菌丝、次生菌丝和三次菌丝。大量的菌丝缠绕在一起形成菌丝体。

不同真菌的菌丝在其进化过程中，对环境条件已有了高度的适应性，产生了各种结构和功能不同的特殊形态，如菌索（图 1-2）、菌髓、菌核等。

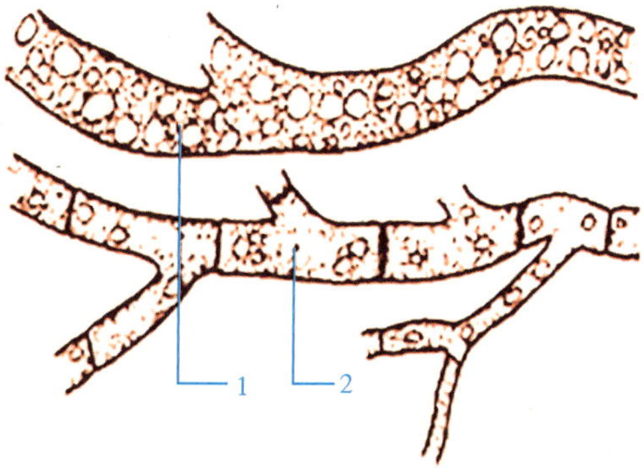

图 1-1　菌丝形态（仿黄毅）

1. 无隔菌丝　2. 有隔菌丝

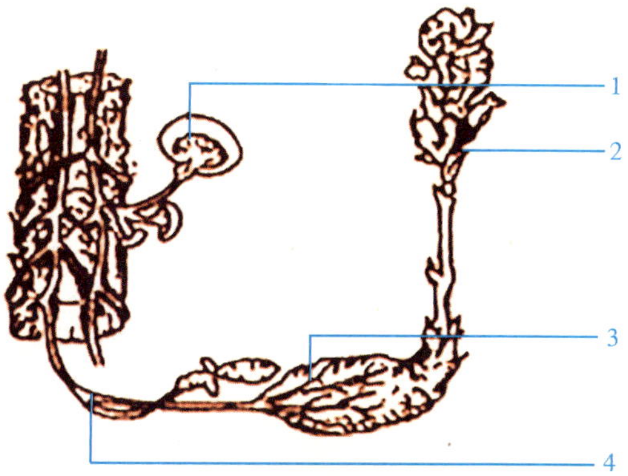

图 1-2　菌索（仿黄毅）

1. 蜜环菌　2. 天麻花序　3. 天麻　4. 菌索

专题二　子实体

有资料显示，伞菌占药用菌总量的 90%左右，这里重点介绍大型伞菌子实体的形态。

药用菌子实体的菌盖一般呈伞形，但也有其他形状。菌盖表面有黏液、纤毛等各种分泌物和附属物，而且不同种类由于表皮色素的不同而呈现出各种颜色，这些都成为分类的重要依据。图 1-3 为伞菌子实体模式图。

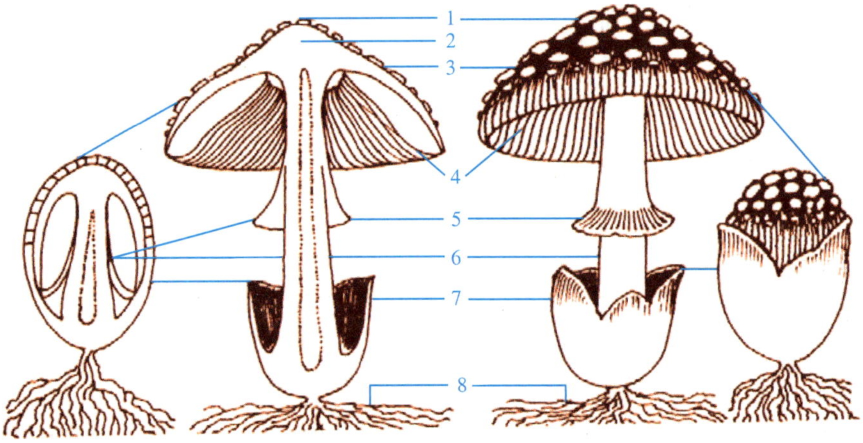

图 1-3　伞菌子实体模式图(仿卯晓岚)

1. 鳞片　2. 菌肉　3. 菌盖　4. 菌褶　5. 菌环　6. 菌柄　7. 菌托　8. 菌索

专题三　分类地位

现代很多学者将真核生物分为植物界、动物界、菌物界。药用菌隶属菌物界真菌门中的子囊菌亚门和担子菌亚门(图 1-4 至图 1-8)。

- 生物
  - 原核生物
    - 细菌门
    - 蓝藻门
  - 真核生物
    - 菌物界
      - 黏菌门
      - 真菌门
        - 鞭毛菌亚门
        - 接合菌亚门
        - 子囊菌亚门—药用菌
        - 担子菌亚门—药用菌—伞菌目
        - 半知菌亚门
      - 地衣门
    - 植物界
    - 动物界

图 1-4　药用菌的分类地位

图 1-5　鸡腿菇(担子菌亚门)

图 1-6　大球盖菇(担子菌亚门)

图 1-7　羊肚菌(子囊菌亚门)

图 1-8　双孢菇(担子菌亚门)

专题四　生活史

在光学显微镜下观察可发现，菌褶是由菌肉、菌丝向下生长形成的菌髓组织，呈柳叶状；靠近菌髓两侧的菌丝形成紧密区，此为子实体层基(下子实层)；由子实体层基向外再产生栅状排列的担子和囊状体。担子上着生有 2～4 个担孢子。担子、担孢子和囊状体组成子实层。

成熟的子实体可以产生有性孢子。在担子菌和子囊菌类中的有性孢子分别称为担孢子和子囊孢子。在担子菌类中，有些菌类的生活史中还存在着无性阶段，形成无性孢子，如分生孢子、粉孢子、芽孢子、厚垣孢子等。

药用菌的有性生活史，以伞菌的生活史为例，主要有以下几个过程。

(1)生活史开始　担孢子萌发成单核菌丝。

(2)单核菌丝质配　单核菌丝质配，发育成双核菌丝。多数种类的双核菌丝可见锁状联合(图 1-9)。

(3)子实体发生　在适宜的环境条件下，双核菌丝体组织化，形成各种药用菌所特有的子实体。

(4)原担子形成　菌褶表面或菌管内壁的双核菌丝的顶端细胞，发育成原担子。

(5)担子形成　核配形成的双倍体核进行减数分裂，产生 4 个单倍体核，原担子变成担子。

(6)担孢子形成　各个单倍体核分别移至担子小梗的顶端，形成担孢子(图 1-10)。

(7)生活史结束　担孢子弹射，完成生活史全部过程(图 1-11)。

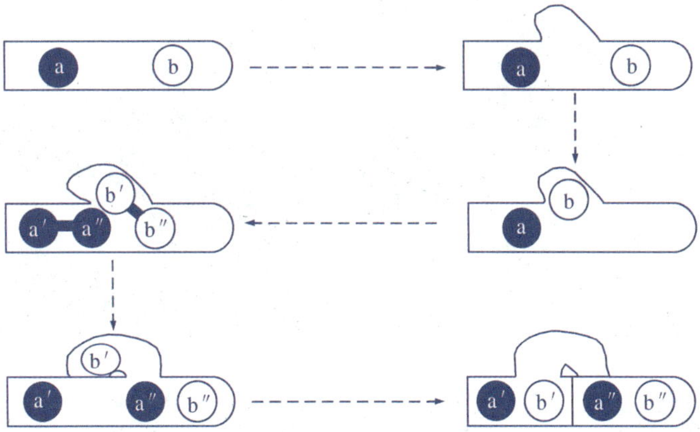

图 1-9　**锁状联合示意图(仿黄毅)**

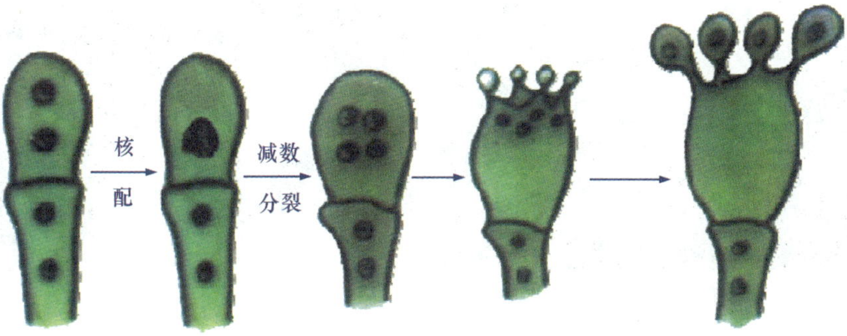

图 1-10　**担孢子形成示意图(仿黄毅)**

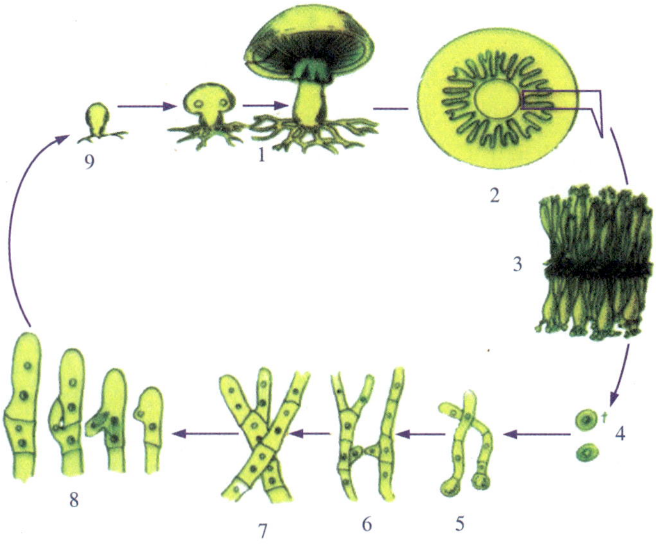

图 1-11　**伞菌生活史示意图(仿黄毅)**

1. 子实体　2. 菌褶　3. 子实层体　4. 担孢子　5. 单核菌丝萌发　6. 质配
7. 双核菌丝(异双核体菌丝)　8. 锁状联合　9. 子实体原基

专题五　药用菌营养条件

药用菌生长所需要的营养物质，可分为碳源、氮源、无机盐和维生素等。

1.碳源

碳源是细胞和新陈代谢产物中碳素来源的营养物质，其主要作用是构成细胞结构物质和提供药用菌生长繁殖所需要的能量及其代谢调节物质。碳是药用菌中含量最多的元素，占菌体成分的50%～65%，碳源是药用菌最重要的营养源之一。自然界中的碳素，可分为无机态碳和有机态碳，药用菌只能利用有机态碳。药用菌吸收的碳素大约有20%用于合成细胞，80%提供维持生命活动所需要的能量(表1-1)。

表1-1　药用菌对有机态碳的利用情况

有机态碳类别	有机态碳主要种类及利用情况
单糖	葡萄糖*、果糖、甘露糖、半乳糖等
寡糖	麦芽糖*、乳糖、纤维二糖
多糖	淀粉*、纤维素*、半纤维素*、木质素*
有机酸	糖酸、乳酸、柠檬酸、延胡索酸、琥珀酸、苹果酸、酒石酸
醇类	甘露醇*、甘油*

注：*为比较容易被药用菌利用，未标记的为一般利用或不易利用。

木腐菌分解的基质主要是木材及其下脚料和秸秆。木材的主要成分为纤维，包括纤维素、半纤维素及木质素，占木材干物质的95%以上。此外，还有含氮物质，其总量约占木材干物质的0.03%～10%。一般树干中的灰分含量为1%，主要成分为单糖、双糖及多糖中的淀粉。药用菌对纤维素、半纤维素和木质素的利用情况见表1-2。

表1-2　药用菌对纤维素、半纤维素和木质素的利用情况

碳源种类	参与分解的酶类	腐生菌类型
纤维素	纤维素酶	褐腐生，如茯苓
半纤维素	半纤维素酶	—
木质素	过氧化物酶	白腐生，如香菇

2.氮源

氮源是合成蛋白质和核酸不可缺少的原料，是药用菌最主要的营养物质之一，但一般不提供能量。药用菌对氮源的利用情况见表1-3。

表1-3　药用菌对氮源的利用情况

氮源类别	具体种类	利用情况
有机态氮	尿素、氨基酸、蛋白胨、蛋白质	直接或间接利用
无机态氮	硝态氮、铵态氮、铵盐	利用较差

菌丝能直接吸收、利用尿素等小分子有机氮，而高分子的有机氮必须通过菌丝分泌的蛋白酶，被分解成氨基酸后才能被菌丝吸收。不同菌株蛋白酶的活性强弱不同。蛋白酶活性强的菌株(如金针菇、杨树菇等)，在人工合成培养基内要添加更多的氮源来满足其生理要求，但添

加到培养基质中的氮源浓度不能过高，如一味地提高氮源浓度，将引起菌丝旺长，营养生长期延长，出菇推迟。

不同菌类栽培所选择的培养基质不同，在天然材料中一般禾本科植物 C/N 为(60～80)∶1，而木本植物残体的 C/N 为(200～350)∶1。因而在袋料栽培中，为适合不同菌类的种性和获得高产，常加些有机物如麸皮、牛粪等，或经过发酵来调节 C/N。此外，在不同发育阶段 C/N 是变化的，一般营养生长阶段 C/N 较低，而生殖生长阶段 C/N 较高。

3. 无机盐

无机盐提供药用菌生长所需要的矿质元素。药用菌生长发育所需要的大量元素有氮、磷、硫、镁、钾、钙等，它们参与细胞结构物质和酶的组成、维持酶的作用、能量的转移、控制原生质的胶体状态和调节细胞的渗透压等；微量元素包括铁、铜、锌、锰、硼、钴、钼等，它们是酶活性基的组成成分或是酶的激活剂。从菇体的灰分分析中可知，矿物质含量仅占 0.3%～0.7%，其中主要元素为磷、钾、镁等。配制培养基时常用的无机盐有磷酸二氢钾、磷酸氢二钾、石膏、硫酸镁、碳酸钙等。

4. 维生素

药用菌生长发育所需要的维生素类物质用量甚微，一般添加浓度为 0.01～0.1 mg/L，但维生素类物质对药用菌生长发育有重要影响。维生素在马铃薯、酵母、麦芽、豆芽、麦麸、米糠等植物性材料中含量很丰富，一般没有必要另外添加。

专题六 药用菌生长环境条件

药用菌的生长发育受到内外双重因素的控制。内部因素是由药用菌自身的遗传规律所决定的，是自然界进化的结果。外部因素包括温度、湿度、水分、空气、光照、pH 等。只有掌握了药用菌的生长发育所需的内外因素，人为地创造适宜的环境条件，才能够满足药用菌生长发育的要求。

1. 温度

温度对药用菌生长发育的影响，其实质是温度决定酶的活性，从而影响药用菌的代谢。菌丝体阶段，一般来说比较耐低温，低温对其只是起抑制作用，并无伤害。而高温对菌丝体则具有伤害性，常导致菌丝体萎蔫死亡。如栽培中(尤其是反季节栽培)出现的“烧菌”现象，就是温度过高造成的伤害。菌丝体生长发育的适宜温度一般为 20～22 ℃，温度高于 33 ℃菌丝会受到伤害。子实体分化阶段所要求的温度总的来说较菌丝体阶段要低。根据子实体分化的适宜温度可以将药用菌分成三个温度类型，根据子实体分化时对温度的需求，又可将药用菌分成两个结实类型(表 1-4、表 1-5)。

药用菌的环境条件　　药用菌的营养条件　　药用菌形态及生活史

表 1-4　药用菌的温度类型

温度类型	子实体分化最适温度	代表种类
低温型	20 ℃以下	香菇、平菇、金针菇等
中温型	20～24 ℃	木耳、银耳等
高温型	24～30 ℃	草菇

表 1-5　药用菌的结实类型

结实类型	温度需求	代表种类
变温结实型	8～10 ℃的变温刺激一定时间	香菇、平菇、金针菇等
恒温结实型	不需要变温刺激	黑木耳、草菇、灵芝等

子实体发育阶段的温度较菌丝体阶段低，较子实体分化阶段高。在一定的温度范围内，高温环境中子实体生长快，但菌柄长、易开伞、菌肉薄、商品价值低；而在低温环境中，子实体生长慢，但肉厚、朵大、商品性状好。

由图 1-12 可以看出，在药用菌生长过程中，其对温度的需求均呈现前高后低的规律。菌丝体阶段对温度的需求较子实体分化阶段和子实体生长发育阶段高，而子实体分化阶段对温度的要求最低。

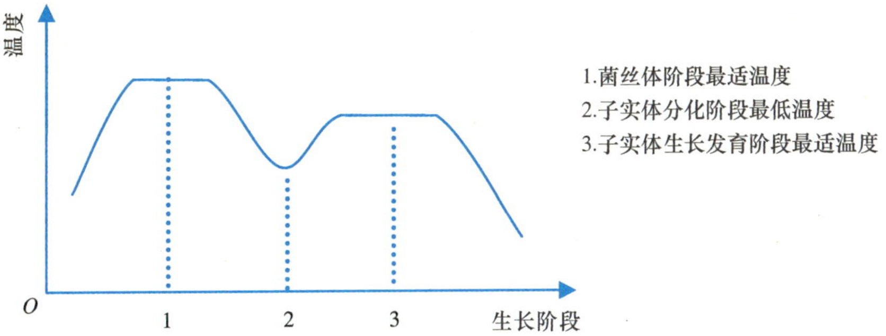

图 1-12　药用菌生长发育不同阶段的温度变化曲线

生产实践中一定要注意，子实体生长发育温度是指气温，而菌丝体生长发育温度和子实体分化温度，是指培养料的温度。发菌期间料温一般比环境温度高几度到十几度，因此，在栽培管理时既要注重料温，又要注重气温，两者一定要兼顾。

2. 水分和湿度

水是构成药用菌细胞的成分，起维持细胞膨压并起到运送营养物质的作用。药用菌栽培过程中的水分是指培养料的含水量，湿度是指栽培空间的空气含水量。药用菌在生长发育过程中喜欢潮湿的环境，不耐干旱。不同的生长发育阶段对水分和湿度的要求不尽相同，尤其是湿度，差异很大。菌丝体阶段主要是保证菌丝迅速地向基质中定植蔓延，此阶段培养基质的含水量高低是至关重要的，对湿度要求不高。子实体分化和子实体生长发育阶段对湿度的要求明显增加，尤其当子实体进入旺盛的快速生长时期时，要求更高的湿度。子实体原基分化阶段和菇蕾期间，子实体原基十分脆弱，此时湿度是决定其能否正常发育成子实体的关键因素。因此，生产中一般使用喷灌设施或高压喷雾设备向栽培空间和地面喷雾状水，这既可以增加湿度，又不伤害原基和菇蕾。后期子实体快速生长阶段，一方面栽培环境中二氧化碳积累过高，另一方面对湿度要求很高，实际生产中要注意少喷勤喷水，及时通风换气，灵活调节湿度，以保证子实体发育良好，同时注意通过干湿球温度计准确监测栽培环境的空气相对湿度。药用菌生长发育不同阶段对水分和湿度的需求见表 1-6。

表 1-6　药用菌生长发育不同阶段对水分和湿度的需求

生长发育阶段	水分、湿度需求
菌丝体阶段	湿度在 60%左右，代料栽培水分在 55%～65%
子实体分化阶段	湿度要求在 80%～85%
子实体生长发育阶段	湿度要求在 85%～90%

3. 空气

药用菌是好氧型生物，其利用呼吸作用吸收 O_2，释放 CO_2，但却不能利用 CO_2，这样势必造成栽培环境中的 CO_2 积累。因此，通过通风换气，供给充足的 O_2，排出多余的 CO_2，是保证药用菌正常生长的重要措施。通风效果以嗅不到异味、不闷气、感觉不到风的存在及不引起温、湿度大幅度变化为宜。O_2 与 CO_2 对药用菌生长发育不同阶段的影响见表 1-7。

表 1-7　O_2 与 CO_2 对药用菌生长发育不同阶段的影响

生长发育阶段	O_2 与 CO_2 的影响
菌丝体阶段	对高浓度的 CO_2 敏感，造成菌丝生长缓慢、细弱、生活力下降、颜色灰白
子实体分化阶段	对 O_2 需求量不大，此时略提高 CO_2 浓度，对原基整齐分化有利
子实体生长发育阶段	对 O_2 需求量急剧增加，CO_2 浓度过高会形成畸形菇

4. 光线

药用菌不能进行光合作用，因此，一般不需要直射光照。另外，直射光照会加速蒸腾速度，使原基失水萎蔫。另外，阳光中的紫外线对菌丝体有伤害。但必要的散射光是诱导子实体原基分化和保证子实体良好生长的重要条件（表 1-8）。

表 1-8　药用菌生长发育不同阶段对光照的需求

生长发育阶段	O_2 与 CO_2 的影响
菌丝体阶段	不需要光照，暗光培养
子实体分化阶段	大多数品种需要一定量的散射光刺激以诱导原基的形成
子实体生长发育阶段	大多数品种需要 500～1 000 lx 的散射光，以使子实体朵形正、色泽好

5. pH

pH 对药用菌的影响，主要是 pH 能够调节酶和细胞膜的活性，从而对代谢过程产生影响。一般偏酸的基质适于木腐菌生长，偏碱的基质适于草腐菌生长。生产实践中，由于灭菌处理和菌丝生长过程中产生酸性物质，都会使培养料 pH 有所下降，这就要求培养料配制好后，pH 要比适宜 pH 高 1～1.5 个单位。

单元二　药用菌资源

大型真菌的种类很多，人们对其经济价值的认识是随着经验的积累，特别是科学技术的进步而不断得到发展的，从而使记载的药用真菌种类不断丰富。

专题一　古代典籍记载的药用大型真菌

我国现存最早的药学专著是《神农本草经》，所载药用大型真菌有六芝、茯苓、桑耳、猪苓、罐菌、雷丸、僵蚕等十余种，对每种药用大型真菌的产地、采收、加工炮制、制剂、配伍、禁忌、服法等用药原则都进行了简要说明。在魏晋以后编纂的本草著作，如《名医别录》《唐本草》《本草拾遗》《食疗本草》《证类本草》和《日用本草》等，所记药用大型真菌种类有了很大增加。明朝李时珍著《本草纲目》已将"芝栭类"作为一个独立的生物类群，所载药用大型真菌有芝、木耳、杉菌、香蕈、天花蕈、蘑菰蕈、鸡枞及见于"木部"的茯苓、猪苓等共 20 余种，充分展示出药用真菌在中药学上的独立地位。

专题二　药典和药品标准记载的药用大型真菌

在药典和国家、地方药品标准中所记载的药用大型真菌的种类虽然不多，但是对其药物性能的基础研究有很充分的论述，对新药的开发具有重要的指导意义。随着研究工作的深入，有些药品的功用和主治范围已经超越药典、药品标准的记载，因此要通过文献检索，扩大视野，以实现由老药开发出新药。

专题三　民间习用的药用大型真菌

在丁恒山所著《中国药用孢子植物》(1982)中，记载药用真菌 144 种，其中绝大部分是民间习用的药用大型真菌种类。有些药用大型真菌的利用具有明显的区域特色。例如，浙江庆元民间用苦粉孢牛肝菌治疗风火牙痛；福建民间使用茶薪菇加生姜炖服，治疗头晕、头痛、腰腹疼痛；湖北房县等地使用血红银耳作为治疗妇科疾病的药物，天门用黑蛋巢菌治疗胃气痛；河北和内蒙古使用白蘑的菌核治疗胃痛等。民间习用的药用大型真菌的特点是多用于治疗常见病和多发病，这对于开发新药具有重要的参考价值。

专题四 新开发的药用大型真菌

近年来，随着药用大型真菌研究的深入，对过去用途不明或在民间有一定应用经验的真菌，如白耙齿菌、层卧孔菌、云芝、猴头、安络小皮伞菌、发光假蜜环菌、树舌等，均已经被开发出新药。还有一些品种的大型真菌已经进入研制和临床试验阶段。寻找新的药用大型真菌已经日益受到重视。

专题五 有待开发的药用大型真菌

药用大型真菌是一个有待深入开发并颇具潜力的领域，是药学研究工作者倍加关注的对象。根据国内外有关文献的预测，几年后，利用波缘多孔菌、长根菇、茴香杯蕈、黄色耙齿菌、竹小肉座菌、铆钉菇、刺毛纤孔菌等可以开发出多种新药。目前，在这个方面已经取得了很大的突破。

专题六 毒菇类

有些毒蘑菇的毒素成分具有潜在的药用价值。蟾蜍素是毒伞属比较普遍存在的剧毒成分，具有类似于危害脑神经的活性物质 γ-氨基丁酸的作用，可抑制中枢神经痛觉的传导。根据国外学者的报道，蟾蜍素不能直接应用于临床，但是其衍生物——四氢异噁唑吡啶醇则是一种高效镇静剂，且毒性很小，不具有使人上瘾的特点，目前该药已经在国外进行了开发。在毒蝇伞中还有一种类似四氢异噁唑吡啶醇活性物质，有很强的抗抽搐功能，能终止在动物身上诱发的癫痫病发作。国外的学者正在对这种活性物质进行研究，以发现治疗精神病的新药。另外，在毒粉褶伞、魔牛肝菌、毒红菇、亚稀褶黑菇、鳞皮扇菇、黄粉牛肝菌等毒蘑菇中寻找新的特效药物，已经在药学界日益受到重视。

让我们一起来了解一下祖国丰富的药用菌资源

单元三　药用菌的药效成分

专题一　多糖类

药用大型真菌多糖和从高等植物中提取的多糖相似，它们都是由7个分子以上存在于自然界中的醛糖和酮糖通过糖苷键缩合而成的多聚物。这些物质存在于大型真菌的子实体、菌核或菌丝体中，也可以从它们发酵的菌液中提取得到。

药用大型真菌多糖具有多方面的生物活性，特别是近年来发现一些药用大型真菌多糖具有显著的抗癌活性和调节机体免疫功能的作用，引起了人们的广泛注意。我国发现的有价值真菌多糖也有近30种之多，其中灵芝多糖、香菇多糖、猪苓多糖、云芝多糖、银耳多糖等多种多糖制剂已经通过鉴定投放市场，收到很好的经济效益和社会效益。

1. 灵芝多糖

灵芝多糖是从灵芝中分离得到的一种水溶性抗肿瘤单糖，组成为葡萄糖∶木糖∶阿拉伯糖＝18.3∶1.5∶1.0。它能显著抑制小鼠肉瘤S-180的生长。

从赤芝的子实体中分离得到一种粗多糖D，又从这个粗多糖中分离得到多糖D6，它能促进蛋白质和核酸的合成，对血清、肝脏及骨髓细胞蛋白质或核酸更新、合成促转录过程，加速分裂增殖均起促进作用。它是灵芝扶正固本的主要有效成分之一。

从树舌中分离得到5种多糖和1种抗癌葡聚糖，同时也具有免疫调节作用。

从松杉灵芝和日本灵芝中均分离得到多糖类成分。

从紫芝中分离得到14种多糖成分，发现他们大多数是由两种单糖结合而成的，其中有5种多糖对S-180有抑制作用。

2. 香菇多糖

香菇多糖是从香菇的菌丝体中分离得到的多糖，它不仅对S-180等同种移植瘤，而且对同系癌、自发癌的生长周期也能明显抑制，并对化学致癌、病毒致癌均有预防效果，还具有免疫调节作用。

3. 云芝多糖

云芝多糖是从云芝的菌丝体中分离得到三种多糖，从发酵液中分离得到两种多糖，这些多糖均是含有蛋白质的葡聚糖。其中PS-K能明显抑制动物肿瘤，而且抗瘤谱很广，是近年来引人注目的癌免疫化疗药物。

4. 茯苓多糖

茯苓多糖是从茯苓中分离得到多糖化合物，用化学方法处理使之转化成为羧甲基茯苓多糖，该糖具有抗肿瘤、免疫调节、保肝、减轻放射治疗副作用等活性。

5. 银耳多糖

银耳多糖是从银耳的子实体中分离得到的多糖TF，是由岩藻糖、阿拉伯糖、木糖、甘露糖、葡萄糖和葡萄糖醛酸组成的。从其固体发酵培养的银耳孢子中分离得到多糖 TSF，从银耳和酵母状分生孢子中分离出一种酸性异多糖，这些多糖体除了有增加免疫功能和明显抑制 S-180 的作用外，还具有抗放射作用等。

从猴头菌、裂褶菌、安络小皮伞、雷丸、裂蹄木层孔菌、竹黄以及竹荪等药用大型真菌中都可分离得到多糖或糖蛋白，它们多具有抗肿瘤和增强免疫功能的生理活性。

专题二 萜类化合物

萜类或萜类似物包括自然界存在的许多类型的化合物，具有 C_5H_8 的通式以及其含氧和饱和程度不等的衍生物，根据其组成可分为单萜、倍半萜、二萜、二倍半萜和三萜、四萜、五萜乃至多萜等。这类化学成分广泛分布于高等植物、菌类和海洋生物中。

目前，自药用大型真菌中分离得到的萜类成分多属于倍半萜、二萜和三萜等。它们显示出不同的生理活性和具有有趣的化学结构，因此发展比较快，分离得到的化合物也比较多。

专题三 药用大型真菌常见的色素类化合物

色素类化合物在真菌中广泛分布。根据目前得到的成分，主要分为双聚色酮类化合物和芘蒽醌类衍生物两种类型。

专题四 药用大型真菌常见的生物碱类成分

生物碱是真菌中的一类重要代谢产物，根据已经分离得到的化合物可以分为两个大的类型：吲哚类生物碱和嘌呤类生物碱。

专题五 氨基酸、多肽、蛋白质类成分

大型真菌中含有丰富的氨基酸和蛋白质类成分，是衡量真菌食用价值的重要指标。另外，一些真菌中的氨基酸、多肽、蛋白质类，具有抗癌的生物活性，更进一步激发了人们对药用大型真菌中这类成分的研究兴趣。

专题六 其他化合物

药用大型真菌除了含有上述各主要类型成分外，还含有许多其他类型的成分。甾醇类化合物是构成药用大型真菌的又一化合物。

有机酸是药用大型真菌另一类重要的化学成分。从发酵培养的蜜环菌菌丝中分离得到煤地衣酸和苔藓酸以及花生酸花生醇的酯；从头状秃马勃中提取出一种马勃酸，对革兰氏阳性细

菌、阴性细菌及霉菌有抑制作用；从金针菇中分离得到肉桂酸、壬二花酸和对羟基苯甲酸等成分。

微量元素对人体的营养和健康具有重要的作用。微量元素在药用大型真菌中广泛存在，如冬虫夏草、竹荪、灵芝、香菇等都含有丰富的微量元素，尤其是灵芝中的有机锗被认为是灵芝防癌、抗癌的有效成分。

单元四　药用菌的药理作用

药用大型真菌如灵芝、银耳、茯苓、冬虫夏草、香菇、雷丸等，自古以来就广泛用于防治疾病，是中医药宝库中的重要组成成分。长久以来，国内外学者对药用大型真菌的药理作用进行了深入的研究，取得了大量的研究成果。

专题一　抗肿瘤作用

迄今为止已在实验动物的肿瘤模型上筛选过 200 种左右的担子菌纲大型真菌的提取物，特别是多糖类对小白鼠 S-180 肉瘤、艾氏腹水癌等多种移植性肿瘤具有抗肿瘤作用。

从平盖灵芝（树舌）子实体中分离出来的多糖 G-2、从薄盖灵芝（铁山灵芝）和岛灵芝菌丝体中提取的多糖、从灵芝（赤芝）中提取的含有少量蛋白质的 4 种多糖、从灵芝（赤芝）中提取的灵芝多糖肽以及灵芝菌丝提取物等都具有显著的抑制肿瘤的作用。灵芝多糖的抑瘤机制之一是增强机体的免疫功能，如增强自然杀伤细胞（NK）活性，促进白细胞介素 2（IL-2）生成，诱导 γ-干扰素（γ-IFN）产生等。

真菌类药物特别是其所含多糖的抗肿瘤作用具有其他抗肿瘤药物不可比拟的特点。

①多数均无细胞毒性，在体外均不能抑制肿瘤细胞生长；少数非多糖成分如灵芝酸对离体培养的肝肉瘤具有细胞毒性作用。

②宿主中介性抗肿瘤作用，即上述真菌多糖虽无直接细胞毒性，但全身给药后，具有体内抗肿瘤作用，能使动物移植性肿瘤缩小或消退。

专题二　免疫调节作用

真菌类药物能够影响机体的多种免疫功能，具有免疫调节作用。

1. 增强单核巨噬细胞功能

灵芝类制剂（包括灵芝多糖类）、银耳多糖、银耳孢子多糖、香菇多糖、香菇菌多糖、云芝多糖、羧甲基茯苓多糖、猪苓多糖、蜜环菌多糖、冬虫夏草制剂（包括菌丝体和子实体提取物）等均能增强正常小鼠及注射免疫抑制剂小鼠或荷瘤小鼠的单核巨噬细胞的吞噬功能。

2. 增强细胞免疫功能

灵芝多糖、树舌多糖、松杉灵芝（子实体、菌丝体及发酵液）多糖、香菇多糖、银耳多糖、云芝多糖 K（PS-K）、云芝多糖肽（PSP）、发酵生产的云芝多糖（KS-2）、裂褶菌（胞内和胞外）多糖、羧甲基茯苓多糖等均能增强二硝基氯苯或二硝基氟苯致敏的正常小鼠的迟发型超敏反应。

3.促进细胞因子的产生

真菌类药物特别是真菌多糖类能促进多种细胞因子的产生，并因此而影响机体免疫功能。

灵芝多糖和银耳多糖可明显促进小鼠脾淋巴细胞产生白介素 2，并可以拮抗环孢素 A 和氢化可的松对脾淋巴细胞产生白介素 2 的抑制作用。研究发现，用灵芝多糖给小鼠灌胃能促进小鼠脾细胞白介素 2、白细胞介素 6 和肿瘤坏死因子(TNF)的 mRNA 表达。这表明灵芝多糖可能在转录水平影响这些因子的产生。银耳多糖也有相似作用。

4.增强体液的免疫反应

灵芝多糖(BN_3C)、松杉灵芝(子实体、菌丝体及发酵液)多糖、银耳多糖、香菇多糖、云芝多糖肽都可以促进 IgM 的产生，提高体液免疫反应。冬虫夏草制剂能促进体外培养的小鼠脾淋巴细胞增殖，提高脾淋巴细胞 E-玫瑰花结形成率，并可明显减轻对免疫抑制剂引起的脾重量减轻和 E-玫瑰花结形成率降低。

专题三　抗放射与促进骨髓造血功能

从赤芝子实体中提取出的灵芝液具有一定的抗放射作用，可明显降低^{60}Coγ 射线照射引起小鼠的死亡率，并使平均存活时间明显延长。

云芝多糖、茯苓多糖、猴头多糖等有一定的减轻化疗损伤作用。

专题四　保肝解毒作用

灵芝、紫芝、薄树芝、灵芝孢子、香菇、猪苓、云芝等制剂(提取物)对化学性肝损伤有不同程度的保肝解毒作用。研究发现，给小鼠灌胃灵芝酊能减轻四氯化碳(CCl_4)中毒性肝炎的病理组织学改变，并增强肝脏的解毒功能。研究还发现，灵芝或紫芝酒提物对 CCl_4 损伤肝细胞引起的 SGPT 升高均有降低作用。灵芝酒提物还使 CCl_4 肝炎动物升高的肝脏甘油三酯含量降低。银耳多糖、香菇多糖、猪苓多糖、灵芝多糖 D_6 和从薄树芝菌丝体中提出的薄醇醚等都具有保肝解毒作用。

专题五　对心血管系统的作用

1.对心肌缺血的保护作用

灵芝制剂如灵芝液、灵芝菌丝乙醇提取液、密纹薄芝发酵液、野生紫芝酒制剂以及人工栽培的紫芝酒制剂均能促进心肌摄取^{86}Rb，增加心肌营养性血流量，增加心肌供氧，这也可能是灵芝制剂对心脏保护作用的重要环节。

2.降低血脂和预防实验性动脉粥样硬化斑块形成

实验家兔长期口服灵芝浓缩液或糖浆可使实验性动脉粥样硬化板块形成缓慢且轻，但对血脂变化无影响。用自发性高血压大鼠进行实验，实验组在饲料中加入 5%的灵芝菌丝粉，对照组不加，4 周后实验组大鼠血浆及肝中胆固醇含量、血压比对照组明显降低。

3. 抗凝血和抗血栓形成作用

灵芝水提物能防止注射内毒素诱发播散性血管内凝血（DIC）大鼠的血小板和纤维蛋白原减少，延长前凝血酶原时间，增加纤维蛋白降解产物，防止肝静脉血栓形成。体外实验还发现，灵芝水提物对胶原诱发的血小板聚集有抑制作用。

专题六 对内分泌和代谢的作用

1. 对肾上腺皮质机能的影响

对摘除双侧肾上腺的大白鼠给予复方灵芝（灵芝菌丝＋银耳孢子）共 4 周，结果显示其自发性气管炎及间质性肺炎的发病率均低于未给药摘除双侧肾上腺的对照组。此结果表明，复方灵芝可能有肾上腺皮质激素样作用。

2. 降低血糖作用

灵芝子实体中提取的多糖 B 和多糖 C 及一些灵芝杂多糖均有降低血糖的作用。多糖 B 能提高正常大鼠和糖负荷大鼠血浆中胰岛素的水平，但对胰岛素与脂肪细胞的结合过程无影响，给药后可明显增加肝脏葡萄糖激酶、磷酸果糖激酶和葡萄糖-6-磷酸脱氢酶的活性，降低肝脏葡萄糖-6-磷酸合成酶和糖原合成酶活性。在对血浆中总胆固醇和甘油三酯水平无影响的情况下，可降低肝糖原的含量。

3. 提高动物耐受急性缺氧能力

研究表明，灵芝子实体、菌丝体及其发酵液和 Ganoderma sp. 发酵液制剂均能明显提高小白鼠耐受急性缺氧的能力。

专题七 其他作用

1. 对中枢神经系统的作用

灵芝发酵液或菌丝液、G. sp. 发酵液、灵芝酊及灵芝恒温渗滤液、灵芝浓缩液等制剂均可抑制小鼠自发性活动，具有明显镇静作用。灵芝制剂还能增强氯丙嗪、利血平的镇静作用，拮抗苯丙胺的兴奋作用。灵芝恒温渗滤液还对小鼠具镇静作用，可使小鼠热板法所致疼痛的阈值提高。G. sp. 发酵液对大鼠也有明显镇痛作用，可使辐射热所致大鼠甩尾反应（痛反应）的潜伏期显著延长，对约半数动物完全镇痛。

蜜环菌发酵液具有一定的抗惊厥作用。冬虫夏草和人工培养的虫草菌丝均能抑制小鼠自发性活动和增强戊巴比妥钠对小鼠的催眠作用。

2. 止咳、平喘作用

腹腔注射灵芝水提液、乙醇提液 A 和恒温渗滤液对恒压氢氧化氨喷雾所致的小鼠咳嗽反应有止咳作用。灵芝菌丝醇提液、灵芝浓缩液腹腔注射也有类似止咳作用。

冬虫夏草或虫草菌丝煎剂能显著扩张离体豚鼠支气管，使支气管肺灌流量增加。

3. 抗溃疡作用

银耳孢子多糖和银耳多糖均可显著抑制 Wistar 大鼠捆绑应激性溃疡的形成，降低溃疡等级；也可促进醋酸型溃疡的愈合，减少溃疡面积。但在相同实验条件下，对胃酸分泌和胃蛋白酶活性无明显影响。

4. 抗菌作用

体外实验表明，冬虫夏草素（虫草酸）对葡萄球菌、链球菌、鼻疽杆菌、炭疽杆菌、猪出血性败血症杆菌等均有抑制作用。冬虫夏草煎剂对须疮癣菌、絮状表皮癣菌、石膏样小芽孢癣菌、羊毛状小芽孢癣菌等真菌也有抑菌作用。

5. 抗病毒作用

灵芝、云芝、香菇等大型真菌提取物或组分对人类免疫缺陷病毒（HIV）的作用目前备受关注，也是研究的热点。有报道表明，灵芝提取液的低分子量的部分具有明显的抗 HIV 活性。另外，云芝多糖 K(PS-K)可抑制感染 HIV 的人 CD 阳性细胞的细胞病理过程。上述药物对 HIV 的抗性，主要是通过抑制 HIV 与细胞的结合来实现的。

药用菌基础知识

单元五　药用菌产品开发

药用菌产品的开发，主要体现在药用菌保健食品和药用菌制剂的开发两个方面。

我国的保健食品生产始于 20 世纪 70 年代末期，经历了三次大发展。第一次出现在 20 世纪 80 年代，一些大型药厂利用现有技术、设备和多年的市场声誉，生产出一批按照药品生产管理规范的产品，引发第一次保健食品高潮；第二次出现在 20 世纪 80 年代末，其显著特点是出现了一批不依赖于药厂的营养保健食品公司，使保健食品以新的商品属性进入市场；第三次出现在 1993 年以后，在世界性保健食品大发展的冲击下，呈现出异军突起、万马奔腾的新局面。据统计，全国已经有 3 000 多个厂家，注册生产的品种在 3 000 种以上，连同地方批准的，已逾万种，年总产值 300 多亿元，已形成一个多品种、多层次、多功能的产业框架。

保健食品的研制与开发，将引领新食品研制向着预防医学和食物保健两个相关领域深入。保健食品的基础是其功能成分，而对保健食品功能成分的研究，既是对已知营养素功能的作用研究，又是对未知功能成分的探索。后者很可能形成一个新的营养素研究领域和一个崭新的功能成分研究领域。对保健食品中功能成分的不断探索和揭示，必将对人类健康带来极为重要的影响。

药用菌制剂的研制与开发有两条途径，即采用中医药学理论体系来开发中药新药或用西医药学理论体系来开发西药新药。传统药物以草药为主，菌类是草药的来源之一。世界卫生组织认为，传统药物特别适合发展中国家解决医疗保健问题，对发达国家的新药研究开发来说，也同样具有重要的意义。中药以其完整的理论、独特的疗效，在传统药物中占有举足轻重的地位，已经成为国际社会关注的焦点。世界上已有许多国家开始重视草药制剂的开发研究，中国传统药物中的灵芝、冬虫夏草和茯苓等菌类，都是引人注目的研究重点。

专题一　药用菌保健食品的研制与开发

在日本和东南亚一些国家和地区，菌类保健食品开发很受重视，仅见于《日本特许公报》或已经投入市场的产品就有数十种。如用香菇菌丝提取液制成的“香菇粒”，用残次菇开发的“香菇荣”，还有一种“身健力”(C-Kin)，是以香菇为原料制成的天然滋补饮料，含有 37 种酶、15 种游离氨基酸及多种维生素，投放市场后很受欢迎。在日本、韩国、我国香港地区和我国台湾地区市场上，还有以灵芝为原料制成的“灵芝精粉”“灵芝胶囊”和“锗源泉”等，这类产品有“广效”“特效”之分，前者为适应性较广的美容养颜、强身祛病保健食品，后者则对某些疾病有特殊疗效。

我国菌类保健食品开发起步于 20 世纪 80 年代，至 90 年代初已逐渐形成为保健食品开发的重要领域，仅湖南省通过省级以上鉴定和已进行商品化生产的就有 40 多个品种。值得注意的是，有些地方如福建、辽宁等地已开始重视利用本地资源优势来进行深度开发。福建省是我国原木灵芝的主要生产基地，已按 GMP 标准建立了一条灵芝深加工生产线，产品有“灵芝精粉”“灵芝胶囊”“灵芝片”“灵芝原片”等。辽宁省的蛹虫草人工驯化栽培已成功，并开发出“东方圣草液”“圣草百寿酒”“虫草丹”等蛹虫草系列产品。湖南靖州不但是茯苓重要产地，也是国内最大中药材市场之一，是南方各省的茯苓集散地，已建成国内第一条年产 200 t 的“羧甲基茯苓多糖”生产线，并利用茯苓多糖加工茯苓口服液。

目前，我国已进行商业化生产的菌类保健食品品种，包括以下 10 个系列。

1. 营养口服液类

此类产品为近年开发热点，其特点为技术含量高，产品附加值高，市场潜力大。较为成功的有“天卫牌新生命口服液”“超人 1 号-中华灵芝精口服液”“猴头菇型太阳神口服液”“聚珍牌中华灵芝宝”和“福寿仙”“茯苓多糖口服液”、“猴头菇丁香食用菌饮品”等。

2. 保健饮料类

此类产品以其保健作用和独特风味，对启动国内疲软的饮料市场发挥了很大作用，其代表产品有“蕈露”“中国香菇可乐”“碧雪牌命宝素”“菌苷肽”等。

3. 保健滋补酒类

此类产品有的采用传统发酵工艺或浸渍勾兑技术，有的采用现代生物技术，所用酒基也有区别，因而显现出不同风格，能适应不同消费群体。较为著名的有“灵芝仙酒”“康道牌中华灵芝酒”“春回头”“中华灵芝保健酒”“灵芝花粉酒”“虫草灵酒”“虫草巴戟酒”“香菇糯米酒”“香菇特酿酒”等。

4. 速溶茶类

此类产品也是当前开发热点，具有较好的冲溶性、分散性和稳定性，主要产品有“灵芝保健茶”“仙牌灵芝茶”“速溶灵芝茶”“灵芝银花茶”“灵芝茗”“中国灵芝保健茶”“聚珍牌中华灵芝茶”“梦恩牌银耳花生乳晶”“三峡牌速溶天然银耳”“卓清速溶茶”和“还尔金”（槐耳冲剂）等。

5. 袋泡茶和冲泡茶类

此类产品是以茶叶为基质，以菌类或其他中草药为成分的功能型保健饮品，在加工过程中，其功能成分很少被破坏，其发展日益受到国内茶叶界的重视。已上市的有“芪灵保健茶”“灵芝乌龙茶”“云芝乌龙茶”“灵芝袋泡茶”“灵锗茶”“福寿虫草茶”等。

6. 小食品类

此类产品种类繁多，适应面广，是一个值得开发的新领域。目前，已上市的产品有“香菇粒”“时珍牌中国灵芝糖”（口香糖）“灵芝蜜”“中华虫草蜜”“百事特蜂皇宝”“香菇软糖”“韭园牌银耳软糖”等。

7. 保健胶囊类

此类产品携带服用方便，稳定性好，是保健食品开发的新方向，已投产产品中，有些是被作为保健药品申报的。这类品种有“神灵牌东方灵芝宝”“回天力”“灵芝胶囊”“保春灵”“护龄神”“保力生”以及“开胃灵”等。

8. 滋膏糖浆类

此类产品为传统滋补品，种类甚多，近年新开发的有“双钱牌龟苓膏”“灵芝桂园膏”“琼凤牌虫草止咳膏”“虫草参芪膏”“开胃灵”等。

9. 精粉和菌粉类

菌粉是深层发酵菌丝体或其发酵的干燥物，精粉是子实体经超低温粉碎的超微细粉末，较之菌粉能更好地保存生理活性成分，故在保健食品制造中格外引人瞩目。目前生产的精粉有“东星牌灵芝精粉”“虫草精粉”“牛肝菌精粉”等。国内还有多家企业生产各种菌粉。精粉和菌粉除直接服用外，也是保健食品生产基料的重要来源。

10. 片剂类

此类产品兼有保健和药用价值，有些产品的商品属性在今后可能会得到调整，而更加强调其保健功能。这类产品有“多糖蛋白(片)”“蘑菇血凝片”“香菇多糖片”以及几种正在开发中的含片等。

据不完全统计，全国有近 100 个科研单位在从事这方面的研究，有近 200 家企业在从事菌类保健食品生产，其中约半数为专业性生产厂家。已进入商品化生产阶段或尚停留在中试阶段的产品约有 500 种，尚有近 200 项产品已通过省级以上成果鉴定或已获得专利发明认可。我国的食、药用菌产业走在世界的前列，菌类保健食品开发也呈现欣欣向荣的景象。目前，灵芝、虫草仍是国内开发的热点。我国的菌物学界对灵芝、虫草的生理、生化和药理研究已进入细胞水平和分子水平，在某些方面已居国际领先地位，我们要充分利用这些优越的基础条件，把我国菌类保健食品研制与开发推向高新层次。

专题二 药用菌制剂的研制与开发

一、选题的原则

中药新药的研制与开发是我国今后 10～20 年新药研制与开发的主体。真菌药剂的新药研制与开发应以符合社会需要为其主要目的。受世界性的生态环境、社会经济、生活方式、物质资源、卫生条件等多种因素的影响，以及这些影响对人体素质和致病因素所带来的变化，使人口谱和疾病谱也出现新的变化，都为新药的研制与开发提供、提出了很多的思考和要求，应充分发挥药用真菌的特殊优势，创制有效的防治药物。此外，还要加强对常见病、多发病和胃肠道、呼吸道疾病的药物研究，研制疗效更好的换代产品，以适应社会的需要。真菌药物的功能是多方面的，其化学成分比较复杂，但在增强免疫功能方面能显示出独特的优势，是一个有前途的开发领域，但这并不意味着对其他功能的忽视。选题初步确定后，应从水平目标进行自我评价。即借助于课题的检索，对选题的科学性、先进性、实用性进行水平评价，进而分析选题的风险概率。效益评价包括对科学效益、社会效益和经济效益的评估。即新药选题对本学科从学术上、科学价值上有无推动作用，对所针对的病症，从病因、病机以及临床治疗上，能否起到突破性进展，或衡量其进展的程度，针对人口谱、疾病谱和健康谱等诸多方面信息的反馈，评价选题对社会医疗保健事业所起到的作用；最后评价其经济效益，能否以最小的经济消耗，创造出理想的价值，获得最大而合理的社会效益和经济效益。

二、选题的方向

随着世界性人口谱、健康谱、疾病谱的变化，以及医学模式的转变，对新药的开发研究也提出了新的要求。根据 WTO 和国内外疾病谱的报告，有关专家预测，今后 10 年内世界性新药研究动态，应根据当今世界性新药研制的预测和分析，结合我国人口谱、疾病谱的变化，以及国内外对中成药的需求，近年来中药新药的研制动态，以及真菌药剂自身的特点，如对心脑血管疾病防治所显示的独到优点，真菌多糖在肿瘤防治上的巨大潜力，对胶原系统疾病、系统性红斑狼疮等免疫性疾病防治上的优越性，在调节功能紊乱、防老抗衰等方面的普遍性，以及国外逐渐认识到传统药物(包括真菌)对艾滋病的防治效果等，今后的真菌药剂开发研究选题，可以考虑放在以下方面：心脑血管病药(含高血压、高脂血症等)，抗肿瘤药，肝炎防治药，抗病毒药(含艾滋病防治药)，免疫功能调节药(含抗抑郁、内分泌失调、功能性障碍等)，抗感染和镇静药，抗风湿病药，抗衰老、防治老年性痴呆药，抗过敏药，妇幼用药，皮肤病及常见病、多发病用药等。

三、选方

真菌药剂能否安全并有较好的疗效，首先，决定于所选用的方剂是否主治明确，组成合理，配伍严谨、药量恰当。其次，方剂也为药效实验、制剂工艺、剂型选择提供了合理的物质基础。真菌药剂的方剂包括以下几个来源。

1. 传统古方

传统古方包括见于历代医籍的各种“经方”和“时方”。经方一般指东汉张仲景《伤寒杂病论》所载方剂；时方一般称为“古方”，是指唐、宋代以后出现的方剂或指除《伤寒杂病论》所载方剂之外的方剂。宋代的《太平惠民和剂局方》是我国历史上由政府颁发的“中成药典”，载方 788 种；我国现存方书有 2 000～3 000 种，真菌方剂约有数十万种，其中只有极少数被制成中药，因此具有很大的开发潜力。

2. 民间验方

民间验方即在一定区域内民间流传或祖传的治疗某类或某种疾病的有效方药，包括各种“验方”“秘方”“偏方”和“单方”，民间有时通称为“海上方”。这类民间验方通常适用于常见病、多发病的治疗，对于某些棘手的疑难怪病，也有独到的治疗效果。我国民间验方数量很多，达数十万种，其中有不少是药用真菌方剂。在近几年开发的真菌药剂中，如“安洛痛”、“槐耳冲剂”、“益心安片”等，都是从民间验方中发掘出来的新药。对于此类方剂，应先对其来源进行详细的考证与审核。若组方合理，有一定的临床基础，可作为选方的依据。

3. 科研成果方

科研成果方指根据科研临床科研课题，针对某病症，经过精心设计，按照科研的系列要求，结合以往的临床实验，选定的处方或经过药物筛选组成的方剂；或是根据新发现的中药材、中药材中提取的单一成分或有效部位等单独或复合组成的方剂。此类处方一般都要经过生化、药理、毒理分析，明确其主治功能，并进行临床试验，以取得其开发新药的依据。在真菌药剂的新药开发中，后者更为常见。如“肾炎康”“肝必泰”“维肝福太”“宁心宝”“胃乐新颗粒剂”、“复方天麻蜜环菌糖肽片”等，都是采用系统研究的方法开发的新药。

4.名医验方和协定处方

前者是指由著名老中医提供的经验方，或在某医院长期使用，已形成医院制剂，成为医院医疗特色的处方；后者是医院处方在临床应用取得一定经验后，经医药双方协定制成的中药制剂，以应用于多数患者。上述方剂皆非成方制剂，但其特点都有较好的临床基础，功能主治与适应征候明确，可作为新药开发的依据。在近代名医的“医案”“医话”和“医论”等著作中，有不少真菌方剂，是真菌药剂新药开发不可忽视的一个领域。

5.老药更新方

药剂来源于《中国药典》及部颁药标准，属原有产品，但因剂型或疗效等诸多方面的原因，需在原方基础上进行修改，以提高疗效或增加适应征，或需改变剂型，使之更符合临床需要。如前面已提到的“舒筋丸”等。

处方选定之后，要运用中药理论，结合临床实验资料，对方剂进行综合分析。先从方证开始，对病因、病机、症候特点进行剖析，提出辩证结论和立法原则；再根据治法论方，对方剂中所用真菌品种或与之配伍的中药的性味归经、配伍禁忌、功能主治、毒性大小、有效成分、用法用量进行全面分析；对复方中配伍药物，通过对“君臣佐使”的分析，确定药物之间的关系和在处方中的作用地位，以确定该方剂的功能与主治范围。

超级链接

卯晓岚，甘肃武都马街乡人(今甘肃陇南武都)，著名大型真菌分类学家。

1964年毕业于兰州大学生物系，长期从事大型真菌分类及物种资源考察、地理分布及生态区系的研究。1961年，获高等教育部同意，中国科学院的科研工作者，可从各大学选拔应届毕业生作科研助手。卯晓岚被选中，大学毕业后便被分配到中国科学院王云章的锈菌组工作。

1.菌物标本采集。卯晓岚足迹遍布祖国各地，是“菌物界第一位走遍全国的人”。

2.根据多年的考察、研究，卯晓岚率先将中国大型真菌分为七个地理分布区，并获有关学者认同，这是他的又一创新。

3.卯晓岚发表有关真菌物种多样性、资源、生态和地理分布等研究文章八十多篇，影响较深远。

4.卯晓岚参加撰写、编著、绘画的专著三十八部，其中由其主著、主编的有《中国经济真菌》《西藏大型经济真菌》《毒蘑菇识别》《秦岭真菌》《中国大型真菌》和《真菌王国奇趣游》等，与人合著的有《西藏真菌》《食用蘑菇》《香港蕈菌》《中国药用真菌图鉴》《食用菌栽培手册》《灵芝现代研究》《神奇的雅鲁藏布江大峡谷》等。

5. 卯晓岚爱好绘画和摄影，不仅拍摄了许多野外蘑菇的彩色照片，还绘制了众多蕈菌线条图和形态科学画，这些图和画精工神笔、栩栩如生，多次在北京、香港以及澳大利亚和美国展出并获得盛赞。2004 年在中国科技馆举办的科学画插图等画展上获“最高荣誉奖”。2005 年又在该馆和江苏南通展出三百余幅大型真菌科学画。

6. 2000 年，卯晓岚主编的《中国大型真菌》出版，记述菌物 1 700 多种，填补了我国大型真菌彩色图谱的空白，被公认是“中国第一部可以媲美于世界上任何国家同类出版物之真菌巨著”，该书 2003 年获中国图书奖，是菌物学首次获此大奖的著作。

中央电视台等新闻媒体也多次采访卯晓岚。我国台湾真菌学会首届会长、台湾大学陈瑞青教授曾说：“卯晓岚先生是位十分难得的人才，是位天才。”

卯晓岚历任中国真菌学会秘书长，中国菌物学会秘书长、常务副理事长，中国食用菌协会副会长，中国食文化研究会常务理事等职。

模块二 药用菌制种技术

知识目标

掌握制种的基本条件。
掌握消毒与灭菌知识。
掌握母种培养基制作基础知识。
掌握原种、栽培种培养基制作基础知识。
掌握菌种扩繁与培养基础知识。
掌握菌种质量鉴定与保藏知识。

能力目标

能熟练掌握母种、原种、栽培种制作技术。
能够进行香菇原种、栽培种的生产和管理。

素质目标

通过在真实的生产环境中模拟企业化管理，培养准员工的职业素质和职业能力。

单元一　制种基本条件

专题一　制种用品、用具

一、常用药品

药用大型真菌在各级菌种制作生产时常用到多种化学营养物质(表 2-1)、天然营养物质(表 2-2)和消毒药品(表 2-3)。这些营养物质可以为食用菌生长发育提供碳源、氮源、矿质元素和生长因子等。这些营养元素中,通常化学营养物质作为速效性营养,直接、方便地被菇菌生长利用;天然营养物质由于分子结构复杂,一时难以被菌丝直接吸收利用,而是作为一种缓效的营养逐步为菌丝消化、吸收利用。消毒用品常在菌种生产中起到抑菌和杀菌的效果。

表 2-1　制种常用化学营养物质的种类与用途

菌种级别	药品级别	营养物质名称	营养物质用途
母种	分析纯 化学纯	葡萄糖、蔗糖、麦芽糖、可溶性淀粉等	提供小分子碳素营养
		蛋白胨、酵母浸出膏等	提供小分子氮素营养
		硫酸镁、磷酸二氢钾等	提供矿质元素
		氢氧化钠、盐酸、柠檬酸等	调节营养液酸碱度
		琼脂条、琼脂粉等	凝固剂
		B 族维生素等	微量生长因子
原种 栽培种	工业级	蔗糖、红糖等	提供小分子碳素营养
		尿素、硫酸铵等	提供小分子氮素营养
		石膏、石灰、硫酸镁、过磷酸钙等	提供矿质元素

表 2-2　制种常用天然营养物质的种类与用途

菌种级别	营养物质	营养物质用途
母种	马铃薯、小麦粒、玉米粒、胡萝卜、麦芽等	提供小分子碳素、氮素营养等
原种 栽培种	木屑、棉籽壳、玉米芯、废棉渣、豆秸、稻草等	提供大分子碳素营养
	麦麸、米糠、玉米粉、豆饼粉、牛粪等	提供大分子氮素营养等

表 2-3 制种常用消毒药品的名称与用途

药品名称	药品用途
乙醇、碘伏等	表面擦拭消毒
气雾消毒剂、福尔马林(40%甲醛溶液)等	熏蒸消毒
来苏尔、新洁尔灭、石炭酸、高锰酸钾、硫黄等	表面擦拭消毒或环境喷雾
克霉灵、多菌灵、石灰等	拌料

二、常用物品

制种过程中还常用到棉类制品、塑料制品(表 2-4)。

表 2-4 制种常用物品的种类与用途

常用物品	物品名称	物品用途
棉类制品	普通棉花	制作试管棉塞
	脱脂棉	制作酒精棉球
	纱布	过滤、制作试管棉塞
塑料制品	高压聚丙烯和低压聚乙烯塑料筒袋、折角袋,塑料套环,塑料盖,聚丙烯菌种瓶等	盛装菌种的容器、配件
	塑料盆、塑料桶、量杯等	盛器、废物筒等
燃料	煤、柴等	灭菌用燃料
其他制品	报纸、皮套、线绳、口取纸、油笔、铅笔、火柴等	包裹、记录等辅助用品

三、制种用具

制种常用的用具有衡量用具、玻璃器皿、接种用具、熬煮用具等(图 2-1、表 2-5)。

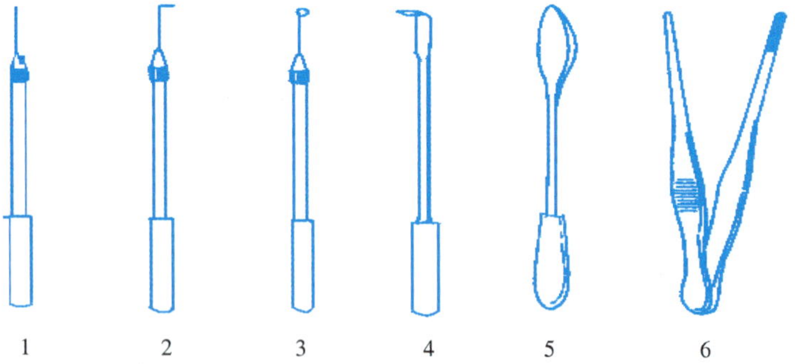

图 2-1 接种工具

1. 接种针 2. 接种勾 3. 接种环 4. 接种镐 5. 接种匙 6. 镊子

制种基本条件——用品、用具

制种基本条件——设备、设施

表 2-5　制种常用用具的种类与用途

用具类别	用具名称	用具用途
衡量用具	托盘天平、杆秤、磅秤	称量药品及培养料
	100 mL、250 mL、1 000 mL 等规格量筒、移液管	度量、配制药液
玻璃器皿	18 mm×180 mm 或 20 mm×200 mm 试管、培养皿	盛装母种培养基培养母种
	500 mL、1 000 mL 等规格广口瓶	盛装酒精棉球、药液等
	100 mL、250 mL、500 mL 等规格三角瓶	盛装液体培养基、培养液体摇瓶菌种、盛装药液
	菌种瓶或者 500 mL、750 mL 罐头瓶	原种、栽培种容器
	温度计、干湿温度计	测定温度、湿度
	酒精灯	烧灼灭菌、火焰封口等
	玻璃搅拌棒等	搅拌
接种用具	尖头镊子、螺纹镊子、长柄镊子	移取酒精棉球、固体菌种等
	接种针、接种勾、接种环	母种提纯、孢子移取等
	接种镐(小)	母种转管
	接种镐(大)	移取母种扩大繁殖成原种
	接种勺、接种枪	移取原种扩大繁殖成栽培种
熬煮用具	电饭锅等	熬煮营养液、谷物等
其他用具	20 mL 医用注射器	分装母种培养基
	削皮器、水果刀	削皮
	打孔棒	母种、原种培养基打接种孔
	锹、桶、水管、喷壶、笤帚、周转筐等	拌料、清洁等

专题二　制种设备、设施

一、制种设备

1. 原料处理设备

原料处理设备主要用于将原料粉碎、拌料、装料等，利用这些设备可以将难以利用的原材料加工为利于菌丝生长的原料，更好地满足生产需求，同时避免了手工操作的拖沓和人工拌料的不均匀，提高了生产效率和质量。一般小型菌种场或农户小规模生产可以酌情配备(表2-6、图 2-2)。

表 2-6 原料处理设备的种类与用途

设备名称	设备用途
切片机	用来将木材切成规格木片，是食用菌栽培用原材料粉碎处理的预前工序设备
粉碎机	用于木片、秸秆、玉米芯等原料的粉碎加工
搅拌机	用来将各种培养料混合均匀
装瓶（袋）机	用于将搅拌均匀的培养料装入菌种瓶或菌种袋

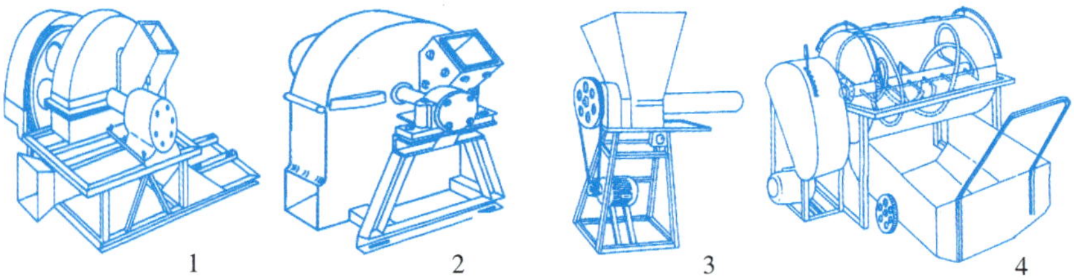

图 2-2 原料处理设备

1. 木材切片机 2. 木材切屑机 3. 装瓶（袋）机 4. 搅拌机

2. 灭菌设备

灭菌设备用于彻底杀灭培养基质中的杂菌，是制种生产中必不可少的设备。灭菌设备包括各种高压灭菌锅和常压灭菌灶。高压灭菌设备灭菌效果好、时间短，但是通常设备比较昂贵，一次性灭菌数量有限；常压灭菌灶的建设费用通常较低，一次灭菌的数量较多，可以很好适应生产的需求，但是灭菌时间较长，操作不当容易灭菌不彻底。生产中可根据实际情况酌情选用合适的灭菌设备。

（1）灭菌设备的构造与用途（图 2-3、图 2-4、表 2-7 至表 2-12）

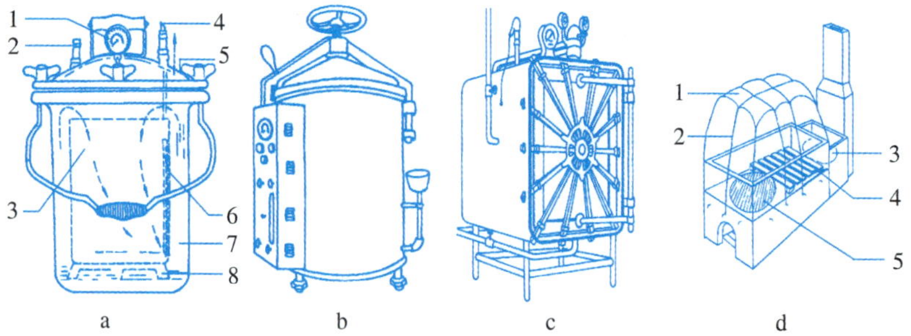

图 2-3 灭菌设备

a. 手提式高压蒸汽灭菌锅 b. 立式高压蒸汽灭菌锅

c. 卧式高压蒸汽灭菌锅 d. 简易常压蒸汽灭菌灶

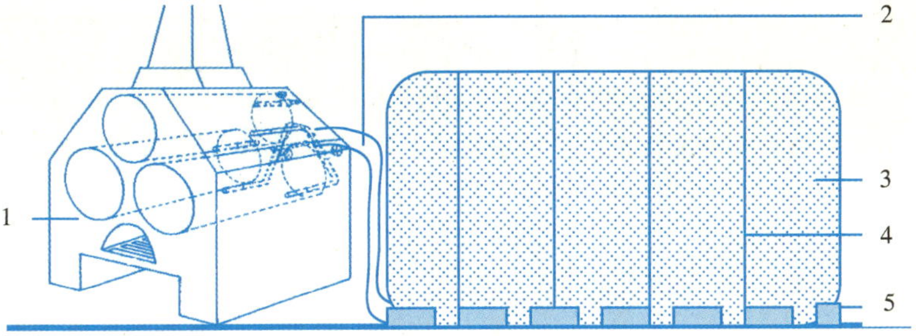

图 2-4　简易常压灭菌包

表 2-7　灭菌设备的种类与用途

设备名称	设备用途
手提式高压蒸汽灭菌锅	用于母种培养基和少量原种培养基灭菌处理
立式高压蒸汽灭菌锅	用于原种和栽培种的灭菌处理
卧式高压蒸汽灭菌锅	用于大量原种、栽培种和栽培袋的灭菌处理
简易常压灭菌灶	用于少量原种、栽培种和栽培袋的灭菌处理
大型常压灭菌灶	用于大量原种、栽培种和栽培袋的灭菌处理
简易常压灭菌包	用于大量原种、栽培种和栽培袋的灭菌处理

表 2-8　手提式高压蒸汽灭菌锅部件名称

序号	部件名称	序号	部件名称	序号	部件名称
1	温度压力表	4	安全阀	7	外锅
2	安全阀	5	锅盖	8	支架
3	内锅	6	排气管		

表 2-9　简易常压蒸汽灭菌灶部件名称

序号	部件名称	序号	部件名称	序号	部件名称
1	塑料布	3	预热小锅	5	产生蒸汽的大锅
2	绳索	4	木制蒸层		

表 2-10　简易常压灭菌包部件名称

序号	部件名称	序号	部件名称	序号	部件名称
1	简易汽油桶蒸汽发生器	3	灭菌包	5	底部加固的重物
2	送气管	4	加固绳		

(2)灭菌设备的使用方法及注意事项　手提式高压蒸汽灭菌锅和简易常压灭菌灶广泛应用在各生产企业和农户，本章仅以此二者为例进行介绍，其他灭菌设备的使用方法基本相同。

表 2-11　手提式高压蒸汽灭菌锅的使用方法及注意事项

操作步骤	使用方法及注意事项
安全检查	检查灭菌锅是否存在故障，安全无误后方可使用
加水装锅	向外锅加水，略超过支架；内锅装锅留 1/5 左右间隙，以利于热空气流动
封锅通电	沿对角线方向旋紧锅盖和锅体；接通电源
排冷空气	打开放气阀，直至有大量热蒸汽冒出，之后关闭放气阀
升温保压	指针到达 123 ℃时，计时并维持 123 ℃至所需的灭菌时间
断电降压	达到灭菌时间后切断电源，让压力自然下降到零
出锅清理	打开放气阀，沿对角线方向旋开紧密螺丝，开锅取出灭菌培养基
锅体维护	弃去锅内剩余水分，擦净锅体和橡胶圈，放干燥处存放

表 2-12　简易常压灭菌灶的使用方法及注意事项

操作步骤	使用方法及注意事项
安全检查	对灭菌灶及风机进行全面检查，安全、没有故障再使用
加水点火	将大锅和小锅的水加满，在装锅前 1～2 h 点火
装锅封锅	均匀码放灭菌物品，不要装得太紧，最好设蒸层或周转箱，用塑料布封锅；夏季装锅、装料要迅速，以防培养料酸败
灭菌初期	烧锅开始时 2～3 h 要大火猛攻，尽可能在最短时间内使灭菌温度升高到 100 ℃左右，不能有明显下降，做到一气呵成
灭菌中期	温度计或温度压力表显示 100 ℃后 2～3 h 开始计时，保持 10～12 h，如果灭菌物品多要适当延长时间，视具体情况而定
灭菌后期	锅体和灭菌物品的温度很高，这时一定要密切注意大锅中的水，千万不能烧干锅
灭菌结束	灭菌结束后，锅内补足水，以防余热烧干锅；闷一夜后第二天再出锅，利用余热可以提高灭菌效果
出锅清理	出锅后及时清理锅中废水、灶中煤渣等废弃物，做到无残留；同时将风机等工具入库，并检查灭菌灶的使用情况

3. 接种设备

接种设备包括实验室常用的接种箱、超净工作台、负离子风机等，栽培场所常用的接种设备、设施有接种帐、接种室等（表 2-13、图 2-5、图 2-6）。

表 2-13　接种设备的种类与用途

设备名称	设备用途
超净工作台	制种时的空气净化设备，分单人、双人对置和双人平行操作几种
负离子风机	设备通过瞬间高压电解产生臭氧，臭氧风对接种空间进行消毒
接种箱	用木材和玻璃制成，密闭效果好，有单人、双人式，是食用菌生产的必备设备
接种帐	用塑料制作的密闭接种环境，相当于大的接种箱
接种室	用于接种大量的原种和栽培种。建筑面积 10 m^2 左右，配备缓冲间、拉门，要求环境清洁、密闭效果好，室内安装紫外线灯进行消毒

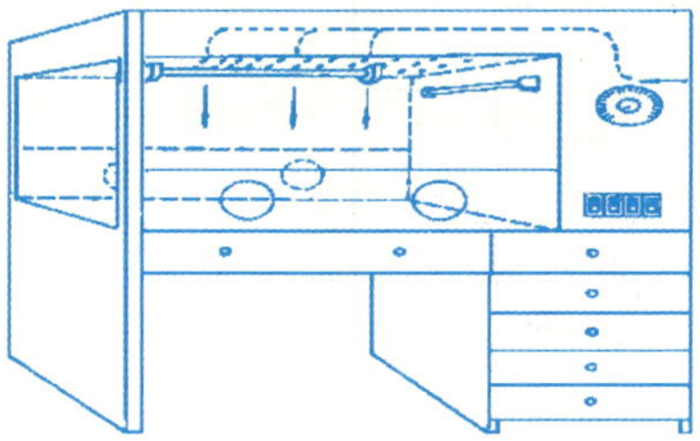

图 2-5　超净工作台

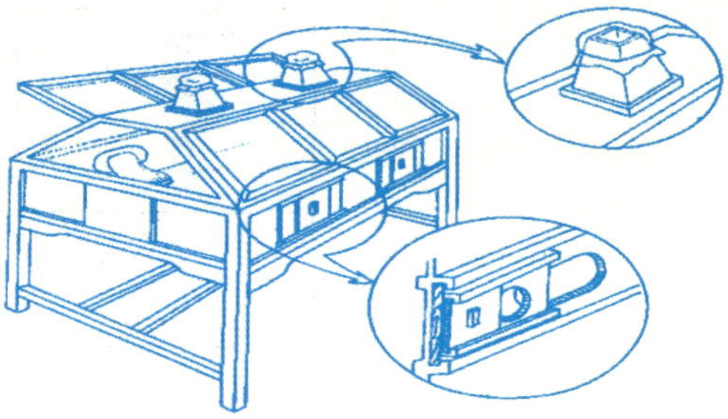

图 2-6　接种箱

4.培养设备

实验室常用的培养设备有摇床、恒温培养箱、液体深层发酵罐等，生产上菌种常用培养室进行发菌管理。

(1)培养设备的构造与用途　见表 2-14 至表 2-17、图 2-7 至图 2-10。

表 2-14　培养设备的种类与用途

设备名称	设备用途
恒温恒湿箱	用于高温季节或寒冷季节培养少量母种和原种
摇床	用于制作少量的三角瓶液体菌种，常用的有往复式和振荡式两种
液体菌种培养设备	用于培养大量的食用菌深层液体或制备液体菌种
培养室	培养菌种的场所，要求清洁、易通风、保温，室内配备培养架

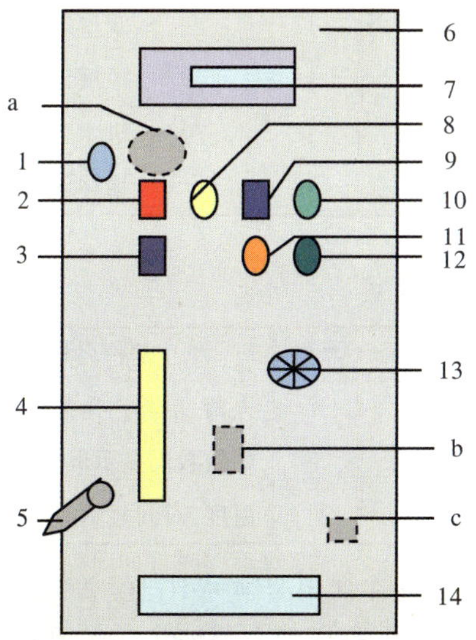

图 2-7　液体菌种器(控制箱)

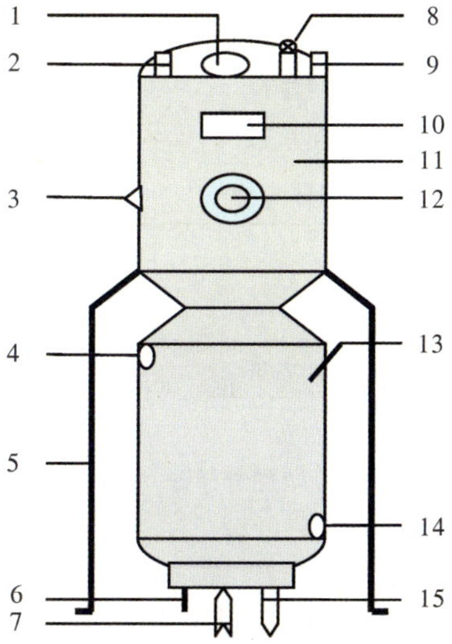

图 2-8　液体菌种器(发酵罐)

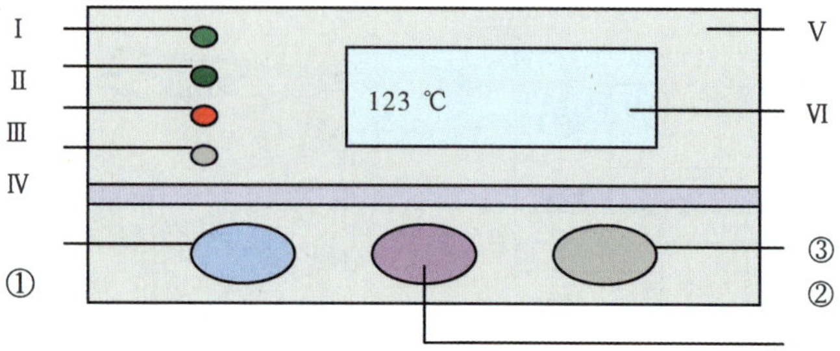

图 2-9　电脑数码显示屏

表 2-15　液体菌种器(控制箱)部件名称

序号	部件名称	序号	部件名称	序号	部件名称
1	上门锁	6	箱体	11	气泵保险
2	观察灯	7	数码显示屏	12	报警器
3	气泵开关	8	电源指示	13	压力表
4	流量剂	9	电源开关	14	铭牌
5	门手柄	10	复位		
a	电源线出口	b	空气过滤器出气孔	c	空气过滤器进气口

备注:1～14 前面板,a～c 后面板

表 2-16　液体菌种器(发酵罐)部件名称

序号	部件名称	序号	部件名称	序号	部件名称
1	接种口	6	加热管	11	罐体
2	排气阀	7	进气阀	12	观察镜
3	传感器	8	压力表	13	温度计
4	出水口	9	安全阀	14	进水口
5	罐体支架	10	铭牌	15	取样阀

表 2-17　电脑数码显示屏部件名称

序号	部件名称	序号	部件名称	序号	部件名称
①	灭菌选择	Ⅰ	加热Ⅰ指示灯	Ⅳ	灭菌、培养选择指示灯
②	培养Ⅰ、Ⅱ温度范围选择键	Ⅱ	加热Ⅱ指示灯	Ⅴ	电脑数码显示屏
③	停止报警键	Ⅲ	报警器指示灯	Ⅵ	温度、时间显示屏

(2)培养设备的使用方法及注意事项　液体菌种器目前在食用菌制种中已经普遍使用,但操作过程比较复杂,完成一个培养循环周期比较长,第三章中将详细介绍液体菌种制作技术,同时对 CQY 系列液体菌种培养设备的使用方法和注意事项也将进行详细介绍,其他培养设备操作相对比较简单,这里不再一一介绍。

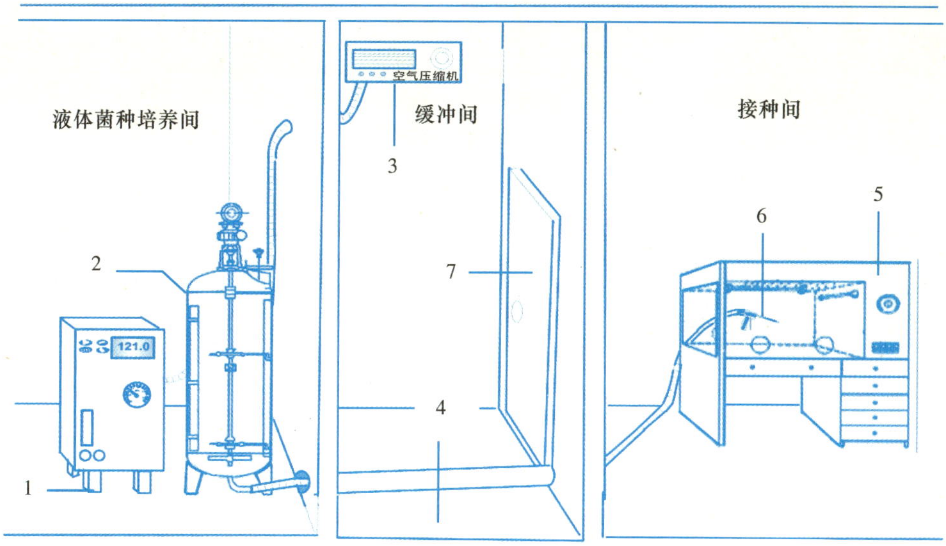

图 2-10　液体菌种接种厂接种示意图(牛长满)

1.培养控制箱　2.液体培养罐　3.空气压缩机　4.导料管　5.超净工作台　6.液体接种枪　7.活动拉门

5.其他设备

制种过程中还需要贮藏、保藏、检查等设备。母种贮藏一般选用大容量的冷藏柜,其经济适用,利用率较高,原种和栽培种的贮藏可以用冷库;保藏菌种可选用不同的设备,常用的主要设备有冷藏柜、干燥器、超低温冰箱等;制种过程中的检查工作主要是对菌丝体进行镜检,常用的是普通光学显微镜。

二、制种设施

制种的基本设施主要包括场区内部的晒料场、原料库、工具库、装料场、灭菌室、冷却室、接种室、培养室、冷藏库、实验室和洗涤室等。为了生产出质量合格的菌种,标准的制种场内同时还要配备必要的出菇示范场所,如日光温室等。这些基本设施之间要有一个合理的布局,让设施的建筑布局和整个制种的生产环节相对应,在保证生产能够正常进行的前提下,尽可能地将装料场、灭菌室、冷却室和接种室之间的距离缩短;同时这些设施要尽量远离晒料场、原料库等杂菌易滋生的地方。

1.制种设施的用途与建设要求

制种设施的用途与建设要求见表 2-18。

表 2-18　制种设施的用途与建设要求

场区名称	用途	建设要求
晒料场	培养料摊晒和处理	平坦高燥、通风良好、光照充足、空旷宽阔、远离火源
原料库	存放原材料	高燥、防雨、通风良好、远离火源
工具库	放置劳动工具	宽敞明亮,设置必要的层架以放置小工具
装料场	培养料混合、分装	水电方便、空间充足,室外应防雨防晒
灭菌室	培养基灭菌	水电安全方便、通风良好、空间充足、散热畅通
冷却室	培养基冷却	洁净、防尘、易散热

续表 2-18

场区名称	用途	建设要求
接种室	各级菌种的接种	设缓冲间，防尘换气性能良好
培养室	菌种培养	内壁和屋顶光滑，便于清洗和消毒
冷藏库	成品菌种短期存放	墙壁要加厚，有通风设施及温、湿度调控设备
检验室	菌种质量的检验	水电方便、清洁，利于装备相应的检验设备和仪器
洗涤室	洗刷菌种瓶、试管等	室内有上、下水道，以利于排除污水
保护地设施	出菇示范、菌种培养	保温性能好，空气通畅，水、电方便，符合保护地设施要求

2. 菌种场设施设计

在菌种场的设施设计中，场区的整体布局很重要，另外接种室、保护地设施设计一定要合理、实用，符合生产需求。

(1)接种室设计　见图 2-11.

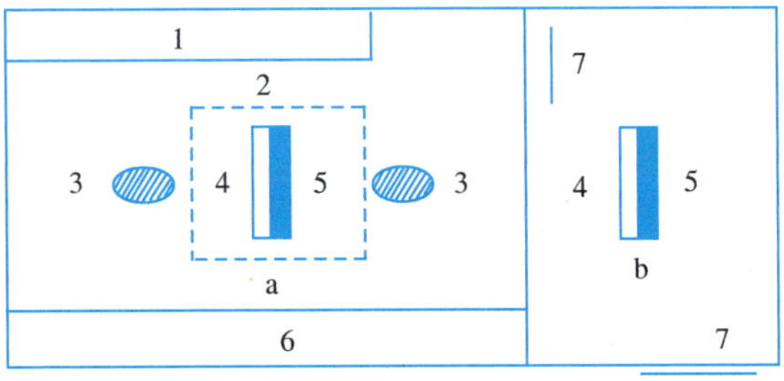

图 2-11　接种室平面图

a. 接种间　b. 缓冲间

1、6. 菌种架　2. 操作台、接种箱　3. 凳子　4. 照明灯　5. 紫外线灯　7. 活动拉门

(2)保护地设施设计　在菇菌栽培种植中，常利用的保护地设施有塑料大棚、日光温室(图 2-12)、出菇棚、蘑菇房等设施。这些设施的建造要求能调节光照、易于通风换气、保温保湿性好等特点，同时要结合当地地理优势来设计、建造成本低廉、效能好的保护地设施。

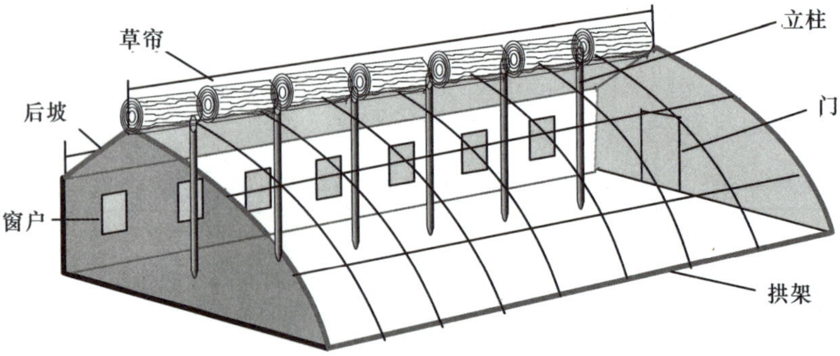

图 2-12　日光温室结构剖视图(牛长满)

(3)中、小型菌种场设计　场区应选择建立在地势高燥、通风良好、排水畅通、交通便利的地方，至少四周 300 m^2 之内无禽畜舍，无垃圾(粪便)场，无污水和其他污染源(如大量扬尘的水泥场、砖瓦厂、石灰厂、木材加工厂等)。具体设计时，可按照制种工艺流程，使各生产区形成一条流水作业的生产线(图 2-13)，以提高制种效率和保证菌种质量。

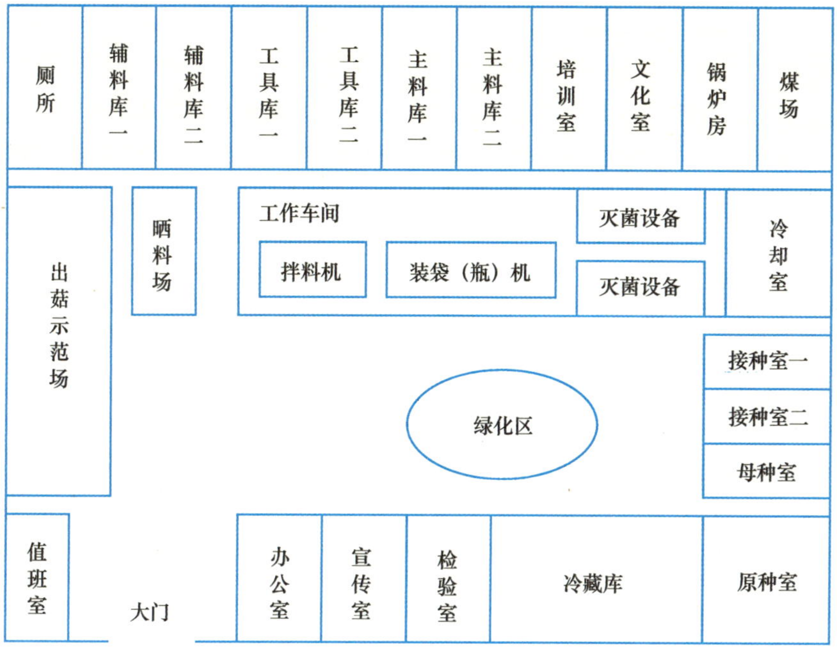

图 2-13　标准化中、小型菌种场设计图示例

单元二　消毒与灭菌

环境中广泛分布着包括细菌、放线菌、霉菌、病毒等在内的各种微生物，由于其个体微小，在生产中常常被忽视，结果导致食用菌生产的某一环节甚至整个生产环节出现问题，可见他们的存在与食用菌的生长发育息息相关。消毒和灭菌技术是利用物理或化学方法抑制或杀死这些病原微生物的有效手段，因此，它也是食用菌制种工作中的一项重要操作技术。

专题一　消毒

消毒是利用物理或化学的手段，杀死物体表面绝大多数病原微生物的过程，而对于某些细菌的芽孢和真菌的孢子不产生致死影响，仅为暂时抑制而已。消毒在食用菌制种工作中应用很广，如在各级菌种制备之前需要对皮肤、器皿、工具、菌袋等消毒；在菌袋（瓶）灭好菌后往接种室（箱）摆放前，要提前对这些场所进行消毒；在大棚（菇房）内种植食用菌之前，需要对大棚（菇房）内进行熏蒸消毒。消毒工作是一项很重要的生产措施，它是食用菌制种、生产环节中抵御杂菌入侵的保护伞。

一、常用的消毒药品

常用的消毒药品及使用浓度见表 2-19。

表 2-19　常用消毒药品及使用浓度

药品种类		使用浓度	作用范围	使用方法
凝固蛋白类消毒剂	乙醇	70%～75%	皮肤、菌种管、瓶表面、工作台面等	浸泡或用酒精棉球擦抹
	石炭酸	3%～5%	器械、培养室、无菌室	浸泡或喷雾
	来苏尔	1%～2%	皮肤、培养室、无菌室	浸泡或涂抹
	六氯酚	2%～3%	器械、皮肤等	浸泡或涂抹
溶解蛋白类消毒剂	石灰	粉剂	培养基质，栽培场所地面	拌入培养基中、地面匀撒
	氯氧化钠	2%～4%	培养室、无菌室	空间喷雾
氧化蛋白类消毒剂	高锰酸钾	0.1%～0.2%	菌种瓶、袋、器械（随配随用）	浸泡或擦抹
	二氯异氰尿酸钠	粉剂	接种箱、接种帐、无菌室、培养室等	熏蒸
	过氧化氢	2%～4%	器械、培养室、无菌室	浸泡或喷雾
	次氯酸钙	0.2%	菌种瓶、袋、器械（随配随用）	浸泡或擦抹
	二氧化氯	颗粒+溶液	接种箱、接种帐、无菌室、培养室等	熏蒸
	气雾消毒盒	粉剂	接种箱、接种帐、无菌室、培养室等	熏蒸

续表 2-19

药品种类		使用浓度	作用范围	使用方法
抑制蛋白活性类消毒剂	克霉灵	0.1%	培养基质	拌入培养基中
	百菌清	0.1%	培养基质	拌入培养基中
	多菌灵	0.1%	培养基质	拌入培养基中
	甲基托布津	0.1%～0.2%	培养基质	拌入培养基中
	碘伏	1%～2%	皮肤、器械	浸泡或涂抹
烷基化消毒剂	甲醛	37%～40%	接种箱、接种帐、无菌室、培养室等	熏蒸
	环氧乙烷	易挥发	接种箱、接种帐、无菌室、培养室等	熏蒸
阳离子表面活性剂	新洁尔灭	0.25%	皮肤	浸泡或涂抹
	季铵盐杀菌剂 1227	50～100 mg/L	皮肤、器械	浸泡或涂抹

二、常用的消毒方法

常用的消毒方法有空间消毒法、表面消毒法、基质消毒法、煮沸消毒法、紫外消毒法等(表 2-20)。这些方法中有一些属于化学药剂消毒法,有些属于物理消毒法。这些方法要学会综合应用,往往单一的消毒法会导致对接种、栽培环境和器械等消毒不彻底。需要一提的是现在随着对绿色食品要求的条件越来越严格,提倡使用对环境、人体、食用菌产品等危害较小的物理消毒法。

表 2-20　常用的消毒方法

消毒类别			具体方法
化学药剂消毒法	空间消毒法	喷雾消毒法	3%～5%的来苏尔、0.25%的新洁尔灭、3%～5%的石炭酸等进行空间喷雾
		熏蒸消毒法	10 mL 甲醛加入 7 g 高锰酸钾,可熏蒸 1 m^3 的环境空间,熏闷时间一般为 12～24 h;利用气雾消毒盒(有效成分为 DCCNA)进行熏蒸,使用量为 2 g/m^3,效果很好;硫黄粉加入适量杀虫药进行燃烧,产生大量烟雾,可对环境空间进行消毒
	表面消毒法		适当浓度的乙醇、来苏尔、新洁尔灭、高锰酸钾溶液等对皮肤、器械、工作台、室内地面、墙壁等进行表面消毒
	基质消毒法		在培养基质中拌入 0.1%的克霉灵、多菌灵、2%～5%的石灰粉
物理消毒法	煮沸消毒法		将待灭菌物品放入水中煮沸 15～20 min
	巴氏消毒法		对培养料进行发酵处理,使料温达到 60～70 ℃,之后通过翻堆保持 4～6 d,可以起到消毒杀菌的作用
	紫外消毒法		利用 30 W 紫外线灯管在 1 m 范围内照射 30 min,之后遮光 0.5 h,可达到杀菌效果。将培养料、覆土基质于太阳光下暴晒也可有部分紫外消毒作用
	负离子消毒法		利用臭氧发生器、负离子发生器和环境消毒器等仪器,按照其使用方法开机 30～40 min,维持环境中臭氧浓度在 0.01 mg/m^3 范围内,即可起到空间杀菌的效果

专题二 灭菌

灭菌是利用物理或化学的手段，杀死物体表面所有病原微生物的过程，包括细菌的芽孢和真菌的孢子。灭菌在食用菌制种工作中占着核心的地位，如在各级菌种制备中需要对试管培养基、罐头瓶培养基和塑料袋培养基等灭菌；在接种工具使用前也必须进行灭菌。如果灭菌环节出现问题，那么就意味着生产出现了严重的问题，甚至导致企业停产。由此可见灭菌在食用菌生产环节中有着举足轻重的地位。

根据灭菌时所采用的介质不同，灭菌可分为火焰灭菌、干热灭菌和湿热灭菌等(表 2-21)。

表 2-21 常用的灭菌方法

灭菌类别		具体方法
火焰灭菌		常用酒精灯外焰对接种工具进行烧灼灭菌
红外电热灭菌		利用红外线产生 600～900 ℃高温对接种工具进行加热灭菌，仅需 2～3 min
干热灭菌		使用电热鼓风干燥箱对玻璃器皿、金属制品和搪瓷器皿等进行灭菌，一般在 140～160 ℃的温度下保持 2～3 h
湿热灭菌	常压湿热灭菌	利用 100 ℃的常压湿热蒸汽进行灭菌，一般需要 8～10 h
	高压湿热灭菌	利用 123～126 ℃高压蒸汽进行灭菌，需要的时间不同

制种基本条件——消毒、灭菌

单元三　母种培养基制作

专题一　母种培养基的配方

母种培养基配方按照其营养成分的组成可分为天然培养基、合成培养基和半合成培养基；按照其物理状态可分为液体培养基、固体培养基和半固体培养基；按照培养基的用途又可分为基础培养基、加富培养基、选择培养基和鉴别培养基等。构成母种培养基的营养成分有许多，所以相应的培养基也有多种。最常用的是马铃薯葡萄糖培养基(PDA 培养基)、马铃薯综合培养基(CPDA 培养基)和马铃薯加富培养基，这些培养基基本上适合绝大多数的食(药)用菌生长。此外，不同的野生食用菌除了上面常用的培养基外，还有一些特殊的培养基往往更适合它们生长，生产上可根据具体情况酌情选择。

一、固体培养基

几种常见母种培养基配方见表 2-22 至表 2-24。各药用菌的配方并非仅表中所列，表中仅提供了一些药用菌的相应特殊的配方，但不一定是最好的配方，仅给生产者提供一定的参考依据。

表 2-22　常见母种培养基配方

培养基类别	麸皮	玉米面	黄豆粉	磷酸二氢钾	硫酸镁	维生素 B_1
PDA 培养基	0	0	0	0	0	0
CPDA 培养基	0	0	0	3	1.6	0.01
加富 PDA 培养基 1	20	5	5	0.2	0.2	0.01
加富 PDA 培养基 2	20	5	2	0.2	0.2	0.01
加富 PDA 培养基 3	20	5	2	0.2	0.2	0.01

备注：上述配方中马铃薯 200 g、葡萄糖 20 g、琼脂 18～20 g、水 1 000 mL，pH 自然；加富 PDA 培养基 2 中加入 100 g 新鲜平菇子实体，加富 PDA 培养基 3 中加入 100 g 新鲜香菇子实体。

以上培养基配方适合平菇、香菇、黑木耳、鸡腿菇、金针菇、杏鲍菇、灵芝、云芝等常规菌种以及一些特殊的菌种。

表 2-23　特殊培养基配方(一)

适用菌株	培养基类别	营养成分
灵芝	PSA 培养基	马铃薯 200 g，蔗糖 20 g，琼脂 20 g，水 1 000 mL
	米粉培养基	大米粉 50 g，蔗糖 15 g，琼脂 20 g，水 1 000 mL
	木屑培养基	菇类木屑菌丝体 200 g，蔗糖 15 g，琼脂 20 g，水 1 000 mL
猴头	黄豆芽培养基	黄豆芽 200 g，葡萄糖 20 g，酵母粉 5 g，琼脂 25 g，水 1 000 mL，用柠檬酸调节 pH 至 5.0～5.5
	麦芽糖培养基	麦芽糖 20 g，磷酸二氢钾 1.5 g，硫酸镁 0.5 g，水 1 000 mL，用柠檬酸调节 pH 至 5.0～5.5

续表 2-23

适用菌株	培养基类别	营养成分
茯苓	葡萄糖蛋白胨培养基	葡萄糖 30 g,蛋白胨 15 g,磷酸二氢钾 1.5 g,硫酸镁 0.5 g,琼脂 20 g,水 1 000 mL
	松木汁培养基	松木屑 200 g,麸皮 100 g,葡萄糖 20 g,维生素 B_1(医用药片)1 片,琼脂 20 g,水 1 000 mL
蛹虫草	蚕蛹粉培养基	蚕蛹粉 20 g,葡萄糖 20 g,磷酸二氢钾 1 g,硫酸镁 0.5 g,维生素 B_1 20 mg,维生素 B_2 20 mg,20 琼脂 20 g,水 1 000 mL
	奶粉培养基	全脂奶粉 10 g,蛋白胨 5 g,葡萄糖 20 g,琼脂 20 g,水 1 000 mL
	葡萄糖蛋白胨培养基	葡萄糖 20 g,蛋白胨 5 g,磷酸二氢钾 1 g,硫酸镁 0.5 g,氯化钙 1.5 g,琼脂 20 g,水 1 000 mL
密环菌	玉米粉培养基	玉米粉 100 g,黄豆粉 20 g,蔗糖 20 g,琼脂 18 g,水 1 000 mL
	木屑培养基	杂木屑 100 g,麸皮 50 g,蔗糖 20 g,磷酸二氢钾 1 g,硫酸镁 0.5 g,琼脂 20 g,水 1 000 mL
云芝	木屑培养基	杂木屑 100 g,麸皮 50 g,蔗糖 20 g,磷酸二氢钾 2 g,硫酸铵 1.5 g,琼脂 20 g,水 1 000 mL
黑柄炭角菌	腐殖土培养基	腐殖土 200 g,果糖 15 g,蛋白胨 5 g,琼脂 20 g,水 1 000 mL
安络小皮伞	改良 PDA 培养基	马铃薯 200 g,葡萄糖 20 g,琼脂 20 g,腐殖土 100 g,水 1 000 mL

表 2-24　特殊培养基配方(二)

适用菌株	培养基类别	营养成分
安络小皮伞	改良 PDA 培养基	马铃薯 200 g,葡萄糖 20 g,琼脂 20 g,腐殖土 100 g,水 1 000 mL
灰树花	改良 PDA 培养基	马铃薯 200 g,葡萄糖 20 g,琼脂 20 g,木屑菌丝体 100 g,水 1 000 mL
榆耳	酵母膏淀粉培养基	酵母膏 2 g,蛋白胨 5 g,可溶性淀粉 10 g,磷酸二氢钾 1.5 g,硫酸镁 0.5 g,琼脂 20 g,蒸馏水 1 000 mL
裂褶菌	改良 PDA 培养基	马铃薯 200 g,葡萄糖 20 g,琼脂 20 g,酵母膏 2 g, 磷酸二氢钾 1.5 g,硫酸镁 0.5 g,水 1 000 mL
桑黄	加富 PSA 培养基	马铃薯 200 g,麸皮 50 g,蔗糖 20 g,琼脂 20 g,磷酸二氢钾 1.5 g,硫酸镁 0.5 g,维生素 B_1 20 mg,水 1 000 mL

二、液体培养基

液体培养基配方成分含量见表 2-25。

表 2-25　1 000 mL 培养基配方成分含量　　g

项别	红糖	葡萄糖	蔗糖	玉米粉	麸皮	酵母膏	蛋白胨	磷酸二氢钾	硫酸镁
灵芝	12	12			40		2.0	2.0	1.0
猴头		10			50		2.0	1.0	0.75
茯苓		25		20		1.0		1.0	0.5

续表 2-25

项别	红糖	葡萄糖	蔗糖	玉米粉	麸皮	酵母膏	蛋白胨	磷酸二氢钾	硫酸镁
蛹虫草	5	10				5.0	10		
密环菌		10	20					1.5	0.75
云芝	10	15				3		1.0	0.5
黑柄炭角菌		10	5	20		1.0	2.0		
安络小皮伞	20				50		2.0	1.5	0.5
灰树花		20		50			2.0	1.0	0.3
榆耳		20	10		50		2.0	1.0	0.5
裂褶菌	10	20				2.0		1.0	0.5
桑黄			20		50		2.0	1.5	0.75

注：1 000 mL 上述配方中，茯苓配方中再加入 $CaCl_2$ 0.06g，$ZnSO_4$ 4 mg，$MnSO_4$ 5 mg，$FeSO_4$ 5 mg，维生素 B_1(10 mg) 1 片，泡敌(聚氧丙烯甘油)0.3 g；蛹虫草配方中再加入 5 g 蚕蛹粉，维生素 B_1(10 mg)1 片，泡敌 0.3 g；密环菌培养基中再加入豆饼粉 10 g，植物油 2 g，维生素 B_1(10 mg)1 片，泡敌 0.3 g；云芝配方中再加入花生饼粉 10 g，维生素 B_1(10 mg)1 片，泡敌 0.3 g；黑柄炭角菌配方中再加入 200 g 马铃薯，复合维生素 B(10 mg)1 片，泡敌 0.3 g；灰树花配方中再加入 $CaCl_2$ 0.1 g，$CuSO_4$ 0.1 mg，$MnSO_4$ 0.1 mg，复合维生素 B(10 mg)1 片，泡敌 0.3 g；裂褶菌配方中再加入黄豆粉 5 g，维生素 B_1(10 mg) 1 片，泡敌 0.3 g。

专题二　母种培养基的制作方法

母种培养基制作

一、固体培养基制作方法

以加富 PDA 培养基制作为例。

1. 工艺流程

加富 PDA 培养基制作工艺流程见图 2-14。

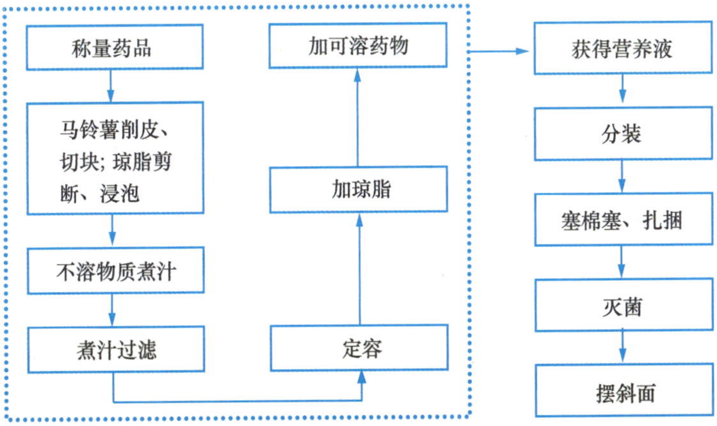

图 2-14　加富 PDA 培养基制作工艺流程

2. 制作方法

具体的加富 PDA 培养基制作方法详见“实验实训二　加富 PDA 培养基制作”。

以下为加富 PDA 培养基制作过程中棉塞的制作方法，棉塞制作要注意以下几点(图 2-15)。

①棉花要选择普通长绒棉花，不可选用脱脂棉。

②棉花用量要适当，不可过多或过少，以塞入棉塞提起试管后不脱落为度；同时棉花与试管之间无缝隙、皱褶等现象。

③棉塞制作过程，要始终用力握紧做好的棉塞形状，直到塞入试管。

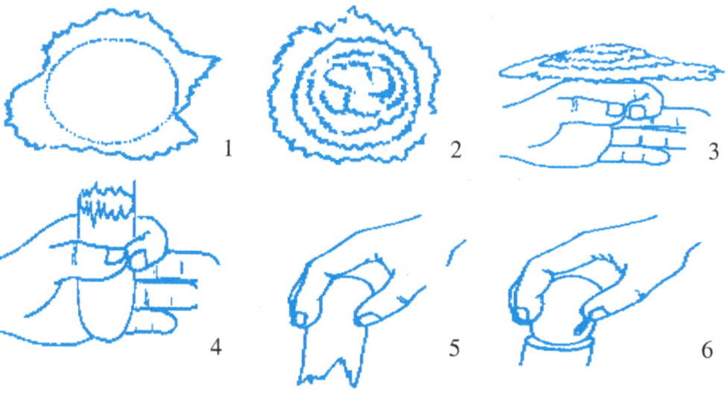

图 2-15　无纱布棉塞制作(仿黄毅)

1. 棉花　2. 去角，将多余棉花填在中部，中间厚、两边薄

3. 铺放在左手由拇指和食指圈成的指环上

4. 利用右手食指轻旋捅棉花中部，做成棉花卷

5. 交换到右手，毛头朝下　6. 回折毛头塞入试管

二、液体培养基制作方法

1. 工艺流程

液体培养基制作工艺流程见图 2-16。

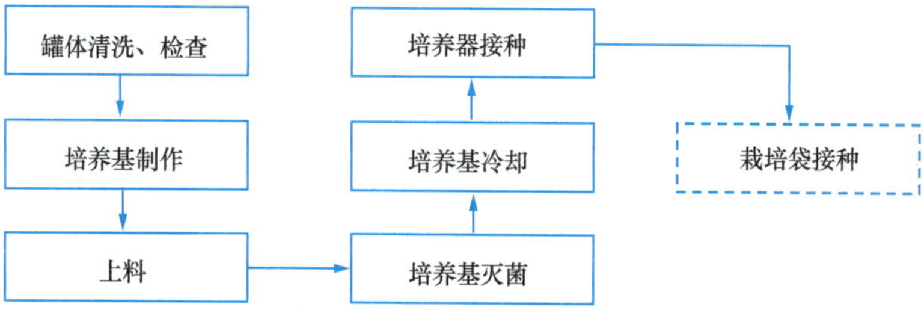

图 2-16　液体培养基制作工艺流程

2. 制作方法

(1)罐体清洗、检查　培养罐在每次使用后或再次使用前都必须对其进行彻底的清洗之后才能投料使用。操作时用自来水管冲洗内壁并将工作灯开启检查加热棒、提升管及温度计保护套管等，有异物须彻底除去，内壁黏附的污物可以用软布揩拭(加热棒有少许糊料液正常)，洗罐水可以由接种阀排出。另外，检查各个阀门、加热棒、控制柜、气泵等是否正常，如有故障，须及时排除。

新罐初次使用、罐长时间不用、上一罐染菌、更换生产品种等，需要煮罐。煮罐的具体方法是关闭罐底部的接种阀和进气阀，加水至视镜中线，启动加热器，当温度达到 124 ℃时维持 35 min 后关闭排气阀，20 min 后把煮罐水放出即可进入生产。

(2)制作过程 液体培养基制作参照加富 PDA 培养基制作,但不往里面加琼脂。

(3)上料 关闭进气阀和接种阀,通过接种口将培养基倒入培养器中,加自来水调整料液到标准线(55～75 L),拧紧接种口盖灭菌,同时进行滤芯和无菌水的灭菌。

(4)培养基灭菌

①打开控制柜电源开关,按①键 4 s,加热Ⅰ、加热Ⅱ指示灯亮,加热管开始工作。当温度达 100 ℃时可稍稍开启排放阀,以排除冷气。

②当温度达到 124 ℃时,开始计时。需要注意的是,滤芯需要在使用前半小时灭好菌并装好,装好后要一直开启气泵以便将滤芯吹干,因此必须在灭菌计时前就开泵通气。计时过程中,当温度达到设定温度时,控制柜自动断电维持温度;当温度低于设定温度时,电源又开始加热。在计时过程中,在 35 min 内前、中、后排 3 次料,每次排料时间为 5～10 min,共放料 35 L。

③当灭菌计时到 35 min 时,控制柜自动报警,此时按控制柜报警停止键③停止报警,培养基灭菌结束进入培养状态。这时立即通入冷水降温并在短时间内按照无菌操作接上通气管(此时罐压还很高不能通气,需通过贮气罐底部的排气阀调整罐压在 0.12 MPa,当培养器的压力低于 0.10 MPa 时送气)。

(5)培养基冷却 当灭菌时间到时立即通入冷却水降温到适宜培养的温度。在冷却水接通后,用火焰灼烧进气阀 10～20 s,并迅速接好进气管(气泵自打开后一直不要停),当贮气罐的压力高于培养罐的压力 0.02 MPa 时,打开进气阀供气,使培养基在气体的搅拌下迅速降温,正常情况下,CQY-100 型冷却至培养温度约需 60 min,CQY-50 型约需 45 min。

(6)培养器接种

①准备工作

准备专用菌种和相关接种物品和工具。

②接种

逐渐开大排气阀,待培养器压力降至“0”时,关闭排气阀并点燃火圈,旋开接种口盖(气泵不关闭),按照无菌操作将棉塞拔下并倒入菌种;旋紧接种孔盖,调整培养器罐压至 0.02～0.04 Mpa,检查培养温度,空气流量调至 1.2 m^3/h 以上,进入培养阶段。

③培养

根据不同品种设置不同的培养温度,常规品种选择 24～26 ℃培养挡,高温品种选择 28～31 ℃培养挡,空气流量调至 1.2 m^3/h 以上,罐压在 0.02～0.04 MPa。培养期间不用专人管理,接种 24 h 以后,每隔 12 h 可从接种管取样 1 次,观察菌种生长和萌发情况,一般检查菌液澄清度、气味、菌球数量等,培养周期为 72～96 h。

(7)栽培袋接种 当液体菌种具有适合菌龄的菌丝球、健壮洁白的菌丝后即可进行栽培袋接种。

单元四 原种、栽培种培养基制作

专题一 原种、栽培种培养基的配方

原种和栽培种的配方很多，但我们在设计这些配方的时候，要按照相应食用菌的特性来选择适宜的培养原料。我们经常选用的原料有木屑、玉米芯、棉籽壳、稻草、谷粒等，可以单一地利用这些原料，也可以将这些原料中的两种或几种组合起来共同栽培一种食用菌，这样常可以起到改善、优化培养基物理性状的效果。如木屑颗粒小、密度大、吸水性强，但透气性差；而玉米芯、稻草等颗粒较大、透气性好，但持水性差，所以我们经常将木屑同玉米芯、稻草以一定比例混合起来，这样可以很好地改善培养原料的物理性状。

一、常用栽培原料的物理性状

用于栽培食用菌的培养原料很丰富，多取自农村或山区的农业废弃有机物或来自野生的一些培养原料。对于这些培养原料我们要对其物理性状有一个清楚的认识，以便更好地服务于生产（表 2-26）。

表 2-26 常用栽培原料物理性状

栽培原料	物理性状	利用方法
棉籽壳	结构疏松、空隙度大、通气性好、内含营养丰富、碳氮比合理	使用前最好过筛，除去多余棉籽；同时将棉籽壳在使用前利用阳光暴晒 1～2 d，之后闷堆使用，适宜的含水量范围在 55%～60%
木屑	颗粒较细、密度较高、空隙度小，吸水力强，含有较高的木质素，含氮量低，常要补充氮素营养，使碳氮比合理	常选用除松、杉、柏等有异味树种之外的阔叶树木。常将粗、细木屑以 1∶1等量混合，为改善其通气性常在木屑内混入玉米芯、棉籽壳等原料，同时要向内补充 15%左右的氮素营养，之后闷堆使用，适宜的含水量范围在 55%～60%
玉米芯	结构疏松、空隙度大、通气性好、持水力差，内含碳素营养丰富、碳氮比较合理	常加工为直径为 0.5～1 cm 的颗粒，使用前利用阳光暴晒 1～2 d，之后闷堆使用，适宜的含水量范围在 60%～65%
甘蔗渣	结构疏松、空隙度大、通气性好、持水力好，富含纤维素、半纤维素，内含一定量糖分	将经过糖分提取后的甘蔗渣晾晒干、粉碎，通常配方中添加 15%左右的麸皮和 1%的白灰，混合闷堆 3～5 d，之后进行装袋，采用全熟料灭菌法
高粱壳	结构疏松、空隙度大、通气性好、持水力差，具有较高的纤维素含量和较高的碳素营养	高粱米脱粒后，剩下的外壳不能完全利用，因为单纯用它持水力较差，通常我们将 40%左右的高粱壳粉碎成粉再与其余高粱壳混用，或高粱壳内掺上一部分棉籽壳用。使用前利用阳光暴晒 1～2 d，之后闷堆使用，适宜的含水量范围在 60%～65%

续表 2-26

栽培原料	物理性状	利用方法
稻草	结构致密，表层被有蜡质层，持水力强，空隙度大、通气性好、内含纤维素、半纤维素丰富，含氮量差，常要补充氮素营养，使碳氮比合理	常对稻草进行预处理，先将稻草于阳光下晾晒干，之后可采用碾压、粉碎、浸泡等手段破坏稻草表面蜡质层，使其变得松散、柔软，吸水力增强、孔隙度降低。使用中还要加入15%左右的氮素营养和一定肥土或粪肥，之后一层稻草一层粪肥层层堆积发酵 15～20 d，待稻草变为酱褐色、一拉即断、富有稻草香味时即可使用
豆秸粉	结构疏松、空隙度大、通气性好、内含较高的纤维素和氮素营养、碳氮比合理	常对豆秸进行预处理，先将豆秸于阳光下晾晒干，之后可采用碾压、粉碎等手段使其变得松散、柔软，吸水力增强、孔隙度降低。之后堆积发酵 4～6 d，待豆秸变为酱褐色、柔软、富有清香味时即可使用
麸皮	质地疏松、片状、米黄色，营养丰富、粗蛋白含量较高，此外含有较丰富的维生素	作为氮素营养向玉米芯、木屑等主料内添加，以改变培养料的碳氮比、增加营养成分。使用前利用阳光暴晒 1～2 d 使用。向培养料内添加量以 10%～20%为宜，不宜过多
玉米面	颗粒细密、金黄色、有玉米清香，其营养丰富，含有较高的碳水化合物和维生素，以及各种微量元素	作为氮素营养向棉籽壳、木屑等主料内添加，以改变培养料的碳氮比、增加营养成分。向培养料内添加量以 3%～5%为宜
粪肥	质地疏松、营养丰富、富含有机氮源和多种微量元素	先将所选用粪肥堆积腐熟，之后晒干、打碎，同稻草、麦秸等以一定比例混合起来堆积发酵，发酵腐熟后使用

二、原种、栽培种培养基的配方

这里介绍几种草腐生型和木腐生型的常用配方和一些特殊食用菌的配方（表 2-27 至表 2-29）。

表 2-27　草腐生型、木腐生型常用配方　　%

配方	棉籽壳	木屑	玉米芯	稻草	麸皮	玉米面	豆秸粉	石膏
一		80			12	3	0	1
二			80		14	2		0.5
三		20	42		10	3	20	0.5
四	99							1
五	30	58			8			0.5
六				75	20			0.5

注：上述配方中加入过磷酸钙 1%、蔗糖 0.5%、尿素 0.5%、磷酸二氢钾 0.2%、硫酸镁 0.1%；配方一适合灵芝、云芝、榆耳、灰树花等生长；配方二适合于培养灵芝等；配方三适合于培养裂褶菌等；配方四、五适合大多数品种；配方六适合草腐生品种。

表 2-28　常用谷物培养基配方　　%

配方	小麦	玉米	木屑	过磷酸钙	石灰
小麦配方	78		20	1	1
玉米配方		98		1	1

表 2-29　特殊菌类培养基配方　%

适用菌株	营养配方
灵芝	甘蔗渣 80%，麸皮 19%，石膏 0.5%，石灰 0.5%，含水量 60%～65%
猴头	金刚刺渣 80%，麸皮 8%，米糠 10%，石膏 2%，含水量 60%～65%
茯苓	小松木块 57%，松木屑 20%，米糠或麦麸 20%，蔗糖 2%，石膏粉 1%，含水量 60%左右
蛹虫草	高粱米 85%，麸皮 15%，添加磷酸二氢钾 1%，硫酸镁 0.5%，维生素 B_1 1 片，含水量 55%
密环菌	棉籽壳 45%，杂木屑 43%，麸皮 10%，糖 1%，石膏 1%，含水量 55%～60%
云芝	阔叶树木片 55%，木屑 25%，麸皮 20%，糖 1%，硫酸铵 0.2%，含水量 55%～60%
安络小皮伞	稻壳 70%，麦麸 25%，糖 2%，玉米粉 3%，硫酸镁 0.05%，磷酸二氢钾 0.1%，碳酸钙 0.4%，含水量 55%～60%
灰树花	阔叶树木枝(1 cm 左右)50%，木屑 30%，麸皮 15%，玉米粉 3%，糖 1%，石膏 1%，含水量 55%～60%
榆耳	棉籽壳 50%，木屑 30%，麸皮 15%，玉米粉 3%，石膏 1%，蔗糖 1%，含水量 55%～60%
裂褶菌	棉籽壳 58%，甘蔗渣 20%，麦麸 18%，玉米粉 2%，石膏粉 1%，磷肥 0.5%，稀土 0.5%，含水量 55%～60%
桑黄	阔叶硬杂木屑 90%，玉米粉 5%，黄豆粉 3%，石膏粉 1%，KH_2PO_4 0.2%，蔗糖(或葡萄糖)1%，硫酸铵 0.5%，含水量 65%左右

注：以上仅列举了一些较为特殊的配方，不一定为最适配方，仅供参考。

专题二　原种、栽培种培养基的制作方法

一、工艺流程

草腐生型、木腐生型培养基制作工艺流程见图 2-17。

原种、栽培种培养基制作

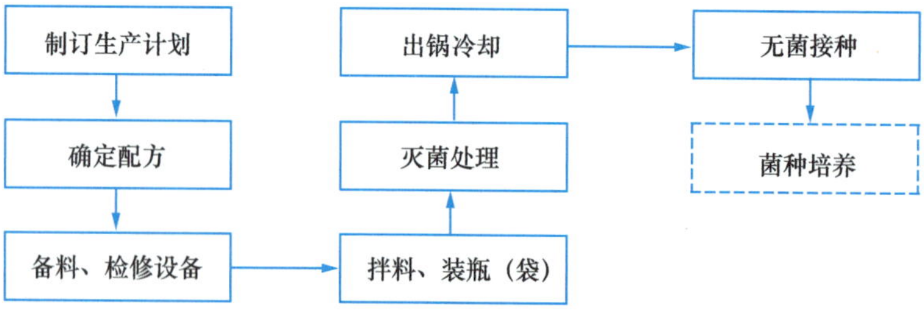

图 2-17　草腐生型、木腐生型培养基制作工艺流程

二、制作方法

1. 草腐生型和木腐生型原种、栽培种培养基制作

(1)制订生产计划　搞生产不能盲目去做，一定要安排好生产计划。如计划在什么时间、生产多少数量菌种、选择什么样的菌种、安排多大的出菇房(大棚)，以及准备什么材料、物资，安排什么类型的工人去完成这一任务？这些都是需要考虑的问题。哪一方面考虑不周，就会

造成生产的延误。

(2)确定配方　生产食用菌，尤其在生产一些比较特殊的药用菌、野生食用菌的时候，一定要按照食用菌的品种特性去设计配方，根据它们是草腐型、木腐型还是粪草型等因素确定一个最可能适合它们生长的配方。

(3)备料、检修设备　根据料的配方和生产的数量，并考虑生产中的污染率和其他一些影响因素来确定需要准备的主辅料和营养物质的数量；同时要对拌料机、装袋机或其他一些自动机器的生产线、灭菌设备和接种设备等进行检修和维护，确保生产环节的顺利进行。

(4)拌料　拌料的目的是为了将主辅料和各营养成分搅拌均匀。根据主辅料和各营养成分间的不同特性，拌料通常要经过以下几个步骤：干混（将主料和辅料以及不易溶于水的营养物质在不加水的情况下层层混合均匀）；湿混（将石灰等微溶和溶于水的辅料制成母液，加入所需水量稀释后搅匀拌料）。将料搅拌均匀后，不要急于装瓶（袋），先闷堆 1～2 h（夏季时间不宜过长），待培养料吸水充分、无干心、无干料现象时即可装瓶（袋）。

(5)装瓶（袋）　闷好培养料后，原种可以使用 500 mL 或 750 mL 罐头瓶，装料至瓶肩处，培养料做到上紧下松，擦干净瓶口内外侧，打 0.5 cm 粗接种孔至瓶底，用双层封口膜封口（原种分别用带接种孔的封口膜，即普通封口膜剪边长 1.5 cm 菱形口和普通封口膜封口）；栽培种一般使用 17 cm×35 cm×0.005 cm 的常压聚乙烯筒袋或折角袋，栽培种筒袋一般两端直接扎绳，留够接种的长度；折角袋一般直接使用专用的塑料套环和塑料盖，塑料袋栽培种填料做到松紧适度，料袋不打折，用手触摸袋壁挺实而富有弹性、不塌陷。装好袋后，检查袋壁是否有破损或扎眼现象，若有及时拿胶带粘好。之后将装好的料袋放入塑料周转筐内，若使用铁质周转筐需要将铁质周转筐的铁架子用布缠裹好，以防二次扎眼。

(6)灭菌　高压灭菌于 126 ℃左右维持 2 h；常压灭菌于 100 ℃维持 10～12 h，若在夏季高温季节灭菌或一次灭菌数量较多可酌情延长灭菌时间。一般而言在原有基础上每增加 1 000 袋则要延长灭菌 1 h，灭完菌后还要利用余热闷一夜即可。栽培种袋灭菌最好使用周转筐，以保证灭菌效果。若不使用周转筐，最好将菌袋之间留有一定缝隙以使蒸汽能够到达每一个菌袋，切忌在灭菌锅内将菌袋摆放得过于紧密，以致灭菌不彻底。不少企业单纯为了增加灭菌数量而在有限的蒸锅内摆放过多的菌袋，结果造成近一半菌袋灭菌不彻底，这样会给生产造成很大的经济损失。所以搞生产不能盲目，一定要严格按照灭菌的规程灭菌。

(7)出锅、冷却　灭完菌出锅前，要提前将接种室或接种帐内进行熏蒸消毒，以便使灭完菌的菌袋处于一个洁净少菌的环境之中，减少菌袋在冷却过程中由于收缩而吸进带有杂菌的空气；出锅时，注意刚刚灭完菌的菌袋要轻拿轻放，因为这时的菌袋温度依然很高，塑料袋很柔软，极易破裂或扎眼，所以一定要规范运送、摆放菌袋的动作；出锅后将菌袋置于消过毒的接种室或接种帐内冷却，准备使用。冷却的时间不宜过长，当料袋内温度降至 20 ℃以下时便可及时接种。不可将灭完菌的菌袋停放过长时间不用。

(8)无菌接种　无菌接种必须保证接种室或接种帐内无菌，所以接种前要对接种场所进行熏蒸。对接种工具等进行浸泡消毒，接种的台面、地面都要进行擦拭消毒。接种的菌种要选择洁白、健壮、未老化、活力强的菌种；接种的人员要事先经过技术培训，选择速度快、动作标准、责任心强的人员进行接种。接种时间通常选在清晨进行，接种任务要在规定的时间内完成。接种的技术要领详见本章原种、栽培种扩繁技术。

(9)菌种培养　按照常规培养方法进行。

2.谷物原种培养基制作

详见“实验实训四　小麦原种培养基制作”。

单元五　菌种扩繁与培养

专题一　母种扩繁与培养技术

母种扩繁，也称转管。由于分离或引进的母种数量有限，不能满足生产所需，因此需要进行扩大培养。母种扩繁技术是一项非常重要的技术，扩繁后的母种管通常将应用到实际生产中，因此它的质量好坏直接关系到以后各级的菌种质量，必须要严格把控扩繁后母种质量，必须对该项技术的操作规程严格把关。母种转管的次数以不超过 4 次为宜，否则会降低菌种活力。

一、母种无菌接菌生产规程

(1)接菌室要注意保持洁净，要定期进行地面、墙壁、接种台面和接种环境的清洁、消毒。

(2)接种人员要规范接种动作、熟悉接种流程、提高接种速度，同时要有良好的职业素质、卫生习惯和菌种生产的基本常识。

(3)每次母种生产都要写明接种人、接种品种、接种日期和转管次数，同时记录清楚培养基类型、营养配方和菌丝生长情况等因素。出了问题要责任到人，查清问题根源。

二、工艺流程

母种扩繁工艺流程见图 2-18。

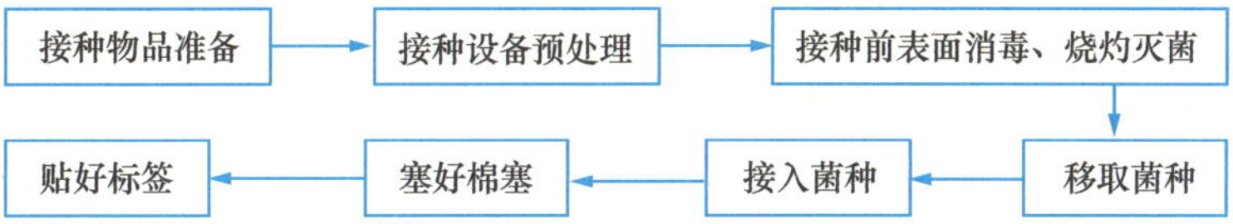

图 2-18　母种扩繁工艺流程

三、操作方法

母种转管操作见图 2-19，具体的操作方法详见“实验实训三　母种扩繁与培养”。

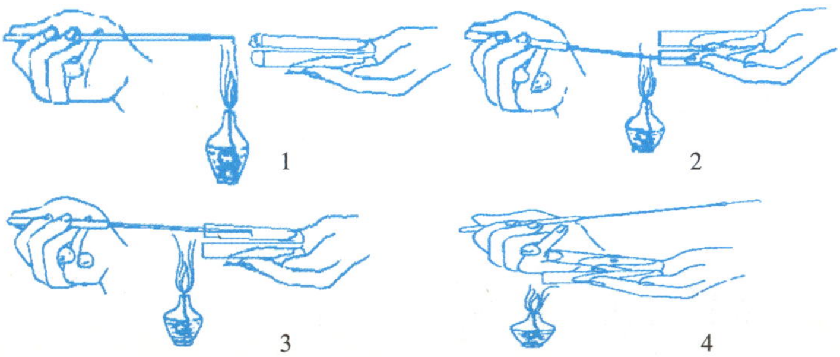

图 2-19　母种转管操作(仿黄毅)

1. 左手接种镐烧灼灭菌，右手握平握菌种管和待接试管
2. 移取菌种　3. 将移取的菌种块接到待接试管中　4. 塞好棉塞

母种转管

四、母种扩繁与培养中常见问题及解决措施

1. 母种转管后，接种块不萌发菌丝

原因：观察所接母种块颜色是否变黑，如果变为黑色则是在接种过程中被烫死；如果所接母种块颜色未变黑，并且上面菌丝没有生长迹象，则可能是母种已经老化。

解决措施：a. 如果是母种块被烫死，那么就要注意在接种过程中严格接种动作，注意接种时速度要快，尤其在母种块转出试管口经过酒精灯火焰无菌区的一瞬间，要迅速地把母种块转接入待接试管培养基斜面中央。b. 如果是母种自身老化的原因，那么要进一步确定原先母种是否丧失活力。我们可以将剩余的母种转接至新的培养基内生长，如果依然不生长，那么就可以确定该母种已丧失活力；如果菌种正常萌发，那么它就不是母种老化的原因，而是培养基自身的原因。

2. 母种转管后，接种块周围出现霉菌污染

原因：可能是由于接种者对接种工具消毒、灭菌不彻底，造成了工具上带菌；或是由于母种自身带菌。

解决措施：a. 如果是由于工具的原因，则要对接种工具进行充分灼烧灭菌，最好接种前将工具拿防水纸包好随同培养基一同灭菌后使用。b. 如果是由于母种自身带菌，则该母种不能再用于生产；但该品种如果是珍稀品种，则少花力气对该母种进行提纯后使用。

3. 母种转管后，棉塞部位感染杂菌

原因：这是由于培养基制作过程中管口沾染了营养液；或是由于灭菌过程中棉塞被打湿；抑或是由于后天培养过程中环境潮湿引起棉塞受潮所致。

解决措施：a. 培养基制作过程中要防止营养液沾湿试管口；b. 在灭菌过程中要将待灭菌试管拿防水纸包严，同时试管上部再用一层防水纸盖严；出锅时先利用锅内热气将防水纸烘干后再摆斜面。c. 母种试管培养环境要放在清洁、干燥、黑暗的环境中培养，不能置于不卫生、环境潮湿的地方培养。

4. 母种转管后，母种块萌发出的菌丝在培养基内生长很慢，远低于正常长速

原因：首先判断该母种是否丧失活力；这也可能是由于培养基配置不合理，导致菌丝不能正常利用培养基内养分。

解决措施：a. 判断该母种是否丧失活力的方法同前；b. 如果是由于培养基配制不合理，首先要查明培养基配制时是由于哪种成分加的比例不适宜；然后可将该食用菌品种转接到其他培养基内培养。

5. 母种转管后，培养基表面和贴近试管壁处出现浅黄色黏稠菌落

原因：这是由于培养基灭菌不彻底；或是由于接种操作不严格所致。

解决措施：a. 要严格按照灭菌时间去灭菌，不能缩短灭菌时间；b. 接种要严格操作过程，特别要对接种工具在接种前充分消毒、灭菌。

专题二 原种、栽培种扩繁与培养技术

原种是由母种菌丝体转接到原种培养料上繁殖而成；栽培种是由原种菌丝体转接到栽培种培养料上繁殖而成。原种和栽培种扩繁一方面是为了增加数量，另一方面是为了使菌种能

够适应栽培料的营养条件，操作的工艺流程基本相同。

原种、栽培种扩繁

一、原种、栽培种无菌生产规程

（1）接菌室、培养室要注意保持洁净，要定期进行地面、墙壁、接种台面和接种、培养环境的清洁、消毒。

（2）接种人员要规范接种动作、熟悉接种流程、提高接种速度，同时要有良好的职业素质、卫生习惯和菌种生产的基本常识。每次原种、栽培种生产都要写明接种人、接种品种、接种日期，同时记录清楚培养基营养配方和菌丝生长情况等因素。

（3）要选择清洁、干燥无霉变的培养料，对其处理得当，严格灭菌环节和接种操作，重视对培养环境的消毒、防虫工作。

二、工艺流程

原种、栽培种扩繁工艺流程见图 2-20。

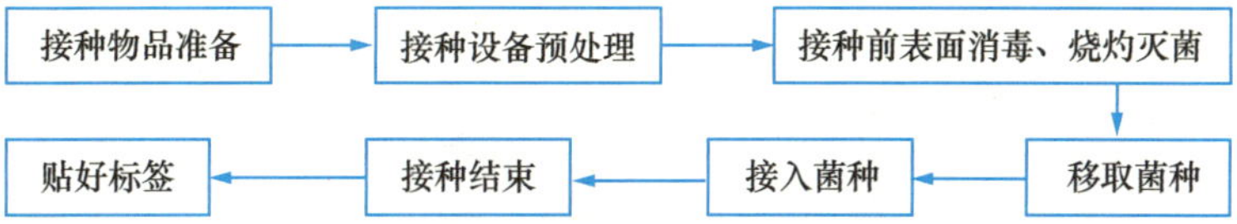

图 2-20　原种、栽培种扩繁工艺流程

三、操作方法

1. 原种接种技术

（1）单人单一型原种接种操作　少量原种制作可利用超净工作台或接种箱。接种的无菌操作规程和母种转管的无菌操作基本相同，具体的操作是：母种管拿试管架固定于酒精灯火焰上方，打开棉塞后火焰封口，用接种镐弃去母种前端 1 cm 左右已经老化的部分，然后铲取 1 cm^2 左右菌种块，一只手将原种培养基移至酒精灯附近，拿接种镐的手利用小手指和鱼际处于酒精灯火焰无菌区迅速打开原种棉塞，之后迅速将母种块移入原种培养基上，棉塞过火轻燎，后迅速封上瓶口，整个过程动作要迅速，并始终注意火焰封口（图 2-21）。

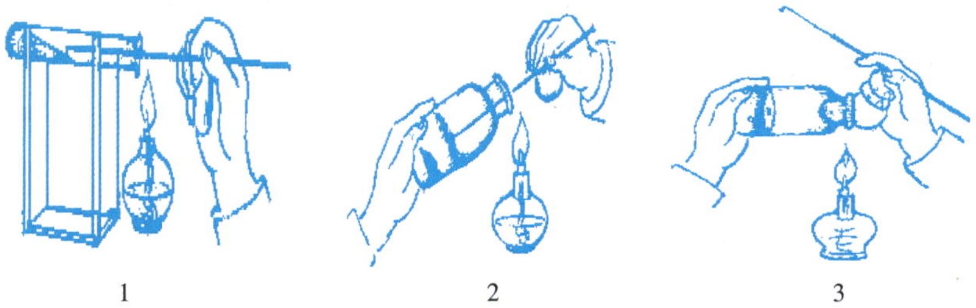

图 2-21　单人单一型原种接种操作（仿黄毅）

1. 移取母种　2. 母种接种到原种培养基上　3. 塞好棉塞

（2）三人单一型原种接种操作　大量原种接种往往利用塑料接种帐或接种室，按照无菌操作规程，3 个人配合进行接种。具体操作是：在酒精灯火焰附近，1 人负责铲取菌种，1 人负责掀开第一层塑料皮，2 人配合将菌种接入，掀皮的人同时负责迅速封好塑料皮；第 3 个人负责搬动罐头瓶及喷消毒药等工作。3 人配合动作要迅速，每一次接种的时间，夏季以

1 h左右为宜，冬季可以适当延长。实际操作中，这种方法方便、快捷，处理量大，接种效果很好(图 2-22)。

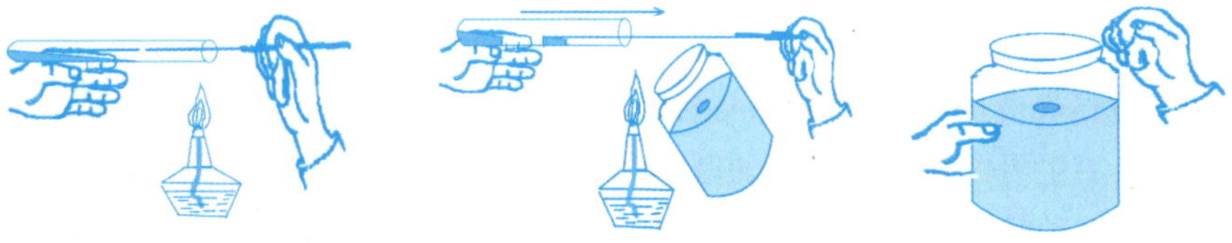

1　　　2　　　3

图 2-22　三人单一型原种接种部分操作(牛长满)

1.灼烧接种镐、试管内冷凉后，弃去前端老化部分菌种　2.割取适量母种块，于酒精灯火焰无菌区迅速将其勾入原种培养基内；另一人在酒精灯火焰无菌区打开原种培养基瓶口，拿原种培养基瓶口迎接母种管口，接种后迅速封好瓶口　3.封好瓶口，将接种块置于培养基中央孔穴内

2.栽培种接种技术

(1)单人单一型栽培种接种操作　少量栽培种制作也可利用超净工作台或接种箱。具体的操作是：原种拿木架固定，于酒精灯火焰上方打开原种瓶棉塞后火焰封口；灼烧接种匙，冷凉后用接种匙刮去原种表层已经老化的部分，然后挖取满满一匙菌种，另一只手将栽培种培养基移至酒精灯附近，拿接种匙的手利用小手指和鱼际处于酒精灯火焰无菌区迅速打开栽培种棉塞，之后迅速将原种移入栽培种培养基上，棉塞过火轻燎，后迅速封上瓶口，整个过程动作要迅速，并始终注意火焰封口。接入的原种要经过轻磕让其均匀散布于栽培种培养基表层，以利于今后发菌部位一致(图 2-23)。

1　　　2　　　3

图 2-23　单人单一型栽培种接种操作(仿黄毅)

1.接种匙烧灼灭菌　2.移取原种　3.将移取的原种接种到栽培种培养基上

(2)多人单一型栽培种接种操作　栽培种的接种方法，若使用罐头瓶制作栽培种，则与原种三人接种过程相似。一般也是 3 个人配合，1 人用接种匙挖取菌种进行接种；1 人于酒精灯火焰无菌区打开棉塞，待接入原种后迅速塞上棉塞；另 1 人负责搬动栽培种瓶及喷消毒药等工作。若配合熟练，可在短时间内大量接种，效果也很好。如果栽培种制作采用塑料袋做容器，则接种时采取 4 人配合的形式：第一个人负责拿取待接栽培种料袋，并解开栽培袋口绳；第二个人负责挖取菌种接种；第三人负责把持袋口，待接入菌种后将菌袋口迅速旋紧；第四人负责系袋封口(图 2-24)。

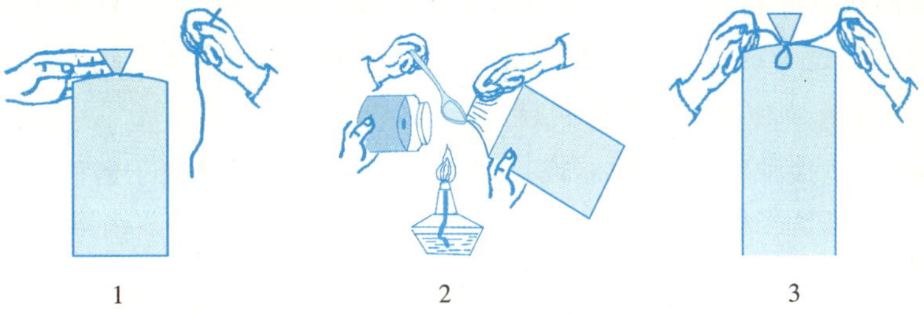

图 2-24　四人单一型栽培种接种操作(牛长满)

1.解开袋口　2. 灼烧接种匙、待冷凉后,刮去表层老化部分菌种并挖取适量原种,于酒精灯火焰无菌区迅速将其接入栽培种培养基内;另一人在酒精灯火焰无菌区打开栽培种培养基袋口,去拿栽培种培养基袋口迎接原种瓶口,接种后迅速封好瓶口。　3.封好瓶口,将接种块置于培养基中央孔穴内。

四、原种、栽培种培养

接种后于 25 ℃左右的培养室暗光培养,培养室内配备培养架(图 2-25),并适当通风,维持其空间相对湿度在 55%～60%。培养室在菌袋摆放前必须进行一下环境熏蒸消毒,使得菌袋在一个清洁、无菌的环境下生长。经 5～7 d,全面检查一次,发现有污染的菌袋要及时拣出,妥善处理。挑菌时,不要用力挤压菌袋,要轻拿轻放;在温度较高的季节,要注意菌袋间不要摆放过于紧密,随时监测菌袋间的温度,避免超过 30 ℃而出现烧菌。

在发菌期间,还要注意观察有无虫害和鼠害的发生,若有要及时采取措施处理。菌种 30 d 左右即可长满菌袋(瓶),部分野生菌种时间可能稍长。长满的菌种要及时用于生产,弱等菌种出现原基或老化时,会影响今后菌的产量和品质。

图 2-25　原种、栽培种培养架及培养状态(仿潘崇环)

五、原种、栽培种扩繁与培养中常见问题及解决措施

1.原种转接后,接种块不萌发菌丝

原因:观察所接母种块颜色是否变黑,如果变为黑色则是在接种过程中被烫死;如果所接母种块颜色未变黑,并且上面菌丝没有生长迹象,则可能是母种已经老化,或是原种内培养基内一些不良气体抑制了菌丝的萌发。

解决措施:a.如果是母种块被烫死,那么就要注意在接种过程中严格接种动作,注意接种时速度要快,尤其在母种块转出试管口经过酒精灯火焰无菌区的一瞬间,要迅速地把母种块转接入待接原种培养基中央。b.如果可能是母种自身老化的原因,那么要进一步确定原先母种是否丧失活力。我们可以将剩余的母种转接至新的培养基内生长,如果依然不生长,那么就可以确定该母种已丧失活力;如果菌种正常萌发,那么它就不是母种老化的原因,而是培养基自身的原因。c. 在制作培养料时，若向料内添加一定比例的旧料或是一些易分解的营养元素时，最好要提前将原料经过一定时间的发酵，并通过反复翻堆散尽料内不良气体之后再用。

2. 原种瓶、栽培袋接种表面出现霉菌污染

原因：可能是由于接种环境不清洁，或接种者操作不规范，或是由于菌种自身带菌。

解决措施：a. 如果是接种环境不清洁所致，要对接种环境提前熏蒸消毒；b. 如果是由于接种者操作不规范，在接菌过程中则要对接种工具进行充分灼烧灭菌，同时接种动作要规范、迅速。c. 如果是由于菌种自身带菌，则应淘汰该菌种。

3. 原种瓶、栽培袋接种表面未出现霉菌污染，而是料袋（瓶）周围出现大量污染菌落

原因：出现这种现象主要是由于料袋（瓶）灭菌不彻底。

解决措施：灭菌要严格按照灭菌的要求达到灭菌时数；在灭菌过程中不要一次性放入大量的料袋，结果造成菌袋之间过于紧密，以至于湿热蒸汽难以到达菌袋。灭菌时最好将料袋（瓶）置于周转筐内，并将筐之间留有一定缝隙摆放。

4. 原种瓶、栽培袋接种后前期菌丝萌发良好，后期生长缓慢甚至停止生长

原因：这种现象可能是由于料袋（瓶）装料过于紧密，造成菌种生长后期缺氧；或是培养料营养成分配比不适宜菌种生长；抑或是培养料内水分含量过高，和培养环境不适应。

解决措施：a. 装料时要将料装得松紧适度，不能过于紧密，也不可过于松散；b. 菌种通常要在适宜的培养环境才能生长，料内不能添加某种矿质营养、生长因子超量，一旦过量则会导致菌丝停止生长。当料内酸碱度过高或过低时，同样会造成菌丝停止生长；c. 在配制培养料时，料内不可一次加入过多的水，当料内含水量大于 70%时则会导致菌丝停止生长，并有拮抗线的形成；d. 当培养环境处于通风不良的状况，或环境温度偏低时，也常常导致菌丝生长缓慢甚至停止生长。

单元六　菌种质量鉴定与保藏

专题一　菌种质量鉴定

一、外观鉴定

1. 母种外观鉴定

一般说来，每种食用菌母种菌丝都有它们各自的特点，我们根据其母种菌丝相关的特点可以对它们进行大致鉴定；但不论它们都有什么不同，作为优良的母种，它们都是有一些共性的，比如它们在母种培养基内菌丝生长整齐一致、长速符合品种自身的生长特性、菌丝颜色正常，无老化、无污染现象等发生（表 2-30、图 2-26a）。

表 2-30　部分药用菌优质母种外观鉴定的标准

菌种类型	优质菌种标准
灵芝	菌丝白色、纤细、致密、平坦、整齐，气生菌丝发生量少，表面常生成白色结晶物。菌种老熟后常形成一层硬皮，25 ℃下 15 d 左右长满斜面
猴头	菌丝微黄色，紧贴培养基表面生长，气生菌丝稀疏，菌丝表面常形成珊瑚状小突起，常分泌色素，使培养基变为茶褐色，25 ℃下 16 d 左右长满斜面
茯苓	菌丝常呈白色、稀疏，菌丝生长过程中常出蜂窝状或菊花状子实体，后期气生菌丝较浓密，常分泌褐色素，使培养基变为茶褐色，25 ℃下 15 d 左右长满斜面
蛹虫草	菌丝洁白、浓密、绒毛状，气生菌丝旺盛、生长整齐一致，菌丝体表层在见光时常有金黄色气生菌丝发生，25 ℃下 15 d 左右长满斜面
密环菌	菌丝灰白色、棉絮状，生长缓慢，后期发生根状物质，常分泌色素，使培养基变为褐色。菌丝体常有荧光现象，25 ℃下 20 d 左右长满斜面
云芝	菌丝白色、纤细、平坦、整齐，气生菌丝发生量少，25 ℃下 15 d 左右长满斜面
黑柄炭角菌	菌丝白色、稀疏、细长绒毛状、生长整齐，25 ℃下 15 d 左右长满斜面
灰树花	菌丝白色、浓密、绒毛状至絮状，气生菌丝旺盛，菌落厚，25 ℃下 15 d 左右长满斜面
榆耳	菌丝白色、浓密、生长整齐，气生菌丝发达，表面常生褐色原基，25 ℃下 12 d 左右长满斜面
桑黄	菌丝初期白色、浓密、绒毛状，生长整齐，后期菌丝变为淡黄色至深黄色，25 ℃下 20 d 左右长满斜面

2. 原种、栽培种外观鉴定

(1)菌袋外观形态鉴定　用手抓住棉花塞轻轻提起，看棉花塞或皮套松紧是否适度，如果太松容易导致杂菌入侵，同时注意棉塞是否潮湿并感染了杂菌；再看菌种外观是否破瓶、破袋；再用手摸袋壁上是否扎了小眼，如果发现小眼，则有感染了杂菌的可能(图 2-26b、图 2-26c)。

(2)袋(瓶)内部形态鉴定　一“闻”，随机抽样检查，把棉花塞拔起后，用鼻子嗅菌种气味，正常的菌种菇香味浓郁，若菌种中散发出酸、霉、臭等气味，则说明菌种有杂菌的污染；二“看”，看菌种是否纯度高，菌丝色泽要正，长势丰满而富有弹性，多数种类的菌丝应纯白，原种、栽培种菌丝应连结成块，无老化、变色、吐黄水等现象；菌丝要粗壮，长势强，分枝多而密，且生长速度整齐一致；三“摇”，菌种要湿润，含水适宜，用手晃菌袋(瓶)无干缩脱壁现象(表 2-31)。

表 2-31　部分药用菌优质原种、栽培种外观鉴定的标准

菌种类型	优质菌种标准
灵芝	菌丝洁白、致密、生长整齐一致，后期常分泌黄色液体。菌丝满袋天数通常为 30～40 d
猴头	菌丝洁白、浓密、粗壮，生长均匀一致，表面易形成小原基。菌丝满袋天数通常为 30～40 d
茯苓	菌丝白色、致密、菌丝生长后期常出现细绳状菌索，菌种培养 3 d 左右即可使用
蛹虫草	菌丝洁白、浓密、绒毛状、生长整齐一致，后期表层菌丝有金黄色气生菌丝发生，菌丝满瓶天数通常为 35 d 左右
密环菌	菌丝灰白色、浓密、生长整齐，后期逐渐变为深褐色，菌丝满袋天数通常为 30～40 d
云芝	菌丝白色、纤细、生长整齐，后期有较厚菌被。菌丝满袋天数通常为 30～40 d
灰树花	菌丝白色、浓密、生长整齐，后期有较厚菌被，并产生褐色素。菌丝满袋天数通常为30～40 d
榆耳	菌丝白色、绒毛状、生长整齐，随着生长菌丝逐渐变为浅黄色，菌丝满袋天数通常为 40 d 左右
桑黄	菌丝白色、浓密、生长整齐，随着生长菌丝逐渐变为浅黄色至深黄色，菌丝满袋天数通常为 50 d 左右

二、液体鉴定

采用液体培养的方法，在 2%蔗糖水中接种待鉴定菌种，如培养后出现浑浊或稀薄现象，说明该菌种不可用于栽培；如培养结果为洁白的菌丝球，则该菌种可以放心用于生产当中(图 2-26d)。

三、出菇试验

大规模生产前进行出菇试验，是保证生产成功的重要环节，也只有经过出菇试验，才能够直观地体现菌种质量情况。随机抽取计划用于生产的原种(或栽培种)若干袋，给其营造一个适合出菇的生长环境，出菇快、朵形好的菌种则可放心用于生产。

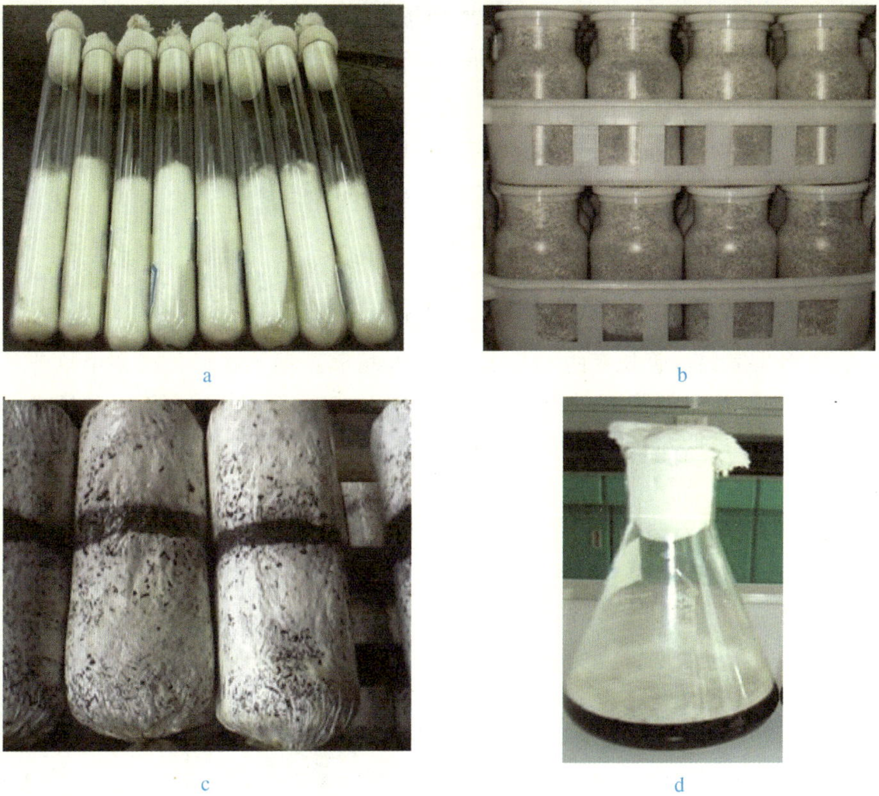

图 2-26 菌种质量鉴定

a. 母种外观鉴定 b,c. 原种、栽培种菌袋外观形态鉴定 d. 液体鉴定

专题二 菌种保藏

一、菌种保藏的原理

菌种保藏的目的在于利用物理或化学手段,给菌种生长创造一个不利于它和病原微生物的生长环境,但在该环境下菌种活力又不会丧失,而是使菌种处于最低的生理活性状态;在适宜的条件下将所保藏的菌种进行繁殖又可以正常恢复其生理活性。通过这样保藏达到延长菌种使用期限的目的。

二、菌种保藏的注意事项

(1)菌种保藏需要具有一定专业知识和实践经验,具有相关保藏设备的专业技术人员和机构才可从事该工作。它需要定期收集、整理、检查和保藏菌种,这些工作需要高度的责任心、耐心和细心。

(2)保藏菌种要了解保藏菌种的特性,及其对营养的需求规律。如在保藏一些高温品种时,我们就不能按照常规方法去保藏菌种。

(3)所保藏的菌种都有一定的保藏期限,所以一定要在保证菌种活性的期限内及时进行菌种的二次保藏、生产和检查。

(4)所保藏的菌种要有一定的重复,避免品种的遗失。

(5)保藏的环境要清洁、干燥，对于一些见光易老化的品种要拿黑色遮光纸包裹；对于一些不耐冻的品种还要在试管内加入防冻剂，以防菌种冻伤而失去活力。

三、菌种保藏的方法

菌种保藏的方法很多，通常采用的是低温、干燥和减少氧气供应，这里介绍比较常用的斜面低温保藏、木屑保藏、液体石蜡保藏和液氮超低温保藏方法。

1. 斜面低温保藏

斜面低温保藏菌种是较为常用的母种保藏方法。它通常要求培养基营养丰富并且所含琼脂量要高。将加富 PDA 培养基的琼脂用量增加到 25 g/1 000 mL，18 mm×180 mm 试管装营养液 12 mL，斜面长度为试管长度的 1/2，常规接种，培养至菌落接近长满整个培养基斜面时，按照无菌操作将棉塞换成橡胶塞，并用石蜡封口，放入 4～5 ℃冰箱内保存。每隔 3～6 个月转管一次。草菇菌种不耐低温，保存温度应提高到 10～15 ℃。菌种在使用前应先进行一下活化处理后再使用。

2. 木屑保藏

木屑保藏菌种是较为经济、实用的一种保藏木腐菌的方法。该法可利用 50% 的木屑、30% 的 0.5 cm^3 小木块、18%的麸皮、1%的蔗糖和石膏，调节其含水量在 60%左右，之后装入 3/4 的试管，正常灭菌 1.5 h，之后常规接种。当菌丝长至 1/2 的木屑培养基长度后，按照无菌操作将棉塞换成橡胶塞，并用石蜡封口，放入 4～5 ℃冰箱内保存，可保藏 2 年左右(图 2-27)。

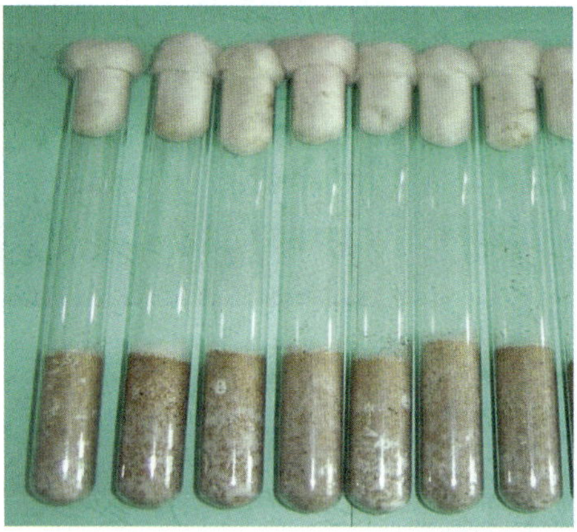

图 2-27　木屑保藏母种

3. 液体石蜡保藏

液体石蜡保藏菌种是利用液体石蜡隔绝对菌丝供给氧气，并防止菌丝体水分挥发的原理来保藏菌种的。将生长健壮的母种按照无菌操作，将灭菌的水液体石蜡灌注至斜面上方 1 cm 处，同样用无菌橡胶塞和石蜡封口。常温下可保藏 5～7 年。使用时用接种针从液体石蜡浸泡的斜面上挑取菌丝接种到适宜的母种培养基上，余下的母种可继续保藏。由于第一次转接的菌丝沾有石蜡生长微弱，因此必须再转接一次才能恢复其正常生长状态。

4. 液氮超低温保藏

液氮超低温保藏流程见图 2-28。

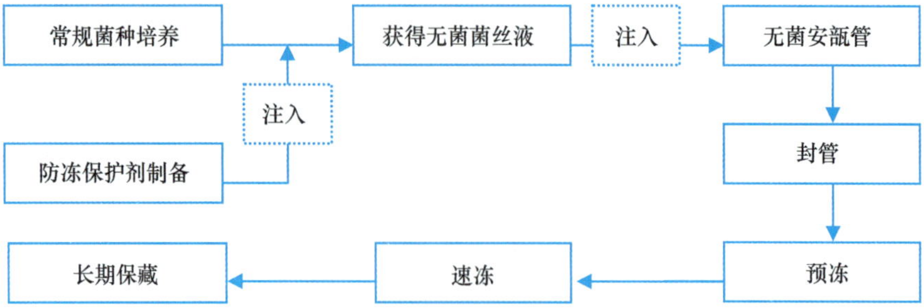

图 2-28　液氮超低温保藏流程

利用液氮罐，在－196 ℃的低温条件下可保藏菌种 10 年左右，该方法使菌种体内的生理代谢几乎完全停止，而种性不发生变异，是目前最理想的菌种保藏方法，但是价格昂贵，需要专人维护，适合科研院所使用(图 2-29)。

具体的操作方法是：采用 10%(体积比)的无菌冷冻保护剂如甘油蒸馏水溶液，淹没母种培养基斜面，按照无菌操作轻轻刮落斜面上的菌丝体，使其成悬浮液。将 0.5～0.8 mL 悬液按照无菌操作注入无菌的安瓿管中，熔封瓶口，检查不漏气后，置液氮冷却器内，以每分钟下降 1 ℃的速度缓慢降温至－35 ℃，以后冻结速度就不需控制，迅速降低到气相－150 ℃或液相－196 ℃进行长期保藏。

图 2-29　液氮超低温罐

超级链接

江苏安惠生物科技有限公司——一个以食(药)用菌及多种天然植物为原料，研究、开发健康产品和美容护肤品的专业公司，是国家高新技术企业，在中国乃至世界食用菌行业享有盛誉。公司坐落于中国政府批准设立的国家级南通经济技术开发区高新科技园区内。公司已通过 ISO 9001 质量管理体系认证、ISO 14001 环境管理体系认证和保健食品 GMP 认证。2008 年 11 月，安惠公司获得了中华人民共和国直销经营许可。董事长陈惠，江苏省南通市人，中共党员，高级农艺师，高级经济师，中国著名企业家，被誉为“世界灵芝大王”。现任江苏安惠生物科技有限公司董事长、世界蕈菌生物暨其产品学会会员、中国食用菌协会副会长、中国对外贸易经济合作企业协会副会长、中国食品土畜进出口商会兼职副会长，世界通商总会常务副会长、中国药用真菌专业委员会副主任委员、南通市工商联(总商会)副主席。

企业团队其他成员

1. 陈国良

中国著名的真菌学家，上海农业科学院研究员，中国食用菌协会药用真菌专业委员会委员、上海市药学会灵芝研究会副主任委员。四十多年来，他在食(药)用真菌的研究上作出了杰出的贡献，是我国灵芝研究第一人，其成果多次获国家发明奖、上海市重大科研成果奖。1972 年研制成功“灵芝片”(药品)，1977 年研制成功“猴菇菌片”(药品)，并编著了《灵芝治百病》《神奇的食用菌》《功效非凡的食用菌》等著作。

2. 卯晓岚

中国著名的真菌学家，中国科学院微生物研究所研究员，原中国菌物学会常务副理事长，中国食用菌协会副会长，中国食文化研究会常务理事，中国食品土畜进出口商会食用菌分会技术顾问。长期从事大型真菌分类及物种资源研究，多次荣获国家大奖，多次承担国家基金项目和中科院重大支持课题。其主编的《中国大型真菌》获“中国图书奖”。

3. 徐济良

南通大学医学院教授，硕士生导师，国务院特殊津贴获得者，从事药理学教学与科研工作近30年，研究方向为心血管药理学，同时从事新药与保健品的开发与研究。以第二完成人完成两项国家自然科学基金课题，并主持部厅市级课题多项，完成的一项国家自然科学基金课题“血管平滑肌肾上腺素能α受体触发的钙内流研究”获国家教委科技进步一等奖，在国家及省级刊物上发表论文20多篇，撰写多部药理学参考书，如《医用护理药理学》《药理学(科学版)》《医学药理学》《药理学新论》《临床用药指南》《药理学考试复习题解》《基础医学概论——药理学分册》等。

4. 王听申

南通大学理学院教授，南通市芦荟研究所副所长，长期担任实验室主任。在应用磁学、磁光效应、永磁体的应用等方面有相当研究，并开发实用产品。在保健食品方向进行了探索性研究，尤其在芦荟的应用研究中，取得成果，与他人合著《芦荟治百病》等。

5. 韩勤更

生化总工程师，国家重点科技攻关项目负责人，并多次获奖。长期从事微生物发酵产品生产及新产品研发，个人独立开发的有《深层发酵法生产冬虫夏草菌丝》《深层发酵法生产猴头菌丝》《深层发酵法生产蝉花》等项目。发表论文18篇。2003年10月与他人合作编写出版《南通化工医药产品手册》。江苏省新药品评委，江苏省医学专家库成员，南通市劳动模范。

模块三 药用菌菌种选育技术

知识目标

掌握选种技术基础知识。

掌握育种技术基础知识。

能力目标

能够通过子实体组织分离技术获得原始母种。

掌握并能够应用单孢子杂交育种技术进行新品种选育。

单元一　选种技术

选种是指通过人工选择培育新品种，而所谓人工选择，其实质是经过长期去劣存优的选择作用，不断淘汰那些不符合人类需要的个体，保留那些符合人类需要的个体，这样就可以逐步选择出符合育种目标的新品种。选种包括野生药用真菌的驯化、药用菌的异地引种等。

选种的基本操作过程主要包括品种收集、性能测定、菌株比较、扩大试验、示范推广等。

1. 品种收集

品种收集应侧重于在不同菌株间进行而不是在同一个菌株的后代中进行，更重要的是要广泛收集不同地域、不同生态型的菌株，以便从大量菌株中去粗取精、弃劣留优，筛选到符合人们需要的新品种。具体做法是根据选种目标，确定适宜的收集种类、收集地点和收集方法。栽培种可以通过国内外的科研院所、菌种保藏机构或生产厂商进行引进，收集野生菌株则要详细记录采集时间、地点、海拔、坡向、土质、植被等项内容，并对采集的菌株进行编号，以便对该菌株进行综合分析。尤其要注意，两个采集点之间的距离应尽可能远一些，以避免由于同一子实体的孢子多年传播、逐步扩散而形成的，同时，选采集点要充分利用不同的地形、地势，如南坡与北坡、山顶与山腰等。

2. 性能测定

为了减少人力、物力，提高选种效率，对于不同编号的菌株，可通过拮抗试验来淘汰那些重复的菌株。测定适宜的培养基种类、温湿度、光照、二氧化碳浓度及 pH 范围，同时，还要测定各菌株的菌丝生长速度、生长势、出菇(耳)时间等，以便对其生理特性有初步的了解。

3. 菌株比较

根据实际情况，选用瓶栽、袋栽或箱栽等方式比较各菌株的生产性能，比较的目的是为了选优汰劣。试验过程中，应力求使可能影响试验结果的各种因素，如菌种质量、培养基成分、接种方法、栽培管理措施等方面尽量保持一致。菌株比较试验中，除认真记录各菌株的产量外，还应对菇形、温性、干鲜比、始菇期等形态、生理及栽培特性进行详细记载。

4. 扩大试验

菌株比较试验后，选用与当地的主栽品种相比生产性能最好的菌株进行更大规模的试验，以对菌株比较结果做进一步的验证。根据我国目前的情况，扩大试验时，每品种 1 地 1 次，栽培面积不少于 50 m^2。

5. 示范推广

经过扩大试验，对选出的优良品种有了更明确的认识。但在大量推广之前，应选取几个有代表性的试验点进行示范性生产，待结果得到进一步确证后，再由点及面逐步推广。

食用菌的良种选育过程，菌种是出发点，采集的子实体需要经过分离，获得纯菌种。菌种分离就是采用无菌操作技术，将所需要的食用菌与其他杂菌分开，让其在适宜的条件下生长繁殖而得到纯菌丝体的过程。菌种的分离方法一般可分为组织分离法、孢子分离法和基质分离法 3 种，目前常采用的是组织分离法和孢子分离法。

专题一 组织分离技术

一、工艺流程

组织分离技术工艺流程见图 3-1。

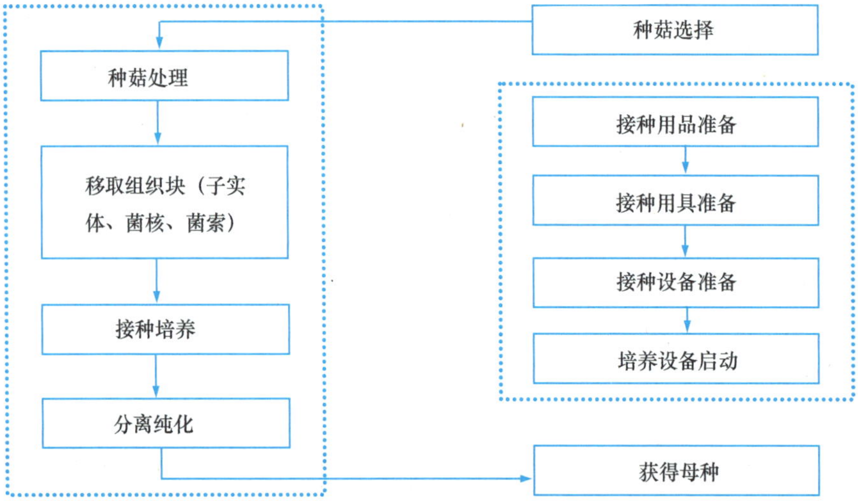

图 3-1 组织分离技术工艺流程

二、操作技术

组织分离法属于无性繁殖，能够保持原品种的优良性状，而且取材广泛、操作简便、容易成功，在生产上常被用于菌种复壮和新品种选育。根据分离材料的不同又分为子实体组织分离、菌核组织分离和菌索组织分离法。

1. 子实体组织分离法

子实体组织分离法是通过分离培养药用菌子实体的菌肉组织获得菌种的方法，适用于灵芝、猴头、桑黄等绝大多数药用菌。但不同药用菌子实体的各种组织及不同部位生长分裂的旺盛程度不同，因此在切取子实体组织时应该有所选择(图 3-2)。具体操作技术详见“实验实训六　子实体组织分离”。

2. 菌核组织分离法

菌核组织分离法是指通过分离培养药用菌菌核组织获得菌种的方法。对于一些子实体不易采集的药用菌，如茯苓、猪苓、雷丸等，利用比较容易得到的菌核——它们的营养贮藏器官进行分离，也能够获得菌种。具体操作方法与子实体分离法基本相同，但要注意，用菌核作分离材料，挑取的组织块应大一点，因为菌核是贮藏器官，其中大部分是多糖一类的贮藏物质，里面仅有少量菌丝，如果挑取得过少，只挑到贮藏物质没有挑到菌丝，分离就不能成功(图 3-3)。

3. 菌索组织分离法

菌索组织分离法是指通过分离培养药用菌菌索组织获得菌种的方法。蜜环菌、假蜜环菌等一类菌，其子实体不易分离，且无菌核，可以通过分离其特殊的菌索来获得菌种。

具体操作方法是：在已经消毒灭菌的接种箱内或超净工作台上，用 75%酒精棉球对菌索进行表面消毒，用无菌的解剖刀除去菌索的黑色外皮层，即菌鞘，将其中的白色菌髓部分切成小段，移接到试管培养基中央。在适当条件下培养，当菌丝生长出来后，经几次转管可制成母种。应当注意的是，菌索比较细小，操作起来也比较麻烦，所以容易污染，解决的办法是在培养基中加入抑菌的青霉素或链霉素，浓度为 40 mg/kg，以提高分离成功率（图 3-4）。

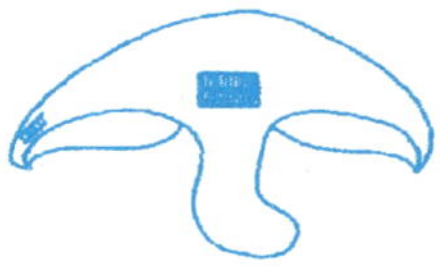

图 3-2　大型子实体组织分离

图 3-3　菌核组织分离

图 3-4　菌索组织分离（仿黄毅）

专题二　孢子分离技术

一、工艺流程

孢子分离技术工艺流程见图 3-5。

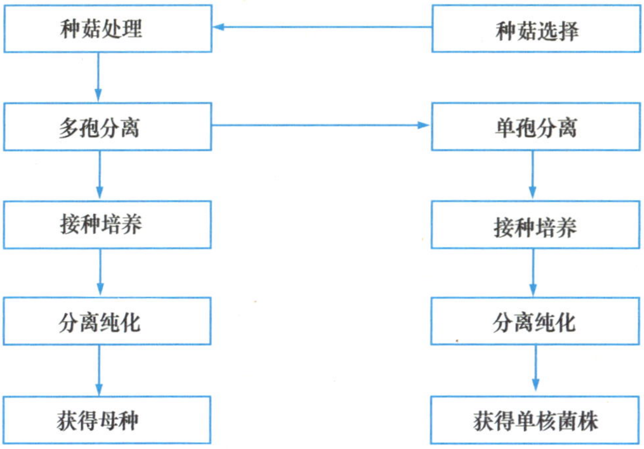

图 3-5　孢子分离技术工艺流程

孢子分离技术

二、操作技术

孢子分离方法获得的菌种生活力强，后代变异较大，因此，增加了选择优良菌株的机会，但操作较复杂。孢子分离法分为单孢子分离与多孢子分离两种。一般菌种生产过程中，多采用多孢子分离法，单孢子分离法常用于杂交育种工作。

孢子分离法操作技术在种菇选择、消毒、培养、转管纯化等环节与组织分离法相同，所不同的是该方法需要进行孢子的收集和接种，下面对这两个环节进行介绍。

1. 多孢子分离

（1）整菇插种法　将经过消毒的种菇插入无菌的孢子收集器收集孢子，蘑菇、草菇、香菇、平菇等大多数菌类都可使用此方法。具体操作是：按照无菌操作将种菇放入孢子收集器置于恒温培养箱培养，数小时后孢子就会从菇盖上弹射到培养皿内；将整个孢子收集器移入接种箱内或超净工作台上，去掉收集器的各个部分，留下盛有孢子的培养皿，用接种针刮取少许孢子接入试管斜面培养基或于试管内稀释成孢子悬浮液，置于恒温箱中培养；数日后孢子萌发长出菌丝后转入试管斜面培养基上培养、纯化获得该菌株的母种(图 3-6)。

(2)钩悬法　木耳、银耳多用此法。具体的操作是：在 350 mL 的三角瓶内，注入 50 mL PDA 培养基，瓶口垂挂一只用回形针改制的“S”形钩，塞上棉花塞进行高压灭菌；将银耳或木耳片在流水中反复冲洗 3～5 min，再转入无菌水冲洗 3 次，将耳片切成宽为 0.5 cm 的小条，腹面朝下，钩悬在 S 形钩上，放入三角瓶内，塞上棉塞；将三角瓶移到有散射光的地方，在 18～25 ℃ 下，经过数小时，即有足够的孢子散落在培养基面上；取出子实体块，将三角瓶置于 28～30 ℃下培养；一旦孢子萌发，就立即带培养基块移入新的 PDA 培养基内，继续培养(图 3-7)。

(3)试管插割法　此法方便快捷，成功率高，适合于大型子实体的孢子分离。具体操作方法是：在无菌操作条件下，迅速用无菌试管插割种菇有菌褶一侧，直至取下组织块；用镊子将组织块推至距斜面培养基 1 cm 处，塞好棉塞；于 25～28 ℃的条件下见光竖立培养 12 h 后，在无菌操作条件下用尖头镊子取出组织块；继续于 25～28 ℃的条件下暗光培养，2～3 d，会看到孢子萌发成星芒状的单孢子(图 3-8)。

图 3-6　整菇插种法

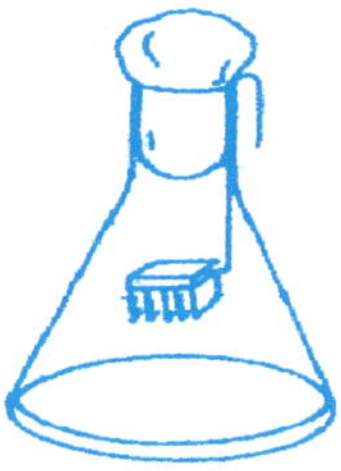

图 3-7　钩悬法(仿黄毅)

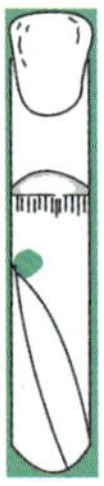

图 3-8　试管插割法

2. 单孢子分离

单孢子分离的方法很多，常用的是平板稀释分离法。在无菌操作条件下，制备成 1∶10 的孢子悬浮液，再用无菌移液管逐次稀释至 10^{-4} 或 10^{-5} 浓度的孢子稀释液；从最后三个浓度的孢子稀释液中，各取 0.2 mL 孢子液至琼脂平板上涂布均匀；适温下培养，定时用解剖镜检查平板上的菌落，将单孢菌落移至平板或试管斜面上培养。

专题三　基质菌丝分离

基质菌丝分离是通过分离生长食用菌的土壤、耳(菇)木或栽培袋、栽培瓶中的菌丝而得到纯菌种的一种方法(图 3-9)。目前来说，除非特殊情况，否则已经很少使用这种分离方法。

图 3-9　基质菌丝分离法

药用菌选种技术

子实体组织分离

单元二　育种技术

育种的方法主要有杂交育种、诱变育种、基因工程、DNA 指纹技术等。杂交育种是当前食用菌育种中应用最广泛、效果最显著的育种手段，主要有单孢子杂交育种和原生质体融合技术。

专题一　杂交育种技术

一、单孢子杂交育种技术

杂交育种基于双亲性状的优势互补或借助于以一个亲本的优点去克服另一亲本的缺点，通过杂交育成的食用菌优良品种。

1. 工艺流程

单孢子杂交育种工艺流程见图 3-10。

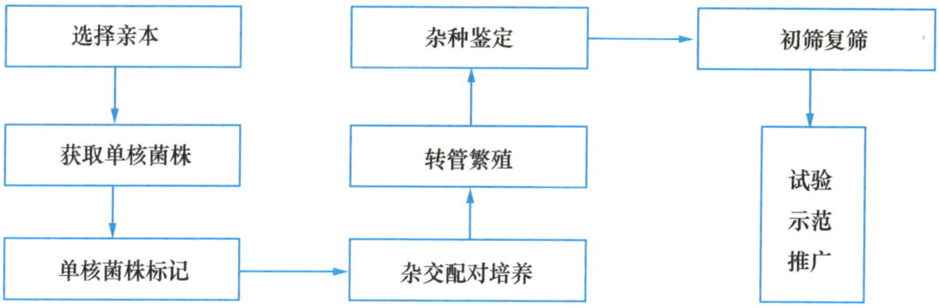

图 3-10　单孢子杂交育种工艺流程

2. 操作技术

具体操作内容详见“实验实训七　单孢子杂交育种”。

二、原生质体融合技术

原生质体是指失去细胞壁后余下的由原生质膜包裹的裸露的细胞结构。原生质体虽然失去了细胞壁存在时的原有细胞形态，变成了圆球体，但它仍然具有质膜和整体基因组，是一个具有生理功能的单位。

原生质体融合是指通过脱壁后的不同遗传类型的原生质体，在融合剂的诱导下进行融合，最终达到部分或整套基因组的交换与重组，产生出新的品种和类型的过程，是一种不通过有性生殖而达到遗传重组或杂交的育种手段。

原生质体融合技术是现代生物工程中最重要的遗传操作技术之一，它比传统的杂交育种技术更具有开拓性。药用菌由于不亲和性因子和细胞壁的存在，使得在传统杂交育种时，种外的远缘杂交非常困难，但去壁后的原生质体可以跨越这个障碍，实现种间、属间的杂交，对生产实践中创造药用菌新品种具有十分重要的意义。

1. 工艺流程

原生质体融合育种工艺流程见图3-11。

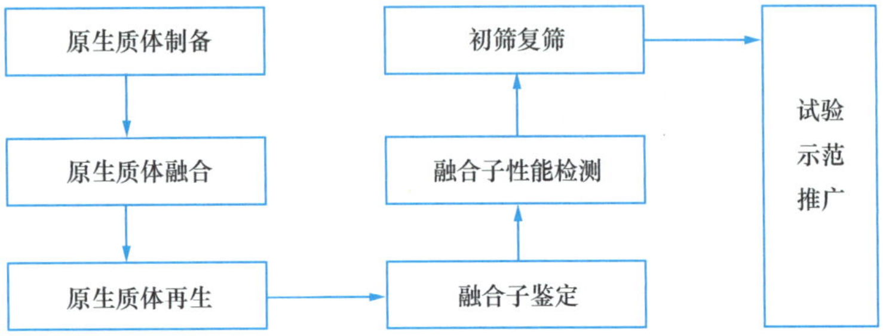

图3-11　原生质体融合育种工艺流程

2. 操作技术

（1）原生质体的制备　一般多采用幼龄的菌丝体作为制备材料，选择合适的溶壁酶去除细胞壁释放出原生质体，再通过离心或过滤等方法得到纯净的原生质体悬浮液。

（2）原生质体的融合　采用生物制剂、化学药剂或电场、激光等物理手段诱导原生质体发生融合。

（3）原生质体的再生　选择合适的再生培养基培养酶溶解去壁后的原生质体，一方面使细胞壁重新再生出来，恢复完整的细胞形态；另一方面使其能正常生长、分裂，长出菌丝体。

（4）融合子的鉴定　首先，利用选择标记进行融合子（融合后的原生质体，再生细胞壁后叫融合子）的选择，检测融合效果；其次，采用生物学方法（比如菌落特征、拮抗试验、结实试验等）、生化和分子生物学等方法鉴定融合子的稳定性；再次，通过对融合子结实后产生的担孢子类型进行分析，进一步鉴定融合子的可靠性；最后，获得遗传稳定的融合子。

（5）融合子生产性能的检测　以当地推广品种和两亲本菌株为对照，对所获得的融合子进行室内栽培、小试、中试、大范围栽培等一系列试验，对其定殖成活率、发菌快慢、抗杂能力、产量与质量等性能进行检测，逐级淘汰，最终筛选出能够在生产上推广应用且具有明显杂种优势的新品种。

专题二　诱变育种技术

诱变育种的理论基础是基因突变。它是利用物理或化学因素处理药用菌的细胞群体，促使细胞遗传物质的分子结构发生改变，从而引起其遗传性状的变异，然后从变异的细胞中筛选出少数具有优良性状的菌株，以供生产实践或科学实验之用。这里所运用的物理化学因素称为诱变剂。由于诱变育种能有效地提高突变的频率，因此，在药用菌新品种选育上应用越来越广泛。

一、工艺流程

诱变育种工艺流程见图3-12。

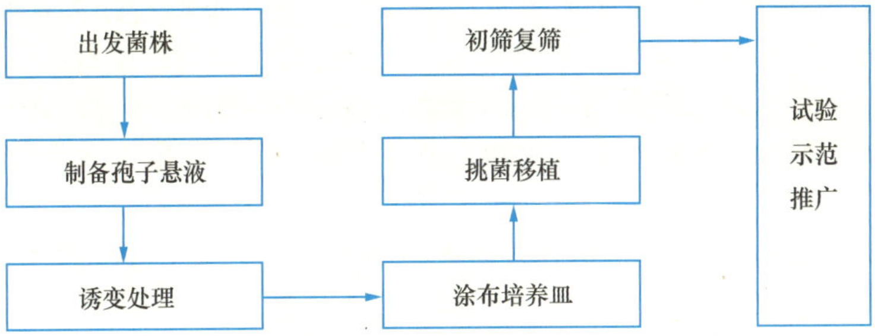

图 3-12　诱变育种工艺流程

二、操作技术

1. 选择出发菌株

用来进行诱变育种处理的起始菌株称为出发菌株。在诱变育种中，选好出发菌株有助于提高诱变育种的效果和效率。要求出发菌株要有一定的目标产物的生产能力，其他生产性能要求包括生长繁殖快、营养要求低、对诱变剂敏感、变异幅度大等；还必须了解用做诱变的出发菌株的产量、形态、生理等方面的情况。具体选择方法如下。

①选用已在生产中应用过而发生了自然变异的菌株；

②选用具有生长快、产菇早等有利性状的菌株；

③选用自然界新分离的野生型菌株；

④选用每次诱变都有一定提高的菌株。

2. 制备孢子悬液

在诱变育种中，所处理的对象必须呈单细胞的、均匀的悬液状态。这样做可以使其均匀地接触诱变剂，避免出现不纯菌落。因此，在对药用菌进行诱变处理时，一般都不处理其双核菌丝，而是处理其单核孢子。真菌成熟的孢子一般都处于休眠状态，而稍加萌发后的孢子则对诱变剂较为敏感，诱变效果较好。因此，如处理前先把孢子培养数小时，使其脱离静止状态，可增加变异率。基本做法如下。

菌悬液可用生理盐水或缓冲液配制。通常是，物理因素处理时用生理盐水配制，化学因素处理时，因为 pH 会发生变化，所以必须采用缓冲液配制。配制时，先用玻璃珠振荡，以把成团的细胞打碎，然后用灭菌的脱脂棉进行过滤。一般处理真菌孢子的浓度在 10^6 个/mL 左右。

除此以外，也可以用细胞少的菌丝片断或原生质体代替孢子进行诱变。

3. 诱变处理

诱变处理时，一方面要选择合适的诱变剂，另一方面要确定诱变时所使用的剂量。诱变剂分为两大类：物理诱变剂和化学诱变剂。

(1)物理诱变剂　常用的物理诱变剂有紫外线、X 射线、γ 射线、快中子、α 射线、β 射线、超声波、激光等，其中紫外线、X 射线、γ 射线应用较多。紫外线不需要特殊的设备，只要用普通的灭菌紫外灯管即可做到，而且诱变效果也很显著，因此是最常用的物理诱变剂。不同种类的药用菌对紫外线的敏感程度不一样，这就导致诱变时所需要的紫外线剂量不同。处理时照射剂量随紫外灯的功率、照射距离和照射时间而定。紫外线诱变处理的基本方法如下。

选用功率为 15 W 的紫外灯，照射前，先开灯预热 20 min，使光波稳定。将 5 mL 菌悬液置于直径 6 cm 的培养皿中，放在离灯管 30 cm 处照射。培养皿底要平整，要有搅拌设备或者进行摇动，以求照射均匀。照射时间一般为 0.5～5 min。为了避免出现光复活现象，处理过程应在暗室的红光下进行，处理完毕后，将盛菌悬液的容器用黑纸或黑布包住进行增殖培养。

X 射线和 γ 射线都是高能电磁波，生物学上应用的 X 射线一般由 X 光机产生，γ 射线来自放射性元素钴、铯等。他们的诱变率和射线剂量有关，而与时间无关。

(2)化学诱变剂　化学诱变剂的种类很多，常用的有三大类：一类是烷化剂，如硫酸二乙酯、亚硝酸、甲基磺酸乙酯、亚硝基胍等；一类是碱基类似物，如 5-溴尿嘧啶、5-氨基尿嘌呤等；还有一类是吖啶类化学物质。决定化学诱变剂剂量的因素主要有诱变剂的浓度、作用温度和作用时间。化学诱变剂与物理诱变剂不同，在处理到确定时间后，要有合适的终止反应方法，可以采用加入大量水稀释、加入解毒剂或改变 pH 等方法来中止。

无论是物理诱变剂，还是化学诱变剂，都要确定一个合适的剂量，有时需要多次反复试验才能做到。一般来说，诱变率往往随剂量的增高而增高，但并非越高越好。在诱变育种时，有时可根据实际情况，采用多种诱变剂复合处理的办法，比如，对于经过多次诱变处理的老菌种，单一诱变因素重复处理，效果甚微，可以采用复合诱变剂处理来提高诱变效果。

4.诱变菌株的筛选

通过诱变处理，在被处理的群体中，会出现各式各样的突变类型，要在这中间选出个别的优质高产菌株是十分困难的，需要做大量的筛选工作以达到去劣选优的目的。可以采用形态的、生理的方法或者 DNA 指纹技术进行筛选，然后进行栽培试验，反复比较各菌落的生产性能，择优留取。

5.试验、示范、推广

经过大面积生产试验，将优良菌株逐步示范推广。

专题三　基因工程技术

基因工程是基因水平(分子水平)上的遗传工程，又称基因操作、基因克隆、DNA 重组技术等，它是将基因在体外进行人工剪裁与拼接，然后引入某一受体细胞，使之能够在其中进行正常的复制和表达，从而获得符合人们预先设计要求的新物种的过程。

基因工程具有很强的目的性和方向性，是在分子水平上的一种离体的遗传重组技术。它彻底打破了常规育种中种属间不可逾越的鸿沟，使超远缘杂交成为可能，可以按照人们的意志定向培育药用菌新品种，也可将编码纤维素或木质素降解酶基因导入药用菌体内，以提高药用菌菌丝体对栽培基质的利用率或开拓新的栽培基质，最终提高药用菌产量，这会使人工栽培共生药用菌成为一种可能。

专题四　DNA 指纹技术

DNA 是一切生命物质的遗传基础，决定着生物性状。不同真菌个体的 DNA 被限制性内切酶酶切或 PCR 引物随机扩增的 DNA 片段的长度不同，呈现出电泳谱带的差异，这种具有个体、群体和物种特异性的带纹就称为DNA指纹。DNA指纹是以个体间遗传物质内核苷酸序列变异为基础的遗传标记，是DNA水平遗传变异的直接反映。它符合孟德尔遗传规律，而且终生不变。DNA指纹往往具有品种特异性，某个品种指纹图谱就是该品种的“身份证”，同一品种的不同菌株具有相同的遗传背景，因而任何一个菌株的DNA指纹图都能够代表其所属品种的特性。

超级链接

广义的药用菌指一切可以用于制药的菌物，狭义指用于医药的大型真菌(蕈菌)。野生的有冬虫夏草、蝉花、雷丸、安络皮伞等；人工栽培的有灵芝、茯苓、猪苓、桑黄、木耳、云芝等。这些药用菌在我国都有上千年的应用历史，它们虽功效不同，但最大的优点，也是它们的共同点就是无毒副作用。近代医学研究表明，它们不仅具有益气、强身、祛病、通经、益寿等功能，还具增强人体免疫力、抗肿瘤抗癌的功效。许多食用菌兼具药用价值。

我国古代以其菇菌子实体、菌核等入药，现代科技不仅实现许多药用菌的人工驯化栽培，还能通过生物发酵、萃取等生物技术，利用其菌丝体及其代谢产物。

我国药用真菌资源丰富，已查明的就有200多种。对药用真菌系统的研究是从20世纪60年代开始的。早期的工作着重于人工栽培研究，如茯苓、猴头、灵芝等人工栽培研究。20世纪70年代以来，对药用真菌的开发利用已从早期的使用子实体配伍入药发展到工业深层发酵，物理、化学方法提取有效成分，改造结构成分；给药途径除了口服外，还发展了针剂。同时，在药理、药化、临床实验、制药工艺等方面也做了大量的工作。

真菌作为食用、药用或保健品，在中国有悠久的历史。仰韶文化时期，我们的祖先就采食蘑菇等食用菌了。2 000年前的《礼记》《吕氏春秋》和《齐民要术》等古籍文献中都有人类食用菇类的记载。东汉时的《神农本草经》记载药物365种，其中就有茯苓、猪苓、雷丸、木耳等10多种真菌。南北朝时期的陶弘景《本草经集注》和《名医别录》中增添了马勃和蝉花等。明代李时珍的《本草纲目》增加了六芝、桑耳、槐耳、柳耳、皂荚菌、香蕈、天花蕈、羊肚菜、鬼盖、鬼笔、竹荪、桑黄、蝉花、雪蚕以及茯苓、猪苓、雷丸及马勃等40余种。清代的汪昂《本草备要》首次明确记载了冬虫夏草并作为药用保健品。具有中国特色的食用菌，无论野生或人工生产都以物种或品种多样性闻名于世。包括药用真菌在内的中医中药为中国之国粹，以食、药用菌为基础的保健品已在国际市场上占有一席之地。

1930年，德国首次报道了用蘑菇属、皱孔菌属和鬼笔菌属中某些种发酵产物，经处理后用以治疗癌症。1950年又发现用水提取美味牛肝菌有效物，对小白兔肉瘤180有抑制作用。1959年LUCUS等从大秃马勃中分离出马勃素，发现其对小白兔肉瘤有抑制作用。随后，日本对数十种至百种蘑菇类和多孔菌类中提取多糖等有效物，作了小白兔肉瘤180和艾氏癌的抑制试验，证明绝大多数的种类含真菌多糖并对试验动物有效。这些研究试验发现众多菇类及多孔菌类真菌有提高机体免疫力的作用。

日本等国对许多食用菌有效物的提取和抑制肿瘤试验，引起了食、药用菌科技工作者的重视。日本首次提取香菇多糖并制作产品投放市场。金针菇、豹皮菇、长根奥德菇、灵芝、云芝、灰树花和针层孔菌、裂蹄针层孔菌、稀针孔菌等多种真菌多糖也率先在日本被提取和试验，其结果证实大多数对肉瘤180和艾氏癌的抑制率达60%以上，最高可达100%。

中国科技工作者对冬虫夏草、蜜环菌、灵芝等多种食、药用菌开展了有效物质的研究、提取，中国已有263种菌在民间用于抗癌，其中，食用菌165种，仅占63%，可以说大量的野生菌类有待研究试验。由制药厂家定型生产的真菌药物有天麻蜜环菌片、银蜜片、冠脉乐、猴菇菌片、香菇多糖、灵芝多糖、灵芝饮片、灵芝孢子粉胶囊、木耳脑脉康等品种。另外还开发了金菇露、银耳益智精等一批真菌保健食品和饮料。

随着科学研究的深入，药用菌已成为具有无限开发潜能的种业。

中国是食用菌物种多样性高度丰富的国家，包括部分木质化的灵芝，总数统计已达1 000多种，人工培养成功并形成子实体的有80多种(如果包括应用菌丝体发酵培养的达200多种)，如香菇、豹皮香菇、大杯香菇、虎皮香菇、裂褶菌、侧耳(糙皮侧耳)、金顶侧耳、鲍鱼侧耳、黄白侧耳、泡囊侧耳、佛罗里达侧耳、肺型侧耳、粉褶侧耳、桃红侧耳、菌核侧耳(虎奶菇)、刺芹侧耳、白灵侧耳(白灵菇)、贝型圆孢侧耳、亚侧耳、白侧耳、宽褶奥德蘑、长根奥德蘑、金针菇、香杏丽蘑、蒙古口蘑、杨树口蘑、荷叶离褶伞、榆生离褶伞、斑玉蕈、花脸香菇、大白桩菇、蜜环菌、假蜜环菌(安络小皮伞)、网盖红褶伞、银丝草菇、草菇、美味草菇、高大环柄菇、柱状田头菇(杨树蘑)、光盖黄伞(滑菇、滑子蘑)、黄伞(柳蘑)、皱环球盖菇(大球盖菇)、双孢蘑菇、巴氏蘑菇、褐鳞蘑菇、大肥蘑菇、美味蘑菇、毛头鬼伞(鸡腿蘑)、小孢毛鬼伞、黑木耳、毛木耳、大木耳、黄褐木耳、银耳、金耳、榆耳、牛舌菌、猴头菌、小刺猴头菌、珊瑚猴头菌、灰树花、猪苓、茯苓、槐栓菌、圆孢刺孢多孔菌、云芝、灵芝、紫灵芝、密纹灵芝、松杉灵芝、硬孔灵芝、树舌灵芝、竹荪、长裙竹荪、短裙竹荪、棘托竹荪、羊肚菌、蛹虫草、冬虫夏草(无性阶段)、日本虫花、大虫花、黑柄炭角菌(乌灵参)等。如此多的人工培养子实体和菌丝体发酵种，提供了多风味、多营养、多功能的食用菌和多种药效的药用真菌以及可加工成多功能的保健品。

模块四 药用菌栽培

单元一　灵芝栽培技术

知识目标

了解灵芝的药用价值和栽培现状。

熟悉灵芝生产工艺流程、产品开发技术。

掌握灵芝栽培实训生产计划的设计思路和制订方法。

能力目标

能应用所学知识进行灵芝生产计划的制订。

能完成灵芝全熟料覆土栽培的全部生产操作。

能处理灵芝生产管理中出现的技术问题。

能全程进行灵芝生产管理并填写生产管理日志。

专题一　概述

灵芝是一种药用真菌，在分类学上属于非褶菌目灵芝菌科灵芝属。全世界灵芝科真菌有100种以上，我国是世界上灵芝科真菌种类最丰富的国家之一。通常所称的灵芝是狭义上的灵芝，俗称灵芝草、仙草、红芝、赤芝、丹芝、木灵芝、菌灵芝、万年蕈等(图4-1)。

我国最早的灵芝栽培方法，记载于王充的《论衡》一书中，距今已有1 900余年。不过，当时的栽培方法是藉灵芝孢子的自然接种。1964年，广东微生物研究所在全世界最早实现了灵芝人工栽培。此后，灵芝人工栽培技术逐渐发展起来，尤其是近20多年来，发展迅速。据中国食用菌协会统计，2007年我国灵芝年产量已经超过11万t，主产区在浙江、福建、湖南、云南、江西、河北等省。

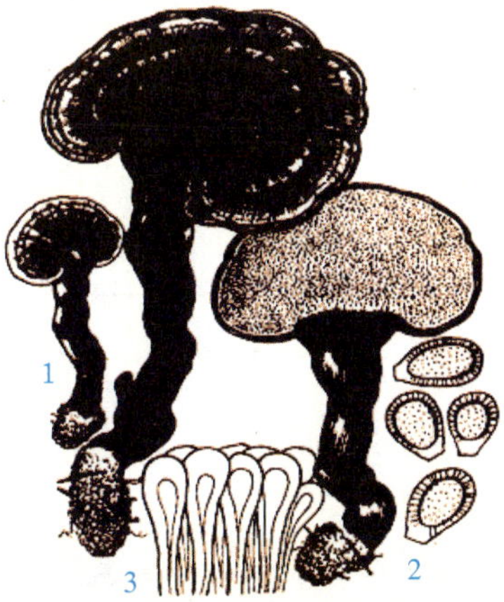

图4-1　灵芝形态(仿卯晓岚)

1.子实体　2.担孢子　3.盖表层细胞

1.药用价值

灵芝尽管品种繁多，但是药用价值和功效基本相同。中国古代将灵芝作为可起死回生的仙草，并有不少神奇的传说。现代医学研究的成果揭开了灵芝神秘的面纱。研究表明，灵芝对人体有益的成分有数千种，归纳起来主要是三萜类、多糖类、核苷类、甾醇类、生物碱类、呋喃衍生物、氨基酸多肽类、脂肪酸等。此外，还有对人体有益的锌、锰、铁、锗(Ge)等微量元素，特别是其中的有机锗具有很好的抗衰老作用。灵芝的锗含量与一般植物相似，但它对锗的富集能力较强，很多研究者将无机锗加入灵芝培养基(液)中以得到较高含量的有机锗。

现代医学研究表明，灵芝所含有的三萜类、多糖类及核苷类等生物活性物质，使灵芝具有很多药理作用，主要体现在以下8个方面。

①抗肿瘤作用。灵芝及其所含多糖既不能直接抑制或杀死肿瘤细胞，又不能直接诱导肿瘤细胞凋亡，但它可以通过增强机体免疫能力而获得抗肿瘤的效果，还可以通过增强机体对放疗、化疗的耐受性，来达到抗肿瘤的目的。②免疫调节作用。其免疫调节作用主要体现在6个方面，即提高机体非特异性免疫功能、增强机体体液免疫功能、增强机体细胞免疫功能、促进免疫细胞因子的产生、增强淋巴细胞的DNA多聚酶活性、抗过敏作用。③抗衰老作用。灵芝自古以来就被认为是抗衰老的珍品，《神农本草经》即有“久食，轻身不老，延年神仙”的评语，其抗衰老的效应可能与灵芝清除自由基、抗氧化、提高免疫力等有关。④对神经系统有镇静作用、安定作用和镇痛作用。⑤对心血管系统有强心作用，对心肌缺血有保护作用和降血压作用。⑥对呼吸系统有镇咳作用、祛痰作用、平喘作用，对慢性气管炎的治疗作用。⑦肝脏通过加强代谢药物的解毒功能而起到保肝护肝的作用。⑧抗放射、抗病毒和抑菌作用。

近年来，灵芝虽已广泛应用于临床，但仍未成为严格意义上的西药，而多以中药复方应用。单独服用或与虫草粉、人参、枸杞等中药混合服用，都能收到很好的疗效。

随着灵芝深层发酵培养菌丝体和发酵液技术的出现及发展，灵芝制品越来越多。现在，市场上销售的灵芝多以加工成的灵芝保健品和药品为主，种类繁多，包括灵芝片、灵芝粉、灵芝超微粉、灵芝孢子粉、灵芝破壁孢子粉、灵芝丸、灵芝冲剂、灵芝酒、灵芝胶囊、灵芝多糖、灵芝糖丸、灵芝糖浆、灵芝饮料等。

由于灵芝制品临床应用所表现出的良好治疗效果，2000年出版的《中华人民共和国药典》已经收载灵芝(赤芝、紫芝)子实体为法定中药材。2005年5月国家食品药品监督管理总局将11种真菌列入可用于保健食品的真菌菌种名单(国食药监注〔2005〕202号文件)，其中包括灵芝、紫芝、松衫灵芝。

2. 栽培现状

灵芝疗效的好坏和产量的高低与菌种的质量有很大关系。人工栽培灵芝，要特别注意选择优良菌种，以确保达到生产目标。表4-1为我国灵芝主要栽培品种。

表4-1　我国灵芝主要栽培品种介绍

品种名称	品种特点
信州灵芝	引进种。抗逆性强，菌盖大而厚、菌柄较长、商品性好，产量高，为出口品种
南韩灵芝	引进种。发菌快、出芝早、菌盖大而厚、柄短、抗杂力强、产量高，为出口品种
泰山灵芝	国内种。生长迅速，适合代用料栽培，但产量稍低
园芝6号、8号	国内种。芝盖圆整、朵大盖厚、产量高，是福建省目前推广的优良品种
金地灵芝	国内种。产孢量大、生长周期短、芝形好，抗杂力强

此外，还有G801、植保6号、日本2号、中国台湾1号、云南4号、惠州灵芝等多个品种在全国范围内普遍使用。

灵芝属于高温型真菌，自然条件下，灵芝的出芝季节在5—10月。因此，人工栽培时，如果栽培场所有温湿度控制设备，可以一年四季出芝，否则应根据其生长发育的特点，选择适宜季节进行栽培。表 4-2 为自然气候条件下不同区域灵芝栽培季节安排。

表 4-2　自然气候条件下灵芝栽培季节安排

区域	栽培季节
华南地区	2 月上、中旬制种，3 月下旬至 4 月上旬栽培
长江流域	4 月上、中旬制种，5 月上、中旬栽培
黄河以北	4 月下旬制种，5 月下旬栽培

灵芝的栽培方式有室内和室外两种。室外栽培可以利用休闲田或者选取阔叶林、针阔混交林或坡地，整畦搭棚进行，场地要求土质肥沃、疏松、富含腐殖质，没有病虫害；室内栽培可以利用现有菇房、床架进行栽培管理。栽培方法有瓶栽、袋栽和菌砖栽培，栽培时多采用熟料。本单元主要介绍代用料覆土栽培技术和短段木栽培技术。

专题二　代用料袋栽技术

一、工艺流程

灵芝代用料覆土栽培工艺流程见图 4-2。

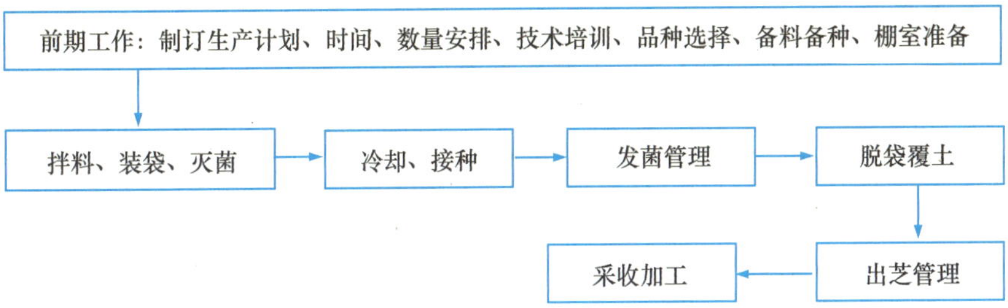

图 4-2　灵芝代用料覆土栽培工艺流程

二、管理技术

1. 芝棚准备

要选择在地势稍高、排水方便、土地肥沃、远离畜圈和垃圾堆的地方，建造塑料大棚、草棚、遮阳网菇房或者日光温室等，也可利用闲置的蔬菜大棚或旧菇房。用于栽培灵芝的棚室，要求保温、保湿、通风和光照调节较好。在菇室内可搭建床架进行立体栽培，也可以进行畦床栽培(图 4-3)。

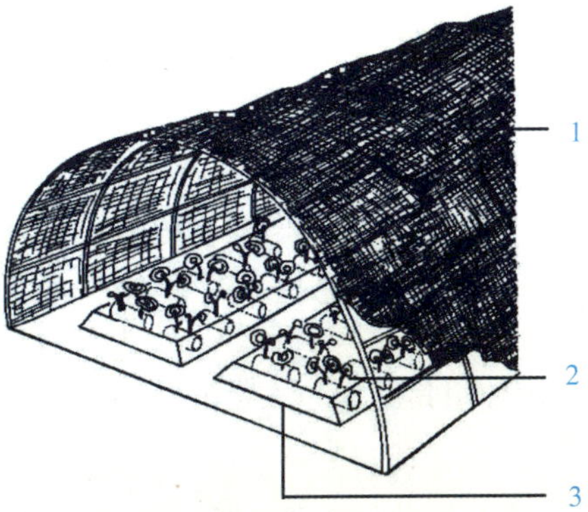

图 4-3　室外荫棚出芝(仿黄毅)

1. 遮阳网　2. 拱架　3. 畦床

2. 配方选择

灵芝属于木腐性真菌。代用料栽培灵芝，菌丝体生长阶段适宜的 C/N 为 20∶1，子实体发育阶段 C/N 以(30～40)∶1为好。可以根据当地的资源优势，因地制宜选用合适的配方(表 4-3)。

表 4-3　灵芝栽培料配方　　%

配方	木屑	玉米芯	棉籽壳	麸皮	玉米粉	蔗糖	石膏	过磷酸钙
一	75			24			1	
二	50	30		19			1	
三		79		20				1
四	42		42	15			1	
五	74				24	1		1
六	78			20		1	1	

注：上述配方中料∶水＝1∶(1.3～1.4)，pH 自然。

3.菌种准备

根据本地区的气候条件、原料来源、栽培条件，按照产品用途要求，选择适应性好、抗逆性强、商品性好、质量优的品种，采用常规制种方法，按照生产计划制作好菌种。灵芝菌丝在PDA 综合培养基上 15～20 d 可满管，在木屑培养基上 25～30 d 可满瓶，在培养料中 30～40 d，菌丝可长满袋。

4.培养料制作

(1)拌料　拌料要做到“三均匀”，即原料与辅料混合均匀、干湿搅拌均匀、酸碱度均匀。木屑主料应先过筛，以除去木块等杂物，玉米芯等秸秆类原料应提前一天用水预湿。拌料时先将主料和不溶于水的辅料混合均匀，再加入溶有糖等辅料的水搅拌均匀，不能有干的料粒。含水量调至 60%～65%，简单测定方法是，用手握一把湿料，手指缝间可见水痕而不滴下即可。

(2)装袋　拌好的料应及时装袋。装袋可采用手工装袋或机械装袋，机械装袋一般比较均匀，而且装袋后中央直接打出接种孔；手工装袋时，应该边装边用手压紧，做到松紧适度，可以用手指捏料袋外壁测松紧度，以有弹性感，硬而不软，可见有指坑而不深为宜。装袋后用手将料面压平，中间用圆木棒在培养料中心打孔，直径约 2 cm，深度约为料深的 3/4。袋口可用套环加棉塞、海绵套环或直接插入专用木棒、塑料棒封口。

(3)灭菌　装好的料袋，要及时进行灭菌处理。采用常压灭菌，温度达到 100 ℃时，维持12 h，再闷 3～4 h；高压灭菌，压力 0.147 MPa，维持 1.5～2 h。灭菌完毕后，取出料袋，冷却备用。

5.冷却接种

待料温降至 30 ℃以下时，可以进行接种。接种可在经过消毒灭菌的接种室内进行。接种量以填满接种孔为宜，接种量越大越有利于菌丝生长，也可减少杂菌污染。接种时可以 3 人一组流水作业，1 人打开袋口，1 人接种，1 人封袋口。注意整个操作过程都应在无菌条件下进行，接种用具和操作人员的手都必须按照要求消毒灭菌。

6.发菌管理

将接过种的菌袋叠放于培养室，叠放层数依据室温而定。外界气温高时，菌袋摆放不要超过 3 层，外界气温低时，可摆放 4～6 层，排与排之间留出空隙，以利于通气散热。发菌过程中，培养室的温度、湿度、空气、光照等环境条件都要符合菌丝的生长要求。

(1)温度　培养室的温度初期要控制在 25～28 ℃，不要超过 30 ℃，超过 30 ℃时要及时开窗通风散热，降低温度，否则容易烧菌。温度低于 15 ℃时，应采取措施进行升温。菌丝长满料面后，因为大量生长的菌丝体呼吸所释放的热量会导致料温升高，所以，此时室温应控制在 22～25 ℃。每隔 3～5 d(温度高时)或 7 d(温度低时)进行倒堆，防止料温过高，造成烧菌。

(2)湿度　菌丝生长期要求空气相对湿度为 60%～70%，宜低不宜高，早、晚各通风 1 次，每次 30 min 左右。随着菌丝生长，逐渐加大通风量来控制湿度，以免湿度过大，造成菌丝生长不良，而且容易滋生杂菌。

(3)空气　灵芝是好气性真菌，菌丝体生长阶段，要保持发菌室内有充足的氧气。一般来说，接种后的十几天内，菌袋内菌丝量少，袋内氧气足够维持灵芝菌丝生长。但随着菌丝量增加，氧气消耗量逐渐增大时，则应通过加大发菌室内空气流通量来保持空气新鲜，促进菌丝生长。

(4)光照　光照对菌丝生长起抑制作用，因此，保持培养室处于黑暗条件下，菌丝才能够生长旺盛。

另外，在培养发菌期间，要认真检查菌种生长情况，及时搬出感染杂菌的菌种，以保持菌种的纯度。培养 30～40 d，菌丝就可长满袋。

7.脱袋覆土

挖土做畦，畦宽 120 cm，深 20～30 cm，长不限，畦与畦之间要留 50～60 cm 的过道。畦床做好后，先在畦底及畦床四周撒一薄层石灰粉消毒杀菌。

覆土材料要求土质疏松，腐殖质含量丰富，沙壤质，含水量适中，即手握成团，松手即散的程度，土粒直径 0.5～2 cm 为宜，覆土材料加入生石灰调 pH 至 8 左右。

将长满菌丝的菌袋脱去塑料薄膜，摆放入畦床内，菌棒之间距离 7～8 cm，中间填满准备好的沙壤土，顶部再撒上 2 cm 厚的土，覆土后随即浇足水分。栽培期间喷水可视具体情况而定，土干时每天可喷数次，达到土粒用手能捏扁，不粘手为止。一般覆土 15 d 左右菌丝可扭结形成原基。

8.出芝管理

原基出现后，要做好疏蕾和温度、湿度、光照、通风等环境因素的调节，以创造一个适于灵芝子实体生长发育的良好环境。

(1)疏蕾　每个菌棒料面出现多个芝蕾时，用消毒剪刀剪去一些，只保留 1～2 个，便于集中养分，长出盖大朵厚的子实体，同时也防止彼此之间粘连，长出畸形芝。

(2)温度　子实体分化最适温度为 25～28 ℃。温度长时间低于 20 ℃，芝蕾会变黄、僵化，子实体难于生长，温度超过 32 ℃时，菌丝生长快，但稀疏、生命力弱，子实体早熟、个小，散孢量少。适温范围内，温度偏低，芝体生长稍慢，但质地较好，盖厚，皮壳色泽深，光泽好；反之，虽然生长快些，但质量稍差。

(3)湿度　子实体分化生长期间，要求空气相对湿度保持在 85%～90%。湿度主要靠喷雾状水和通风来调节。当子实体大量散发孢子时，应通过向地面和空间喷水来调节湿度，不要向子实体直接喷水，以使孢子能积留在菌盖上。

(4)光照　要得到生长迅速、形态正常的子实体，必须使出芝室有足够的光照，并且光照要均匀，以避免子实体因向光性而扭转。

(5)通风　通风是菌盖展开的关键，所以出芝环境要加强通风换气，降低环境中 CO_2 浓度，以保证灵芝能够正常生长发育。

9.采收加工

(1)子实体采收　灵芝子实体边缘白色生长圈消失，转变为褐色并且色泽一致时，表明已经成熟。成熟后应停止喷水，减少通风，增加二氧化碳浓度，使菌盖增厚，维持 7～10 d，子实体开始散发孢子，当灵芝菌盖表面孢子粉色泽一致，形成一层褐色粉末时，即可采收。采收时，手捏菌柄，不要碰到菌盖，以保持灵芝的自然状态，用利刀齐土表割下子实体，留下菌柄以利于再生。

有研究表明，当子实体不再弹射孢子粉，灵芝子实体停止生长时采收子实体为宜，这时的灵芝多糖含量最高，质量最好，而且能够提高孢子粉的产量。

(2)孢子粉收集　灵芝的孢子粉具有很高的药用价值，所以一定要采收。采集方法是，在子实体菌盖形成并开始弹射孢子时，在菌盖上面罩一个纸袋，让弹射出的孢子落在纸袋内。

(3)干燥加工　灵芝子实体可以自然晒干，或者在烘房内烘干。干燥的灵芝，分级密封在塑料袋内，放在阴凉干燥的室内贮藏，注意防止受潮生霉和出现虫蛀。此外，灵芝还可以加工成片剂、丸剂、粉剂、灵芝茶、灵芝酒、灵芝饮料等种类繁多的保健品或药品进行出售。

10.后期管理

采收后，喷一次重水，然后盖好塑料薄膜保温保湿，当下一潮灵芝子实体长出后，再进行通风换气、喷水保湿管理。一般只出两潮灵芝，产量集中在第一潮，第二潮子实体小，产量低。

专题三　短段木栽培技术

一、工艺流程

短段木灵芝栽培工艺流程见图 4-4。

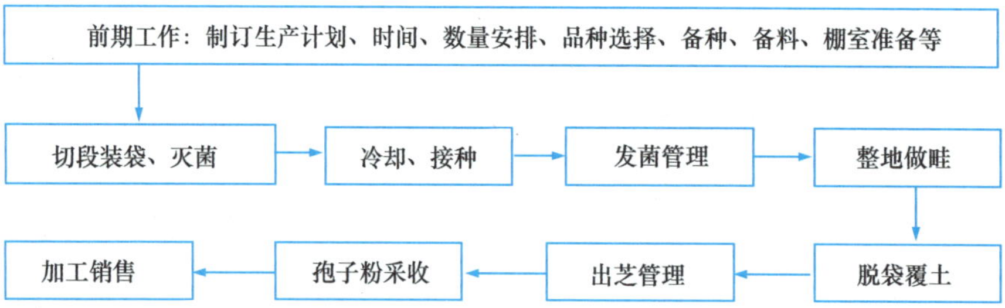

图 4-4　短段木灵芝栽培工艺流程

二、栽培管理

1.准备工作

(1)选好树种　段木尽量选用栲、栎、槠、榉等壳斗科树种，应选择生长在土质肥沃、向阳的山坡的杂木。

(2)优选良种　选用良种，一是菌种的遗传性状要好，二是菌种繁育的质量要好。目前生产上普遍使用的有信州和南韩，表现为适应性广，稳定性好，抗杂抗污能力强，具有芝大形好、一级品率高、产量高等特点。

除了选择优良菌种外，在培养灵芝的三级菌种中，都要严格把关，注意合理配料，繁育好洁白粗壮、生活力强的适龄菌种，为灵芝的优质高产打下坚实的基础。

(3)季节安排　灵芝属中高温性菌类。生产的接种季节应安排在 2 月中旬至 3 月上旬，当年 11 月收获子实体。

2. 切段装袋

在灭菌的当天或前 1 天进行切段，长度一般 30 cm，切面要平，周围棱角要削平，以免刺破塑料袋。袋的规格有 15 cm、20 cm、26 cm、32 cm 的 5 丝聚乙烯筒料，每袋装 1 段，据段木粗细大段装大袋，小段装小袋，两头缚紧。若段木过干，则浸水过夜再装袋。

3. 常压灭菌

常压灭菌，保持 100 ℃ 10 h。在加热时，要避免加冷水引起降温，影响灭菌效果。注意灶的实际温度，防死角、防断水。

4. 冷却接种

按 1 m^3 段木 100 包(每包菌种重 0.5 kg)接种量接种。接种室要求进行 2 次空间消毒。一次是灭菌物品冷却前，一次是接种工作开始前。气雾消毒剂和芳香型来苏尔配合使用。

接种过程中，动作要迅速。一人解袋，一人放种，一人系袋，一人运袋，多人密切配合，形成流水作业。接种主要在两袋口段木表面，中间可不接。菌种要紧贴段木切面。这样发菌快，污染减少，一般接种成活率可达 98%。

5. 发菌管理

菌袋放在通风干燥的室内较暗处培养，放室外要有遮雨、保湿、遮阳措施。菌袋立体墙式排列，两菌墙之间留通道，以便检查。接种后 1 周内要加温到 22～25 ℃培养，有利菌丝恢复生长。菌丝生长中后期若发现袋内有大量水珠产生，则要加强通风或降温，每天午后开门窗通风换气 1～2 h。一般培养 20 d 左右菌丝便可长满整个段木表面。这时，可结合刺孔，减少袋内积水。通过开门窗换气增加袋内氧气，促进菌丝体向木质部深层生长。室内培养期约 2 个月。对污染的菌袋，可脱袋清洁杂菌后重新灭菌培养，用种量宜大些。

6. 搭棚作畦

栽培场地应选择海拔 300～700 m，夏秋最高气温在 36 ℃以下，6—9 月平均气温在 24 ℃左右，排水良好，水源方便，土质疏松、偏酸性沙质土，朝东南、座西北的疏林地或田地里。使用日光温室或者冷棚进行出菇和孢子粉的采收。

栽培场地应在晴天翻土 20 cm。作畦开沟，畦高 10～15 cm，畦宽 1.5～1.8 m，畦长按地形决定，去除杂草、碎石。畦面四周开好排水沟，沟深 30 cm。

7. 脱袋覆土

时间应选择 4—5 月天气晴好时进行，场地应事先清理干净。菌袋摆放间距 5 cm，行距 10 cm。排好菌袋后覆土 2 cm，以菌袋不外露为标准。

8. 管理措施

(1)调节散射光照　灵芝生长对光照相当敏感，搭荫棚，郁闭度比其他棚小些。如过荫，灵芝子实体柄长盖细小，再加上通气不良和 CO_2 浓度高，则易形成鹿角芝。光线控制总的原则是前阴后阳，前期光照度低有利于菌丝的恢复和子实体的形成，后期应提高光照度，有利于灵芝菌盖的增厚和子实体干物质的积累，喷射孢子粉量大。

(2)调节温度变化　灵芝子实体形成为恒温结实型，正常的生长温度为 18～34 ℃，最适范围为 26～28 ℃。菌袋覆土后，如气温在 24～32 ℃，通常 20 d 左右即可形成菌芽。当菌柄生长到一定程度后，温度、空间湿度、光照度适宜时，即可分化菌盖。气温较高时，通风降温。

（3）调节相对湿度　灵芝生长需要较高的湿度。灵芝的子实体分化过程，要经过菌芽、菌柄、菌盖分化、菌盖成熟、孢子飞散几个阶段。从菌芽发生到菌盖分化未成熟前的过程中，要经常保持空气相对湿度为 85%～95%，以促进菌芽表面细胞分化，土壤也要保持湿润状态，晴天多喷水，阴天少喷水，下雨天不喷水。

（4）注意通气管理　灵芝属好气性真菌，在良好的通气条件下，可形成正常肾形菌盖，如果空气中 CO_2 浓度增至 0.3% 以上则只长菌柄，不分化菌盖。为减少杂菌危害，在高温高湿时要加强通风管理，这样有利分化菌盖。

9. 适时采收

随着子实体的逐渐成熟，开始大量弹射褐色孢子，这时应该在棚内安装孢子粉收集的专用风机和布袋，全天开启风机收集孢子粉，每天晚上清理一次布袋里的孢子粉，自然阴干。孢子粉的收集时间有 2 个月左右。当孢子粉不弹射，菌盖边缘已经没有白色生长线时，进行子实体采收。采收时，要用果树剪刀，从灵芝柄基部剪下。灵芝收后，过长菌柄剪去，单个排列晒干，最好先晒后烘，达到菌盖碰撞有响声，再烘干至不再减重为止。

10. 加工贮藏

孢子粉烘干后根据销售的需要，加工成各种包装，贮藏待售。灵芝子实体可以制作成药品或者保健品，也可以加工成艺术品。

专题四　产品开发

灵芝的子实体、菌丝体及孢子均可制成制剂供药用。目前，市场上销售的灵芝多是加工成的灵芝保健品和药品，包括灵芝片、灵芝粉、灵芝超微粉、灵芝孢子粉、灵芝破壁孢子粉、灵芝丸、灵芝冲剂、灵芝酒、灵芝胶囊、灵芝多糖、灵芝糖丸、灵芝糖浆、灵芝饮料等。

一、灵芝切片

选择干燥、无霉变的灵芝，采用机械切片的方法，制成灵芝切片，可以直接作为保健品使用，也可以作为进一步加工的原材料（图 4-5、图 4-6）。

二、灵芝孢子粉

目前对灵芝孢子粉的采集一般采取风力吸取的方式，孢子粉洁净度和纯度都比较高。市售的孢子粉有各种包装和规格。除了常规使用外，也有对孢子粉采取超声波破壁处理和酶解处理的，制作成破壁孢子粉或酶解孢子粉上市，销售价格较未处理的孢子粉高。但实际上灵芝的孢子壁有多个孔洞，在食用孢子粉的时候只要处理得当，是不会影响药效的（图 4-7、图4-8）。

关于灵芝　　　　灵芝产品开发

图 4-5　灵芝切片 1

图 4-6　灵芝切片 2

图 4-7　灵芝孢子粉 1

图 4-8　灵芝孢子粉 2

三、灵芝精粉

灵芝精粉一般是将灵芝子实体或子实体使用后的下脚料通过机械设备加工成不同颗粒度的粉末。

四、灵芝多糖

采用生物提取的方法提取灵芝多糖，直接作为保健食品或保健药品使用。

五、灵芝孢子油

灵芝的孢子中含有 2～3 滴孢子油，通过生物提取的方法将其提取出来，制作成软胶囊，直接作为保健品或药品使用。

六、干灵芝浸提勾兑酒

1. 工艺流程

干灵芝浸提勾兑酒制作工艺流程见图 4-9。

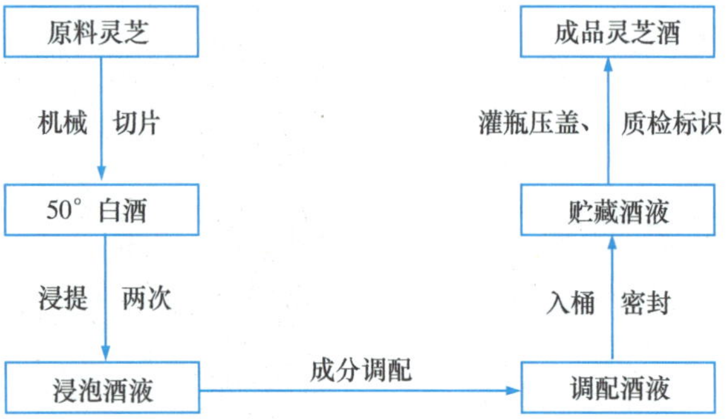

图 4-9　干灵芝浸提勾兑酒制作工艺流程

2. 操作步骤

(1)原料处理　选择无虫蛀、无病斑的干灵芝,畸形灵芝也可以使用。剪去柄基部带培养基的根蒂,用清水洗刷附着物及泥沙,晾晒后用药材切片机切片。

(2)浸泡取汁　称取灵芝片,置于专用浸泡容器中,加入50°的白酒或食用酒精,灵芝与酒的比例为1∶10。如果用食用酒精,必须先用活性炭进行脱臭(活性炭用量为食用酒精的0.02%～0.04%)。浸泡时要加盖密封,并经常搅动浸泡液,以加速浸提过程。浸泡25～30 d,灵芝中的大部分有效成分被浸出,可以打开容器下部的阀门,经筛网放出浸泡液,渣仍留于容器中,再加等量的白酒或食用酒精。20 d后,放出浸泡液,并压榨渣取得压榨汁,合并两次浸泡液和压榨汁。

(3)成分调配　按照酒精度38°、糖分含量6%、总酸0.3%～0.4%的标准,进行调配新酒。调配前,应对不同批次的同种酒基成分进行测定,同时测定新酒的酒精度。用热水熔化蔗糖,配成浓度为60%～70%的糖浆,煮沸保持3～5 min,趁热过滤去杂。按照比例先将糖浆加入新酒中,搅拌均匀,然后用白酒或脱臭酒精调整新酒精酒度,最后添加柠檬酸,调整酸度。

(4)过滤贮藏　新调制成的灵芝酒风味不够协调,并有酒精刺激味,应进行短期贮存。即将新调制的灵芝酒经滤布过滤,放入桶中密封贮存2～3个月。

(5)灌瓶密封　用虹吸法吸取桶中的上清液,灌入事先经清洗消毒过的酒瓶中,加盖密封。

(6)质检装箱　质检合格,贴好商标,装箱密封箱口,即为成品(图4-10)。

图 4-10　灵芝酒

3. 质量标准

(1)感官指标　酒液澄清透明,色泽棕红,风味柔和,无刺激性气味,具有灵芝保健酒特有的风味,无异味,无沉淀,无漂浮物。

(2)理化指标　酒精度38°,糖分含量6%,总酸0.3%～0.4%,含有灵芝具备的大部分营养成分。

(3)微生物指标　致病菌不得检出。符合国家食品商业卫生标准。

七、灵芝菌丝体酿制酒

1. 工艺流程

灵芝菌丝体酿制酒制作工艺流程见图 4-11。

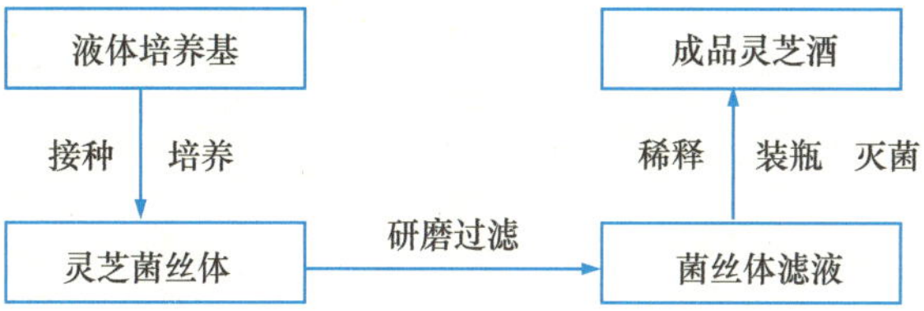

图 4-11　灵芝菌丝体酿制酒制作工艺流程

2. 操作环节

(1)培养基配制　液体培养基配方为马铃薯(去皮)200 g,葡萄糖 20 g,蛋白胨 1 g,水 1 000 mL。按照常规母种培养基制作的方法进行制作。500 mL 三角瓶装营养液 200 mL。

(2)接种培养　按照无菌操作要求进行接种,置恒温培养箱中,于 27 ℃下静置培养 3 d,再移至震荡培养机上,于 25 ℃、200 r/min 震荡培养 12～14 d。

(3)研磨过滤　将上述震荡培养物,通过 0.2 μm 胶体磨研磨,加入 10%蔗糖,搅拌溶化后,过滤,取滤液。

(4)加酒药酿制　无菌操作,剪开市售的甜酒药,按照 0.2%的比例,将甜酒药投入滤液中,稍加摇匀,置恒温培养箱里于 27 ℃下静置培养 3 d。

(5)装瓶灭菌　用蒸馏水以 2∶1的比例稀释培养液,即可装瓶进行巴氏灭菌。

(6)质检装箱　检验合格,方可贴标签,装箱密封箱口,即为成品。

3. 质量标准

本品澄清透明,淡蜂蜜样色泽,口味纯正,有淡淡的蜂蜜香和微醇香,无异味。贮藏 5 个月,不沉淀,未出现任何异常现象,稳定性能良好,无溶剂残留。致病菌不得检出。符合国家食品商业卫生标准。

八、灵芝速溶茶

1. 工艺流程

灵芝速溶茶制作工艺流程见图 4-12。

2. 操作步骤

(1)制备灵芝提取物　将灵芝子实体洗净,晒干,切成薄片,然后粉碎成 0.16～0.3 cm 颗粒备用。加入糊精,按 1 L 水加 80 g 糊精的比例,不断搅拌使其成悬浮液。在 70～80 ℃下加热至糊精完全溶解。待温度降至 35～40 ℃时,按 1 L 糊精液中加 65 g 灵芝颗粒,在 35～40 ℃水浴中保持 6～12 h,提取灵芝有效成分。然后用板框压滤,除去残渣、滤液,在 50～60 ℃下喷雾干燥,过 80 目筛备用。

(2)制备粉状焦糖　将 950 g 蔗糖加热至 160～200 ℃,不断搅动,使其呈现黄白色。冷却至 120 ℃,添加碳酸铵 0.5 g,至出现大量泡沫。泡沫消失后,添加 50 g 蔗糖和适量柠檬酸继续搅拌,混合物起泡,将混合物拌匀。在半真空器皿内于 120 ℃加热 10 min 后,加 200 g 灵芝

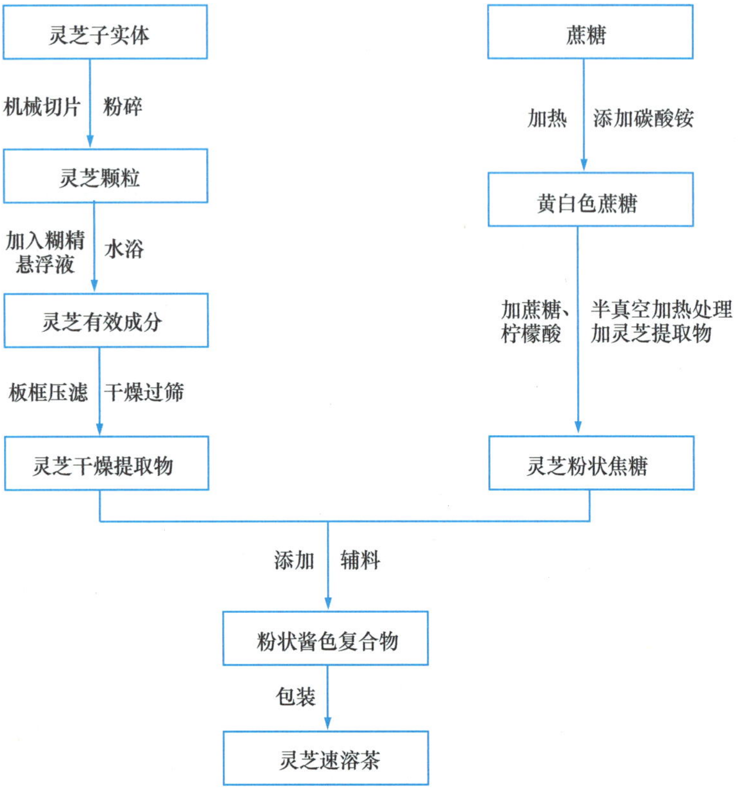

图 4-12　灵芝速溶茶制作工艺流程

提取物，继续加热 10 min，冷却后，即成含灵芝提取物的粉状焦糖。

(3)配制速溶茶　取含灵芝提取物的粉状焦糖30 g、速溶糖 70 g、阿拉伯树胶 0.1 g、桂皮油 0.001 mL、柠檬油 0.1 mL，充分混合成粉状酱色复合物，用防潮纸或塑料袋真空包装即为成品。

单元二 蛹虫草栽培技术

知识目标

了解蛹虫草的药用价值和栽培现状。

熟悉蛹虫草栽培的工艺流程和产品开发技术。

掌握蛹虫草实训生产计划的设计思路和制订方法。

能力目标

能应用所学知识进行蛹虫草实训生产计划的制订。

能完成蛹虫草液体摇瓶菌种制作和大米培养基栽培的全部生产操作。

能处理蛹虫草生产管理中出现的技术问题。

能全程进行蛹虫草生产管理并填写生产管理日志。

专题一 概述

蛹虫草是虫草属的药用真菌，又叫北冬虫夏草，简称北虫草。在虫草属中，人们广泛研究其药用价值和栽培技术的有两种：一种是冬虫夏草，另一种就是蛹虫草。冬虫夏草自然分布在高海拔地区，寄生在蝙蝠蛾的幼虫体上，为名贵中药，人工栽培很难；蛹虫草野生菌株寄主范围十分广泛，多分布于低海拔地区，为名贵药材，目前已经实现了规模化人工栽培(图 4-13)。

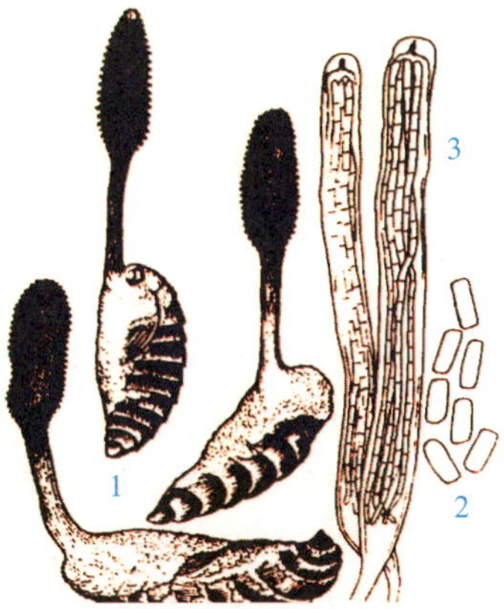

图 4-13 野生蛹虫草形态(仿卯晓岚)

1. 子座 2. 子囊孢子 3. 子囊

1. 药用价值

蛹虫草菌丝体发酵液中含有甘露醇，产生蛹虫草菌素 3′-腺嘌呤苷和 5′-三磷酸盐虫草菌素，可用于治疗结核、体虚、贫血等多种疾病，另有可以抗癌的报道。研究表明，蛹虫草的药用价值和保健功能与冬虫夏草基本相似，甚至高于冬虫夏草，二者在矿质元素、主要维生素等的含量比较见表 4-4 至表 4-7。

表 4-4 蛹虫草和冬虫夏草主要矿质元素含量比较 mg/g

项别	Na	K	Ca	Mg	P	Fe	Zn	Cu	Mn
蛹虫草	776	666	318	945	4 092	71	83.21	16.75	2.24
冬虫夏草	987	547	565	1 083	3 574	63	14.58	3.13	3.83

表 4-5 蛹虫草和冬虫夏草主要维生素含量比较 mg/g

项别	维生素 A	维生素 B_1	维生素 B_2	维生素 B_6	维生素 B_{12}	维生素 C	维生素 D_3	维生素 E
蛹虫草	0.385	0.748	0.176	2.282	0.666	0.249	0.148	3.693
冬虫夏草	0.067	痕量	0.014	痕量	0.023	0.017	痕量	0.037

表 4-6 蛹虫草和冬虫夏草特殊化学成分含量比较 mg/g

项别	虫草素	虫草酸	虫草多糖	SOD(μg/mg)
蛹虫草	2	8	13	584
冬虫夏草	0.48	6.8	12	183

表 4-7 蛹虫草和冬虫夏草 8 种人体必需氨基酸含量比较 mg/100 g

项别	赖氨酸	色氨酸	苯丙氨酸	蛋氨酸	苏氨酸	亮氨酸	异亮氨酸	缬氨酸	总计
蛹虫草	688	139	436	70	879	717	487	876	3 283
冬虫夏草	132	112	114	52	142	146	93	163	852

蛹虫草中的主要药效成分均具有独特的药效功能。

(1)虫草素的药用价值　虫草素又名 3′-脱氧腺苷、虫草菌素、蛹虫草菌素，有抗病毒、抗肿瘤作用，它能抑制病毒的 RNA 合成；对枯草杆菌和鸟结核杆菌均有抑制作用；对 HIV-Ⅰ型病毒也有杀伤作用；尤其对多种实体恶性肿瘤有很强的抑制作用，因此虫草素被视为一种新型的广谱抗菌素。研究表明，虫草素还具有抗缺氧、增加心肌营养和血液量、降低血清胆固醇和 β-脂蛋白的作用，等等。此外，临床研究也证实了虫草素具有补精髓、止血化痰、强壮、收敛、镇静等作用。虫草素对高血压、血胆脂醇过多、甲状腺机能减退及传染性肝炎的预防和缓解都有显著的疗效。

目前，虫草素主要由化学合成和从蛹虫草中提取纯化。虫草素在野生冬虫夏草中的含量极微，从表 4-6 中可以看出人工培养的蛹虫草中虫草素含量明显高于冬虫夏草。

(2)虫草酸的药用价值　虫草酸又名甘露醇，能抑制各种病菌的成长，可预防与治疗脑血栓、脑出血、心肌梗塞、长期衰竭；同时虫草酸是止咳平喘的药效成分之一。虫草酸含量的高低是衡量虫草质量的主要标准之一，一般认为虫草酸含量高的虫草药用价值高。

(3)虫草多糖的药用价值　虫草多糖是由甘露糖、虫草素、腺苷、半乳糖、阿拉伯糖、木糖精、葡萄糖、岩藻糖组成的多聚糖，无异味，易溶于水。虫草多糖的化学定性试验呈阳性反应，多糖与蒽酮试剂反应为蓝绿色，与苯酚-硫酸试剂反应为桔红色，与 α-萘酚试剂反应为紫红色。但虫草多糖不溶于高浓度乙醇与有机溶剂。虫草多糖是虫草体内含量最丰富、最重要的生物活性物质之一。大量医学试验证实，虫草多糖可活化巨噬细胞刺激抗体产生，可提高人体免疫能力，改善呼吸系统功能，可使肾上腺重量、血浆皮质醇、醛固酮及肾上腺内胆固醇含量增加，有促进肾上腺功能的作用，可抑制肿瘤生长，并具有抗肿瘤、抗辐射、降血糖和脂蛋白、止咳、化痰、润肺和延缓衰老等药理作用。此外，虫草多糖还能抗心律失常、抗心肌缺血、扩张外周血管、降压、降血脂、抑制血小板聚集。从表 4-6 中可以看出两者含量差别不大。

(4)SOD 的药用价值　又称过氧化物歧化酶，是催化超氧自由基($O_2^{-\cdot}$)歧化反应的酶类。吞噬细胞在吞噬外源性异物时，NADPH 氧化酶活化，产生大量 $O_2^{-\cdot}$，使细胞膜中不饱和脂肪酸过氧化。SOD 能专一性清除 $O_2^{-\cdot}$。随着年龄增长，人体 SOD 活度逐渐下降，这是造成衰老的重要原因。SOD 酶可抗类风湿、红斑狼疮、皮肌炎，抗癌，防辐射，并具有抗衰老和美容的作用。从表 4-6 中可以看出蛹虫草中的 SOD 酶含量远高于冬虫夏草。

蛹虫草的药用价值可以归纳为：调节免疫系统功能，具抗肿瘤作用，提高细胞能量、抗疲劳，调节心脏功能，调节肝脏功能，调节呼吸系统功能，调节肾脏功能，调节造血功能，调节血脂以及具有直接抗病毒、调节中枢神经系统功能、调节性功能等作用。

2.栽培现状

随着人们对蛹虫草的药用价值和保健功能认识的不断加深，以蛹虫草为原料的医药保健品在不断开发，野生蛹虫草的数量已经远远不能满足国内外市场的需求。自 20 世纪 50 年代以来，国内众多科研机构、开发部门投入了大量的人力、物力，对蛹虫草的人工培养技术进行了研究，到 20 世纪 80 年代中期就成功实现了蛹虫草的人工栽培，从而使我国成为世界上首次利用虫蛹等为原料，批量培养蛹虫草子实体的国家。20 世纪 90 年代以大米、小麦等原料作为培养基代替虫蛹培养基培育蛹虫草技术获得了成功，使蛹虫草栽培可以实现规模化生产。

在菌种的选择方面，蛹虫草菌种的选择更要慎重。与其他栽培品种比较，蛹虫草菌种退化很快，栽培上常常出现不稳定性，因此生产上使用的母种一般都是向权威的研究机构购买，不可随意通过子实体组织分离等方法获得菌种后盲目扩繁进行生产，这样做往往给生产带来巨大的风险，甚至产生不可挽回的损失。蛹虫草常用菌种的种性特点介绍见表 4-8。

表 4-8　常见蛹虫草栽培菌株

菌种	种性特点
Cm-23B	2005 年驯化的品种。草体黄红色，丛生性好。出草温度在 15～22 ℃
Cm-28A	野生驯化品种。草体红黄色，色泽鲜艳。草体粗壮，直立生长，组织致密，出草整齐集中，产量高。出草温度在 16～23 ℃
农大 Cm-001	野生驯化种。草体金黄色。产量高
农大 Cm-029B	野生驯化种。金黄色。草密集、丛生性强。产量高

蛹虫草栽培技术目前已经在全国许多地区得到普及。我国北方主要采取日光温室层架式栽培，南方不少地区主要采取室内工厂化生产，管理上采用人工智能化模式。本章主要介绍以大米和小麦为原料的蛹虫草瓶栽技术。我国北方地区蛹虫草栽培季节安排见表 4-9。

表 4-9　我国北方地区蛹虫草栽培季节安排

栽培季节	栽培时间	出草时间
春季栽培	3—4 月	4—5 月
秋季栽培	8—9 月	9—10 月

专题二　栽培技术

一、工艺流程

蛹虫草瓶栽工艺流程见图 4-14。

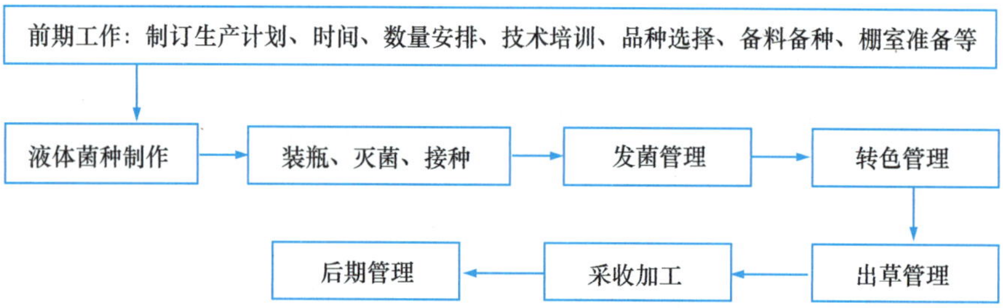

图 4-14　蛹虫草瓶栽工艺流程

二、栽培管理

1. 准备工作

蛹虫草栽培可以在日光温室中进行，也可以利用闲置的空房。栽培生产前清理环境卫生、修缮栽培棚室、制作培养架、安好照明灯等，最后将培养室进行熏蒸消毒备用。罐头瓶要彻底洗刷干净，倒置待用。蛹虫草生产中的灭菌和接种设备基本同其他食用菌，除了做好常规的物质准备之外，还要准备液体菌种的接种设备，如接种枪或连续式注射器等。小麦和大米要选择优质无霉变的，其他辅料、劳动工具等相关物品也要提前准备好。

为了充分利用有限的空间，在棚、室内要搭设层架，以摆放更多的栽培瓶或栽培袋。层架材料选用木材、塑料及角铁均可，层架的间距和层距要科学合理。层架的间距一般为 70～80 cm，作为人行过道，宽窄以有效利用空间，又方便管理为原则；每个层架的宽度为 30 cm，能卧式摆放两个大罐头瓶；层距 50 cm 左右，如果太大，则栽培瓶放置不够稳固。每个层架最高不要超过 5 层，层架要坚固耐用。

2. 液体摇瓶菌种制作

蛹虫草生产中，大多使用液体摇瓶菌种。摇瓶菌种营养液有多种配方（表 4-10）。

表 4-10　蛹虫草栽培 1 000 mL 营养液配方　g

配方	蛋白胨	酵母膏	蚕蛹粉	鸡蛋清	葡萄糖	磷酸二氢钾	硫酸镁
一			20		20	1	0.5
二		10		50	20		
三	10	5			5	1.5	0.75
四		5			10		
五	5				5	1	0.5

注：蛹虫草栽培 1 000 mL 营养液配方为将上述配方中加入 1 000 mL 营养液所得；上述配方加入维生素 B_1 和维生素 B_6 各 20 mg。

摇瓶菌种的接种与培养：营养液冷却后，挑选优质蛹虫草试管母种于接种箱内按无菌操作规程接种。一般每管母种可接种 10 瓶液体菌种，接种后于 20～22 ℃环境中避光静置培养 1～2 d，再移至摇床上震荡培养，旋转式摇床一般将转速调至 130～140 r/min，7 d 左右可以看到直径约 2 mm 的菌丝球均匀地布满透明的橙黄色营养液。由于液体菌种放置时间不能太长，因此，长好的菌种 7～10 d 使用是最佳时间，生产上一定要按生产日期分期、分批合理安排。

3. 栽培瓶制作

基质和营养液的装瓶量需要注意（表 4-11），否则制作以后的培养基含水量会出现误差。

表 4-11　蛹虫草栽培每瓶装瓶量

项别	小麦主料		大米主料	
	小麦	营养液	大米	营养液
750 mL 罐头瓶	30 g	50 mL	30 g	40 mL
500 mL 罐头瓶	25 g	40 mL	25 g	35 mL

培养基装瓶之后，一般采用 0.04～0.05 mm 厚的聚丙烯塑料薄膜封口，一层即可，外套橡皮圈或用细绳扎紧。

要注意的是料水比例要合适，水分太多，会造成通气不好；太少满足不了菌丝生长的需求，并且卧式摆放时，培养料会倾向一侧，导致出草不齐。

封瓶、灭菌方法等操作与罐头瓶栽培种制作相同。灭菌时要将稀释液体菌种用的水同时灭菌，即用无菌水进行稀释。一般每瓶 100 mL 液体菌种要稀释成 500 mL 使用，即每瓶加入 400 mL 无菌水。故在栽培瓶灭菌时要按照需要，每个罐头瓶装 400 mL 水，装锅进行灭菌。

灭菌后的大米饭培养基应松软而不烂，既疏松透气又不太干。如果培养基水分太大，米饭太烂，菌丝难以吃透，仅在表面生长，发菌后期容易造成酵母菌或细菌污染。如果太干，菌丝生长缓慢，瓶内小气候干燥，菌丝纤细无力，难以转色出草。

接种前在无菌操作条件下将液体摇瓶菌种按要求稀释，备用。接种工具选用长柄匙，将匙柄弯折与匙身呈 90°，每次取 10 mL 液体菌种，掀开封口薄膜洒在大米饭培养基表面，或者使用无菌注射器刺破封口薄膜直接注射接种，但注射部位的封口薄膜要用酒精棉球擦拭消毒。其他无菌操作的基本要求与栽培种接种基本相同。大批量生产中可以采用专用接种枪。

4.发菌管理

接种后栽培瓶直立放置培养 1～2 d，控制温度在 20～22 ℃，使菌丝萌发，定植后再上架培养。否则，菌液或营养液及培养基会倒向一侧，导致出草不齐。

菌丝萌发后便可摆上架进入发菌期管理。蛹虫草具有一定的趋光性，因此，在摆放时要将瓶口朝向光线进入的一面。目前生产中菌瓶以口朝外侧卧式摆放为多，每层架上摆放五层菌瓶为宜，层架之间设置日光灯补充光照。

菌丝体培养阶段，以 18～24 ℃为宜；环境湿度在 65%～70%为宜；通风量可根据培养室内所放的菌瓶数确定，以保证培养室内空气清新为度；蛹虫草的菌丝生长不需要光线，当菌丝完全吃透培养料后，光照刺激使菌丝进入生殖生长阶段，否则过早见光会影响产草量。

5.转色管理

经 10～15 d，料面白色菌丝浓密，菌丝穿透并长满培养基，气生菌丝表面出现一些小隆起，此时表明需要增加光照，促进转色。由于培养室搭设层架摆放栽培瓶，因此有条件的可完全用日光灯照射采光，这便于控制光照度，促进均匀并较快地转色；转色温度在 21～23 ℃为宜，相对湿度 75%左右，注意保持良好的通气条件。为了促进转色，封口膜上一般用大头针刺 10 个左右小孔以增加瓶内菌丝的氧气供给量，5 d 左右即可出现米粒状原基并转成橘黄色。

6.出草管理

温度控制在 18～22 ℃，超过 28 ℃一般不能形成子座；保持空气清新，室内要求每天通风一次，前期每次 30～60 min，后期出草量大，呼吸增强，通风时间可适当延长；空气相对湿度在 80%～90%；光照强度 200～500 lx，用日光灯补光即可，后期随着子实体分化和生长，可加大通风换气时间，空气湿度可增至 95%。

7.采收加工

通常按照上述管理条件，经过 15 d 左右，子实体高度可达 7 cm 以上，当子座上部出现橘红色小点时进入采收阶段。当子座高达 8 cm 左右，上部有黄色突起物出现以及顶端长出许多小刺，整个子座呈橘红色或橘黄色并且不再生长时，表明已经成熟，这时就可以采收了，蛹虫草一般只采收 1 茬。草体采收后，除鲜销外，一般烘干后进行分级包装。蛹虫草干品等级标准见表 4-12。

表 4-12 蛹虫草干品等级标准

项别	一等	二等	三等	等外
长 6 cm 以上	80%	65%	50%	
长不足 6 cm	18%	31%	44%	90%
破碎率	<2%	<4%	<6%	<10%
形态	单根、略直、摆放整齐		零散不齐	零散不齐
色泽	橘红色或橘黄色			颜色较浅
品质要求	无根基、无杂质、无烤焦、无霉变、无虫蛀、无异味			品质稍差
含水量	含水量 12%～13%(干而不易破碎)			

专题三 产品开发

随着国民经济的发展，人民生活水平不断提高，人们越来越重视提高自身的身体素质。由于蛹虫草已经实现了规模化生产，且因蛹虫草具有提高免疫力、抗癌等多种功效，由蛹虫草开发的各种保健品越来越受到人们的欢迎。目前，已经开发的蛹虫草系列产品主要有蛹虫草胶囊（蛹虫草粉胶囊）、冬虫夏草口服液、蛹虫草滋补酒等。

一、蛹虫草胶囊、冬虫草口服液

目前，我国有多家企业可以生产该产品，如安徽中诚生物科技有限公司生产的“天地源”蛹虫草胶囊、无锡山野菌物有限公司生产的“五材宝”牌蛹虫草胶囊、云南省蒙自市“绿延牌”蛹虫草系列品、上海市农业科学院食用菌研究所（上海百信食药用菌科贸有限公司）生产的蛹虫草子实体粉、成都市草仙生物工程园（公司）生产的草仙蛹虫草纯粉胶囊、广州权威保健品有限公司半生缘冬虫草口服液等。这些产品有的是用蛹虫草菌丝发酵的产物进行加工，有的是用蛹虫草子实体经加工制成。

由于该类产品是由蛹虫草的菌丝或子实体直接加工而成，其主要药效相似，一是具有补肺益肾，止咳化痰的功能，用于慢性支气管炎证属肺肾气虚、肾阳不足者；二是对高血压、高胆固醇、糖尿病及综合征、心脑血管供血不足、头晕头痛、胸闷等有一定疗效；三是可用于肿瘤癌症的初期及中晚期的辅助治疗，放化疗的康复治疗（防脱发）；四是抗衰老、治疗神经衰弱、防皱。

二、虫草保健饮料

近年市场已开发出多种以蛹虫草为原料的保健饮料，如蛹虫草酸奶、北冬虫夏草保健茶饮料、保健型虫草蜜汁饮料等。这些保健饮料都是以蛹虫草或其菌丝体为主要原料，配以适量的其他中草药，研制出的具有较好功能的复合饮料。该类饮料一般色泽美观，口感宜人，且均具有提高机体免疫力、抗疲劳的作用。下面以保健型虫草蜜汁饮料的生产为例，介绍保健型蛹虫草饮料的制作工艺。

1. 工艺流程

虫草蜜汁饮料制作工艺流程见图 4-15。

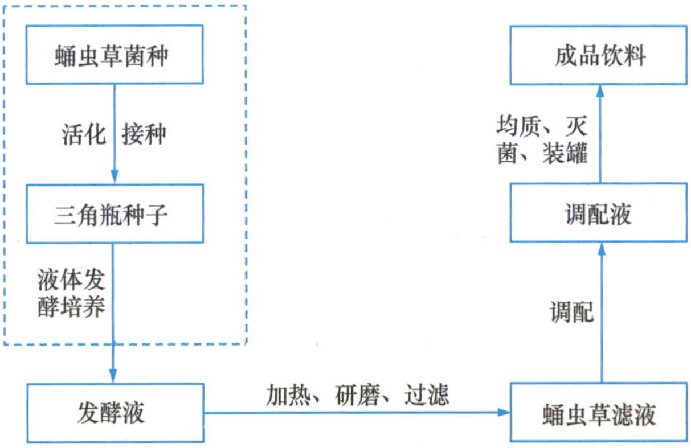

图 4-15 虫草蜜汁饮料制作工艺流程

2. 操作步骤

菌种经活化处理后，于三角瓶内进行液体菌种扩繁，最后进行液体发酵培养。饮料制作具体步骤如下。

(1)发酵液加热处理　把发酵液加热到 65～70 ℃维持 30 min，促使菌丝体自溶，让较多的营养物质溶解于发酵液中。

(2)研磨　热处理后的菌丝体发酵液趁热进入胶体磨，反复研磨 20 min，然后下胶体磨进行过滤，得滤液。滤渣可重复研磨一次。

(3)调配　经过试验确定虫草蜜汁饮料的最佳组合为虫草发酵研磨滤液 50%，白砂糖 9%，蜂蜜 5%，柠檬酸 0.3%，稳定剂(CMC-Na 和海藻酸钠按 1∶1混合)0.2%。

(4)均质　上述溶液混合均匀后进行过滤，再均质可以增强饮料的稳定性，并使饮料体态滑润。

(5)灭菌及真空灌装　采用高温瞬时灭菌，灭菌条件为 115 ℃下 5 s。灭菌后进行真空灌装，并密封即得成品虫草蜜汁饮料。

虫草蜜汁饮料呈淡黄色或金黄色，无沉淀，有特殊的虫草香气味，酸甜适口，体态滑润。

三、蛹虫草滋补酒、蛹虫草菜

国内现有多家企业在开发“虫草酒”，如四川成都市草仙生物工程园、四川古蔺仙潭酒厂有限公司、北京京都北草生物技术有限责任公司等。以鲜蛹虫草全草入酒，或再配以人参、鹿茸、枸杞、杜仲等中草药，所生产的酒可以滋补强身、提高机体免疫力，降血脂、抑制肿瘤，强心、健脾、保肝、补肺益肾，止咳化痰，对腰膝酸痛、肾功能衰竭有明显作用。虫草枸杞葡萄酒则是高级保健葡萄酒，这类酒是由蛹虫草菌丝发酵而成，有润肺益肝、明目、止咳化痰，调节机体免疫力，抑制肿瘤、抗癌，延缓衰老等功效。

由蛹虫草还开发出了几十道名菜，如蛹虫草炖猪（牛、羊）肉，可治贫血，壮阳；蛹虫草炖乌鸡（甲鱼、乳鸽等），清蒸蛹虫草素鸡等，皆有滋补功效。另外，已经开发出了虫草糕点、虫草调味品等其他产品。

蛹虫草产品开发　　　　关于蛹虫草

单元三　鸡腿菇栽培技术

知识目标

了解鸡腿菇的药用价值和栽培现状。

熟悉鸡腿菇生产的工艺流程和开发技术。

掌握鸡腿菇实训生产计划的设计思路和制订方法。

能力目标

能应用所学知识进行生产计划的制订。

能完成鸡腿菇栽培的全部生产操作。

能处理鸡腿菇培养管理中出现的技术问题。

能全程进行生产管理并填写生产管理日志。

专题一　概述

鸡腿菇也叫鸡腿蘑、刺蘑菇，学名毛头鬼伞，是一种形似鸡腿、食药兼用的大型伞菌（图4-16）。鸡腿菇肉质肥厚细嫩，滑脆爽口，味道鲜美，营养丰富。据分析，每100 g干菇中含粗蛋白25.4 g，脂肪3.3 g，总糖58.8 g，纤维7.3 g，灰分12.5 g。同时，鸡腿菇也是药用菌，味甘滑、性平，有益脾胃、清心安神、治痔等功效。它还含有治疗糖尿病的有效成分，其热水提取物对小鼠肉瘤S-180和艾氏腹水癌的抑制率分别为100%和90%。

从20世纪60年代开始，德国、英国和捷克等国家的食用菌研究人员，就已进行鸡腿菇的驯化栽培等方面的研究工作。我国鸡腿菇的人工栽培始于20世纪80年代，先后经多家科研院所对我国北方产的鸡腿菇进行调查、采集、分离菌种和栽培等科研试验工作，总结出了一套完整的菌种生产和栽培技术措施，到20世纪90年代开始在全国范围内推广，并很快形成商业化生产。

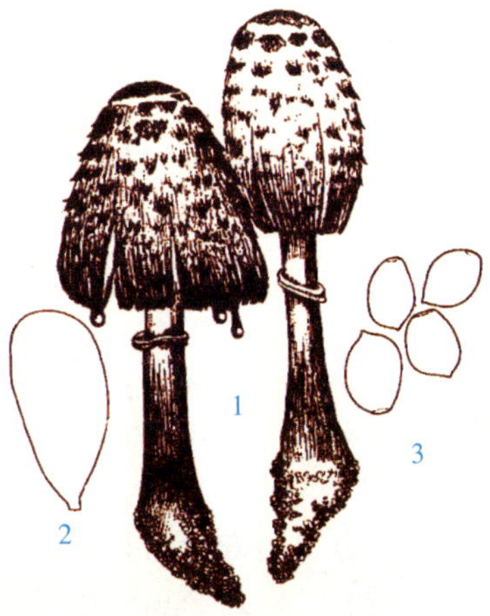

图4-16　鸡腿菇形态（仿卯晓岚）
1.子实体　2.囊体　3.担孢子

鸡腿菇是典型的粪草腐生型，具有不覆土不出菇的特点。我国农作物秸秆年累积量约为3.7亿t，如果用1%用来栽培鸡腿菇，那么可以生产出370多万t优质鸡腿菇（2005年我国鸡腿菇产量370万t，居世界第一）。目前，该品种已被定为符合联合国粮食及农业组织（FAO）和世界卫生组织（WHO）要求的集“天然、营养、保健”三种功能为一体的16种珍稀食用菌之一，是一种具有较高商业潜能和开发前景的优质珍稀食用菌。鸡腿菇具有很强的适应能力，熟料栽培、发酵料栽培都可以，可以采用袋栽、箱栽、畦栽等方法，而且室内和室外都能够进行栽培。下面主要介绍保护地发酵料袋栽畦床式出菇和露地套种栽培技术。

1.药用价值

鸡腿菇味甘性平，有益脾胃、清心宁神、助消化、增食欲、降血压、抗肿瘤等功效，经常食用可提高人体免疫功能，增强抗病能力。鲜菇中含有多种生物活性酶，具有多种生理作用，其中胰蛋白酶、麦芽糖酶等可以帮助消化，酪氨酸酶有降低血压的作用，多糖化合物则有一定的防癌抗癌作用。菇体中所含的脂肪多为不饱和脂肪酸，食用后不会增加血液中的胆固醇含量，可以预防动脉硬化、心脏病及肥胖症等。鸡腿菇对大肠杆菌、金黄色葡萄球菌、枯草杆菌还有一定的抑制作用。此外，鸡腿菇中还含有治疗糖尿病的有效成分，食用后能降低血糖浓度，对糖尿病有明显的辅助疗效。

2.栽培现状

目前，我国鸡腿菇栽培的品种较多，大多是自然发生的鸡腿菇子实体经过组织分离和进一步选育而获得的，也有从国外引进的优良品种，分为单生种和丛生种两类(表4-13)。

表4-13　鸡腿菇栽培品种介绍

品种类型	品种名称	种性特点
丛生	Cc173 昆研C-901	丛生，适温广，抗性强，适于鲜销 中温型品种，丛生，适于鲜销
单生	Cc168 Cc100	引进种，单生，个大，不易开伞，适于制罐 引进种，单生，个大，产量高，适于制罐和鲜销
丛生或单生	唐研1号 特大型EC05	适温广，出菇早，丛生或单生 抗杂抗衰老，适于鲜销和制成盐渍品

除此之外，各地科研和生产单位还选育出一些优良菌株。例如1998年4月崔颂英等于辽宁熊岳镇温泉村某菜园地采集到丛生性极强的野生鸡腿菇，后经子实体组织分离的方法分离出纯菌种，经过两年三个周期的栽培试验，选育出优良品种Cc-1，已在辽宁各地进行试种，效果良好。其他的还有单生品种Cc123、Cc155，丛生品种Cc-3、Cc-8、Cc91-1、Cc9601、Cf-10等。

自然环境条件下，鸡腿菇出菇季节为3—6月和9—10月，夏季和冬季不出菇或出菇少，并且长出的菇质量差。因此，保护地发酵料袋栽畦床式出菇一般安排在3—6月和9—12月为宜；露地套种栽培如露地葡萄套种鸡腿菇安排在4—11月。

专题二　鸡腿菇与露地葡萄套种技术

鸡腿菇露地套种的栽培方式(图4-17)充分利用了绿色植物生长后创造的保湿、透气、通风、遮阳的小环境，为鸡腿菇提供了更接近于自然的生态条件，能够生产出质量更好的鸡腿菇，而且实现了一地两收，充分利用了土地资源，提高了单位面积产值，经济效益十分显著。另外，种菇后的菌糠还可以直接还田、还林，增加了土壤肥力，可促进地力良好循环，生态效益明显。

图 4-17 露地葡萄套种鸡腿菇模式

葡萄是世界上落叶果树栽植面积最多的树种，栽培形式灵活多样，能够充分利用空间，大田露地棚架栽培是主要的栽培形式之一。但是大田露地棚架栽培葡萄出于栽培管理的需求，葡萄架下一般有宽 4 m 左右的空闲地，果农在栽培管理过程中一般是闲置这块空闲地的，或栽种少量低矮作物。而葡萄架下却为鸡腿菇的生长创造了适宜的生长条件，结合葡萄的栽培管理，再适当采取必要的措施，就可以实现在葡萄架下套种鸡腿菇，获得理想的经济效益。崔颂英等于 2003—2005 年承担“露地葡萄套种鸡腿菇”科技扶贫项目，取得了明显的经济效益。这里以辽宁南部地区为例介绍这项技术。

葡萄每年随四季变化，呈现出春季萌芽生枝、夏季枝叶繁茂、秋季果实累累、冬季落叶冬眠的年生理变化规律。人们通常把葡萄年周期活动分为树液流动期、萌芽期、新梢生长期、开花坐果期、浆果生长期、浆果成熟期六个候期。露地葡萄套种鸡腿菇的栽培技术，以葡萄生产为主，以鸡腿菇生产为辅，因此葡萄生产工艺按照常规操作进行，鸡腿菇栽培也按照常规进行，只是要将套种鸡腿菇的管理和葡萄的生产管理有机衔接，并采取必要的保温、保湿、光照、通风等措施，做到保证葡萄正常生产，鸡腿菇套种合理适时。鸡腿菇与露地葡萄套种的农事安排见图 4-18。

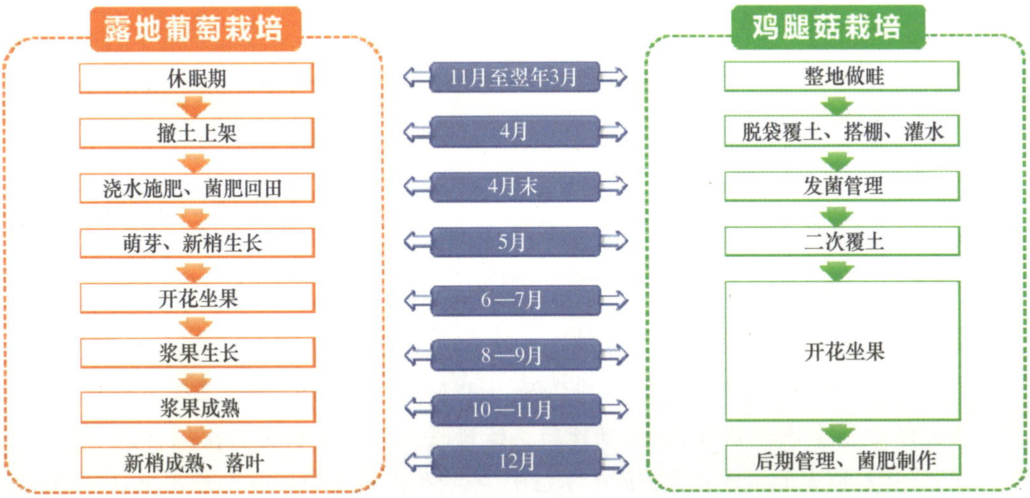

图 4-18 鸡腿菇与露地葡萄套种的农事安排

一、准备工作

葡萄生产按部就班进行即可。菌袋制作把握好时间，以便与葡萄生产和环境条件紧密衔接，确保利用最佳自然条件。整地做畦和搭建露地小拱棚的用品及相关的消毒药品等要提前准备。

二、配方选择

鸡腿菇菌丝体阶段C/N为20∶1，子实体生长阶段C/N为(30～40)∶1)。可以根据当地的资源优势，因地制宜选用合适的配方(表4-14)。

表4-14　鸡腿菇栽培料配方　%

配方	玉米芯	棉籽壳	木屑	麸皮	稻糠
一	85			10	
二		85		10	
三	50		25		20
四		60	15		20

注：上述配方中添加尿素0.5%，石灰4%，过磷酸钙0.5%，料∶水=1∶1.3。

三、发酵料制作

1.发酵料制作的原理

鸡腿菇培养料的发酵处理是典型的好氧型发酵。其原理是将培养料拌制后进行堆积，利用培养料中嗜热微生物(几种放线菌)繁殖产生的热量使料温升高，从而杀死培养料中的部分微生物和害虫。发酵的料堆明显地分为内部的厌氧层、外部的好氧层和中部的发酵层。培养料的发酵层温度控制在60～65 ℃，整个发酵过程料堆的积温累计达到2 400～3 000 ℃(图4-19、表4-15)。

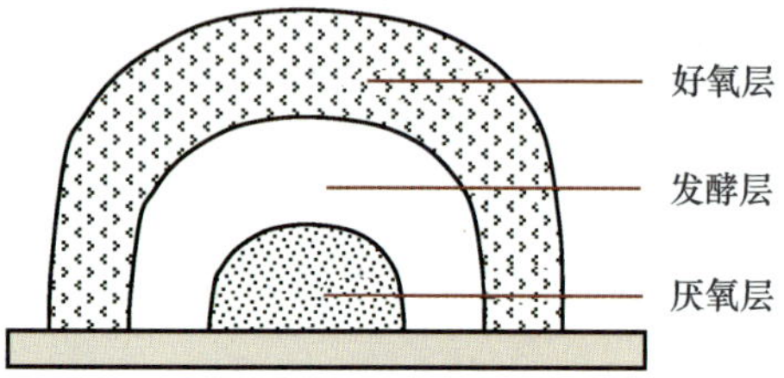

图4-19　发酵料料层示意图

表4-15　发酵料制作的效用

发酵效用	发酵特征
消毒杀虫	利用发酵层所产生的高温，杀死培养料中的害虫和杂菌
降解物质	嗜热类微生物分解培养料，破坏细胞壁，便于菌丝吸收利用
增加氮源	嗜热类微生物吸收无机氮合成自身蛋白质，死亡后将有机氮补充到培养料中
诱导作用	诱导厌氧层和好氧层的孢子和虫卵萌发、孵化，进入发酵层后被杀死

2.拌料

按照生产预算称取主、辅料，培养料应新鲜、无霉变，玉米芯等主料在太阳下暴晒2～3 d。大量栽培可以按照生产计划分期、分批拌料。拌料时首先将干料分层次铺开，尽量铺均匀(图4-20)；将拌料需要的水放入大桶或贮水池中(农户生产也可以在地上挖水坑，内铺塑料布作为贮水池，每立方米装水1 t)。将易溶于水的蔗糖、尿素等辅料加水溶化，加入其中；将微溶于水的石灰、过磷酸钙等也加入水池中(过磷酸钙如果结块要将其研磨碎);拌料时用潜水泵抽水,也可以用其他盛器舀出使用。手工拌料要先将贮水池中 60%左右的营养液浇入料堆后再整体拌制一次,第二、三次拌制时将其余的营养液逐渐加入。如果使用搅拌机拌料则一边加干料一边加营养液。拌料时不要先将干料进行人工拌制混匀,尤其是不提倡将石灰加入干料中再人工混匀,这样灰尘太大,而且石灰粉对人体伤害很大。这里还特别需要注意的是,在选择石灰时,一般使用前要用广泛 pH 试纸测试饱和石灰水的酸碱度,一般 pH 为 12～14,如果 pH 太低则不能使用;拌料后也要测定培养料的 pH,要求 pH 为 8 左右,否则很容易影响培养料发酵效果。

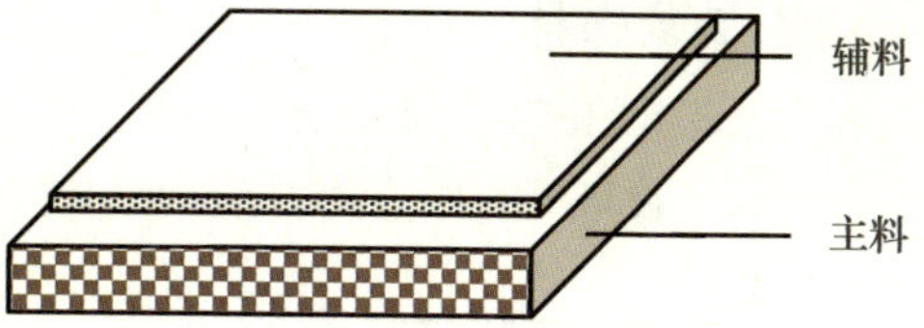

图 4-20 培养料分层铺放示意

3. 建堆

日平均气温 20 ℃左右(9—10 月份),建成堆高 1 m,堆顶宽 0.8 m,堆底宽 1.2 m,长不限的棱台形料堆。料堆顶部及两侧间隔 30 cm 左右打一到底的透气孔,第一、二天加盖塑料布,以后撤掉。注意建堆时不要将培养料拍实,培养料自然的松散状态有利于增加发酵层的厚度。

4. 翻堆

翻堆是为了改变料堆的结构,使培养料都得到充分的发酵。对于翻堆时间间隔的提法很多,但是,只要把握发酵料制作的两个基本原则,那么无论在什么季节或是遇到什么特殊情况,如能灵活掌握、准确操作,即可保证发酵效果。第一个原则是,料堆在发酵过程中用温度计监测发酵层的温度,使其保持在 60～65 ℃,但不能长时间超过 65 ℃,也不能长时间低于 40 ℃。长时间高于 65 ℃易发生蛋白质分解产生氨气,造成氮源的损失;长时间低于 40 ℃易造成在发酵期间或栽培袋发菌时鬼伞大量发生。发酵层的深度(距料面高度)需要细心观察,因为不同的培养料配方、含水量、环境温度等都影响发酵层的深度,一般玉米芯主料的发酵层深度在 10～12 cm,颗粒度细的培养料发酵层浅,颗粒度大的培养料发酵层深,这与氧气的供给量直接相关。第二个原则是保证发酵料的积温达到 2 400～3 000 ℃。

具体的规律是建堆后当发酵层温度达到 60～65 ℃时,计时 10～12 h 再进行第一次翻堆;翻堆后重新产生发酵层,一般 10～12 h 发酵层温度再次上升到 60～65 ℃,保持 10～12 h 后进行第二次翻堆;如此进行第三次翻堆;第四次翻堆时直接散堆,使料温下降停止发酵,准备使用发酵好的培养料进行装袋播种。按照上述的温度变化规律进行翻堆和散堆,培养料的总发酵时间为 40～48 h,发酵温度为 60～65 ℃,积温为 2 400～3 120 ℃。高温时节初次产生发酵层的时间间隔短,翻堆后料温很快又升高,一定要注意监测温度,否则发酵时间过长会产生白化现象,使培养料营养消耗太大;低温时节,初次产生发酵层的时间间隔长,翻堆时间间隔也长,这时如果遇到阴冷天气,可以人为地向料堆内浇热水,以利于料温升高,但不能急于翻堆,否则发酵时间过短,易发生鬼伞,培养料也会酸败。现在一般也会使用食用菌栽培的专用发酵剂,发酵效果很好。发好的培养料,吸水性好,色泽酱褐,闻之有清新的土香味,有大量白色雪花状的放线菌分布。

结合翻堆,可以在第三、四次喷洒 800 倍液溴氰菊酯杀虫,也可以在最后一次翻堆时将维生素类辅料喷洒在料堆中。

四、装袋播种

鸡腿菇栽培袋选择低压或高压聚乙烯袋，规格一般为折径(24～25) cm×长(45～50) cm×厚0.025 cm。栽培袋在距袋口 6 cm 处用缝纫机大针码间隔 0.5 cm 跑两趟微孔，中间部分两等份同样各跑两趟微孔。播种时，菌种放于微孔处，利用微孔既可增氧，又可防止杂菌污染。播种采用四层菌种三层料的方法，用种量为干料量的 20%左右，投种比例为 3:2:2:3，两头多，均匀分布；中间少，周边分布。菌种要事先挖出掰成约 1 cm 见方的小块，放在经消毒的盆中盛装集中使用，也可以随用随挖取。污染、长势弱、老化的菌种不用或慎用。料袋两头用细绳扎活结即可，也可以用套环覆盖报纸，用皮套箍紧，以便于透气，扎口端各占用栽培袋 5 cm 左右。一般在栽培袋装袋前集中将栽培袋的一端扎紧，塑料袋的端面采取折纸扇的方法折好后用细绳捆扎(图 4-21)。

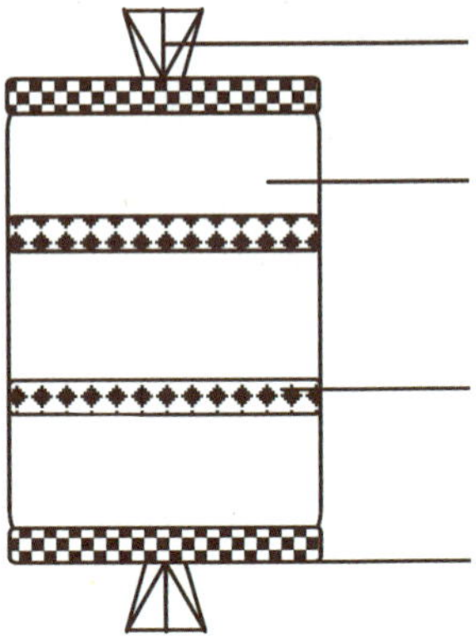

图 4-21 装袋播种示意图

1. 装袋播种的具体方法

(1)填第一层料播撒第一层菌种 向扎好的栽培袋内装料，高度以 10 cm 左右为宜；用手在袋内压料面，使料面平整，与微孔对齐；再从料袋外侧沿四周将平整的料面稍压，使料面周边与抻直的料袋内壁形成一圈凹槽；将准备好的菌种沿凹槽均匀放入(将颗粒明显的菌种分散摆放在四周)。

(2)填第二层料播撒第二层菌种 继续向栽培袋内填料，高度以 12 cm 为宜，压好后料面高度与微孔高度一致，同样将料面周边压出凹槽，播撒菌种。

(3)填第三层料播撒第三层菌种 方法同第二层填料。此次填好料后，料面压平，不处理周遍，将菌种撒在整个料面上，大小菌种块均匀分布，折纸扇式将栽培袋扎紧，以微孔露出，扎口后留出 1.5cm 塑料袋且扎口绳不脱落为宜。

(4)最后打开原先的扎口端，将栽培袋的褶皱拉直，继续填料至微孔处，按照第三层菌种的播撒方法将最后一层菌种播撒在料面，同样将袋端扎好。

2. 装袋播种的注意事项

(1)装袋前要把发酵料再充分拌一次。如果培养料太干，可以适当用喷壶补水。由于发酵料的水分已经充分渗透到培养料的内部，因此发酵后的培养料补水时要注意，培养料手握松软成团就可以了，不能有水渗出。

(2)拌好的料应尽量在 4 h 内装完，以免放置时间过长，培养料发酵变酸。

(3)装袋时压料要均匀。做到边装边压，逐层压实、松紧适中，一般以手按有弹性，手压有轻度凹陷，手托挺直为度。料装得太紧透气性不好，影响菌丝生长；装得太松则菌丝生长细弱无力，在倒垛时易断裂损伤，影响发菌和出菇。

(4)料袋要轻拿轻放，防止塑料袋破损。认真检查装好的料袋，发现破口要用透明胶带封贴。

五、发菌管理

棚室用硫黄粉、敌百虫掺豆秸、刨花等易燃物燃烧熏蒸消毒，密闭 24 h 就可以将菌袋搬入进行发菌管理。

(1)温度管理　料袋码放的层数应视环境温度而具体掌握。气温在10 ℃以下时，可堆积4～5层；气温在10～20 ℃时，以堆3～4层为宜；气温在20 ℃以上时，菌袋宜单层排放，不宜上堆。但管理的关键是料袋内插温度计，以不超过22 ℃为宜，绝不能超过28 ℃。堆垛发菌后，要定期检查料袋中温度计的显示，注意堆温变化(图4-22)。

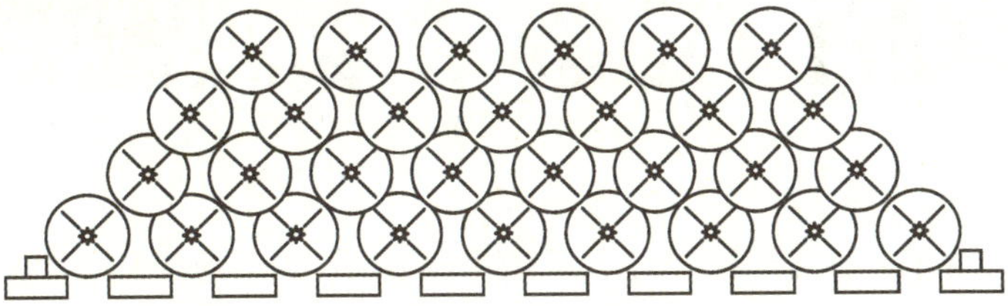

图4-22　栽培袋单墙式堆垛发菌示意图

(2)O_2与CO_2　一般菇棚每天通风2～3次，每次30 min，气温高时早晚通风，气温低时中午通风，保持发菌环境空气清新。

(3)湿度管理　日光温室内空气相对湿度以60%～70%为宜，既要防止湿度过大造成杂菌污染，又要避免环境过干而造成栽培袋失水。

(4)光线管理　培养室内光线宜弱不宜强，菌丝在弱光和黑暗条件下可正常生长，光线强不利于菌丝生长。因此，在日光温室内发菌应覆盖草帘遮光。

(5)倒垛　堆垛后每隔5～7 d倒垛一次，将下层料袋往上垛，上层料袋往下垛，里面的往外垛，外面的往里垛，使料袋受温一致，发菌整齐。倒垛时，发现有杂菌污染的料袋，应将其拣出单独培养；若发现有菌丝不吃料的，必须查明原因及时采取措施。

六、整地作畦

葡萄架下畦床的走向与葡萄架的走向一致，畦宽1.2 m，深20～30 cm，每个葡萄架下制作一个畦床，长度视葡萄架长短灵活选择(图4-23)。畦床做好后，先在畦底及畦床四周撒一薄层石灰粉进行消毒、驱虫(图4-24)。需要强调的是，为了防止出菇期间雨量充沛造成畦床被淹，一般采取制作高畦的措施。

七、脱袋覆土

鸡腿菇的栽培特点是覆土才能出菇，不覆土不出菇。覆土材料要求土质疏松，腐殖质含量丰富，沙壤质，含水量适中，即手握成团，触之即散的程度，土粒直径0.5～2 cm为宜。覆土材料中加入2%的生石灰调节pH至8左右，再加入0.1%多菌灵，经堆闷消毒、杀虫后使用。处理好的覆土材料应及时使用，不宜长时间存放。若一时用不完，应放在消过毒的房间内，存放时间不超过5 d。菌袋菌丝长满10 d后，剥去菌袋的薄膜，将菌棒从中部断开，断端朝下竖直排放在畦内，菌棒和菌棒之间有1～2 cm的空隙，用覆土填满。当所有菌袋排放完后，上面覆土3～5 cm，覆土后浇1次重水，水渗透后，将菌床表面缝隙或露菌料处再用土覆盖好(图4-25)。经2～3 d待覆土中的水分稍蒸发，土壤比较透气时，盖上黑色塑料薄膜保温保湿，促使菌棒内的菌丝快速向覆土层中生长。一般经10～15 d，菌丝可长至土层表面，露出白色绒毛状菌丝，大部分土壤出现裂纹，局部有菇蕾出现，此时要进行二次覆土。二次覆土是保证鸡腿菇高产的重要环节，覆土层以2 cm厚为宜，并以喷壶浇水至土壤湿透。

图 4-23　整地作畦

图 4-24　喷杀虫剂

图 4-25　脱袋覆土

八、搭建拱棚

将 2.0 m 长的竹坯十字花行插入畦床两侧内壁，十字交叉的顶部再加一条竹坯，绑缚在交叉的竹坯上，起到加固的作用。拱架上铺一层薄膜，两端离地 20 cm，利于通风换气。薄膜上铺草帘，起到遮光、保湿的作用，覆盖的草帘可以使用旧草帘，但最好将草帘剪断成 1 m 左右的小块，以便于后期管理(图 4-26 至图 4-28)。

图 4-26　搭建拱棚

图 4-27　拱棚加固

图 4-28　浇水

九、出菇管理

二次覆土后不再覆盖塑料薄膜，7～10 d 第一茬鸡腿菇如雨后春笋般破土而出(图 4-29、图 4-30)。出菇期间子实体分化温度以 10～20 ℃最适宜，生长温度以 16～24 ℃最适宜。若低于 10 ℃或高于 30 ℃，子实体均不易形成。在适温范围内，若温度偏低，虽然子实体生长缓慢，但菇体肥大，结构紧密，质量好，保鲜期长(图 4-31)；若温度偏高，子实体生长快，但柄长，盖小而薄，容易开伞。

图 4-29　原基分化

图 4-30　幼菇期

图 4-31　成熟期

子实体生长时期空气湿度可控制在 85%～90%，湿度过低，子实体生长缓慢，菇体瘦小，菌盖表面干裂；若空气湿度长期在 95%以上，则容易发生病虫害，尤其易患斑点病。湿度的控制主要靠喷水和通风来调节，喷水时要注意，菇蕾禁喷，空间勤喷；幼菇酌喷，保持湿润；成菇轻喷。

与其他喜光的品种相比，鸡腿菇子实体形成和生长发育对光线不敏感，在微弱的光照下，生长正常，菇体洁白，表面光滑，不易起鳞片。相反，光线过强，子实体菌盖上起鳞片，鳞片变为褐色，质量下降。因此，在出菇期间，要减少光照，使其处于黑暗或弱光下生长。

由于子实体生长速度很快，要结合湿度管理，加大通风换气。若通风不良，则生长迟缓，容易形成盖小柄长的畸形菇。

出菇期间，白天温度高、湿度低，可以适当将背风侧的草帘用砖块支起，加大通风和降温，夜晚将草帘的另一侧也支起来，加大通风和降温。秋季管理的重点是保水、保湿。可以，结合潮间灌水增加水分和湿度。另外，由于秋季风大，白天可以将草帘全部盖上，晚上再适当支起来进行通风。

十、采收加工

鸡腿菇露出土层后，若环境条件适宜，生长速度极快，一般 3～5 d 可采收。采收标准是手捏菌盖稍有蓬松感；切不可采收过晚，以免菌盖老化变黑自溶（图 4-32），失去商品价值。采收时因子实体柄基部带泥土，因此要使用报纸等将采收后的子实体分层摆放，以免人为造成菇体粘泥，给后续加工带来不便。采收后的鸡腿菇要及时削去泥土，刮干净鳞片，可以采取保鲜措施分级包装上市鲜销，也可以采取干制、盐渍、速冻、制罐等技术进行加工处理。

图 4-32　鸡腿菇老化（墨化）

专题三　鸡腿菇与保护地葡萄套种技术

2017—2020 年，盖州市陈屯镇俊达农场进行了鸡腿菇与保护地葡萄套种的生产试验，取得了理想的效果。盖州市地处辽南，是露地和保护地葡萄的主产区。目前辽南地区露地葡萄和保护地葡萄生产存在土地利用率低、产值不高且单一、土壤严重板结等问题。

辽南地区保护地葡萄的生产时间是 11 月初休眠，翌年 4 月结束休眠。鸡腿菇于 11 月初葡萄休眠前进行套种，12 月初到中旬开始出菇，到翌年 5 月可以采收 4 茬优质菇（图 4-33）。

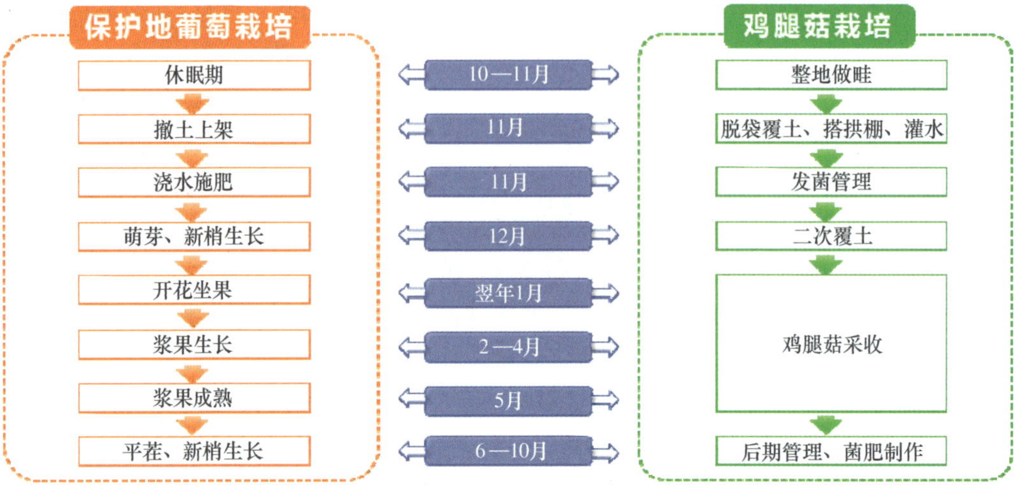

图 4-33　鸡腿菇与保护地葡萄套种的农事安排

辽南地区保护地栽培葡萄目前主要是巨峰、晚红等，每 667 m^2 日光温室纯收入在 3 万～5 万元，但是日光温室栽培葡萄，往往休眠期不足，当地农户坐花和坐果的关键环节技术也不成熟，往往造成减产甚至绝产，经济效益不理想也不稳定。目前保护地葡萄栽培都转向塑料大棚栽培，经济效益较日光温室高且稳定。例如 120 延长米，跨度 12 m 塑料大棚，可使用面积 1 440 m^2(2 亩地左右)，栽培 3 行葡萄，留出作业道，地面闲置位置可套种鸡腿菇 4 个畦床(宽 1 m，长 120 m)。套种鸡腿菇将闲置的土地又利用了 480 m^2，相当于增加了 1/3 的土地使用面积。使用折径(24～25) cm×长(45～50) cm×厚 0.025 cm 规格栽培袋，每个畦床可以套种 960 袋左右(每袋 3 斤干料)，总套种袋数 3 840 袋，成本约 1 万元，纯收入 3 万元左右。保护地葡萄套种鸡腿菇技术的成熟与推广，为辽南地区保护地葡萄种植户带来了新的增产、增收的途径，后期废弃菌棒回填土壤，增加了土壤有机质的含量，极大改善了土壤板结的问题，可谓一举多得。

一、整地作畦

一般葡萄畦宽 2 m，作业道 0.5 m。套种鸡腿菇是在两个葡萄畦之间的空闲位置，采取一个作业道两个套种鸡腿菇的畦床模式。葡萄畦每侧内缩 40 cm，作为套种的畦床，畦床深 20 cm 左右，作业道保留。畦床准备好后，需要在畦床底部撒一薄层石灰粉，起到消毒和驱虫的作用(图 4-34)。

图 4-34　整地作畦

二、脱袋覆土

畦床制作好后，将长满菌丝的鸡腿菇菌棒脱去塑料袋，将菌棒南北向卧式摆放在畦床内，菌棒之间的间隔为 1～2 cm。鸡腿菇是覆土出菇的品种，不覆土不出菇。覆土要求土质疏松，腐殖质丰富，最好是沙壤质，含水量适中，用手握不沾手，落地即散。菌棒和菌棒之间的空隙，需要用覆土填满，覆土的厚度

5 cm 左右(图 4-35)。

三、浇水起拱

每个畦床菌袋排放完后，上面覆土 3～5 cm，覆土后浇 1 次重水，水渗透后菌棒之间的覆土被水冲掉，会出现缝隙，这样就需要继续用覆土将缝隙填满，菌棒外露之处也要用土覆盖好。2～3 d 后，随着水分的蒸发，土壤透气性较好，需要使用黑色塑料膜搭建高 40 cm 左右的小拱棚，促使菌棒内的菌丝快速向覆土层中生长。小拱棚的支架使用 2 m 长的不锈钢钢丝，长 10 m 的畦床使用 6～8 根钢丝，注意畦床两端的两根钢丝要把拱棚的黑色塑料膜固定住，防止温室放风口放风的时候将黑色拱棚膜吹开(图 4-36、图 4-37)。

图 4-35 脱袋覆土

图 4-36 畦床浇水

图 4-37 搭建拱棚

四、二次覆土

经 10～15 d，覆盖土壤的菌棒菌丝在覆土层内生长，并形成菌索，这时覆土层表面有白色绒毛状菌丝出现，覆土层普遍出现龟裂，局部有菇蕾出现(图 4-38)，此时要进行第二次覆土。二次覆土的目的是保障鸡腿菇高产。覆土层以 2 cm 厚为宜，二次覆土后，浇透水(大规模生产可以一次完成覆土，减少劳动强度)。

图 4-38 菇雷出现

五、出菇管理

二次覆土后 7～10 d 第一茬鸡腿菇进入出菇盛期。出菇期间子实体生长温度以 16～22 ℃为宜。温度低于 10 ℃子实体分化不好，高于 28 ℃子实体老熟快，容易墨化。在适宜温度范围内，温度偏低，虽然子实体生长缓慢，但菇体个头大、质量好、保鲜期长，更适合鲜销。子实体生长时期空气湿度可控制在 85%～90%，湿度过低，子实体生长缓慢，易出现干死菇；若空气湿度长期在 95%以上，容易发生细菌性病害，菌盖表面发黄，甚至发黑腐烂。湿度的控制主要靠喷水和通风来调节，由于有小拱棚进行保护，湿度好控制，滴灌喷水最好是第一茬菇出完，喷透水。鸡腿菇子实体生长期间对散射光的需求弱，甚至不需要散射光，在较弱的散射光下，子实体菇体洁白，菌盖表面光滑，鳞片少。相反，光线过强，子实体菌盖鳞片较多，鳞片变为褐色，影响商品质量（图 4-39）。

图 4-39　出菇状态

六、采收加工

鸡腿菇子实体破土而出，如果环境条件适宜，则如雨后春笋般生长速度极快，一般 3～5 d 可采收（图 4-40 至图 4-42），可加工成精粉、干品、食品和制剂（图 4-43 至图 4-44）。采收与加工方法参照本章前述内容。

图 4-40　待采收的鸡腿菇

图 4-41　袋装鸡腿菇

图 4-42　保鲜膜装鸡腿菇

图 4-43　鸡腿菇精粉

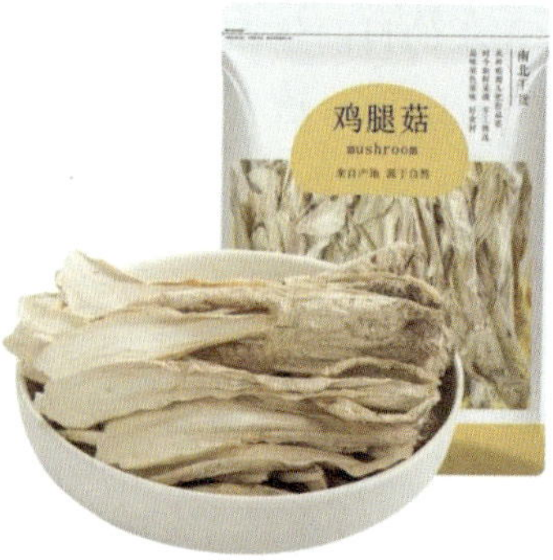

图 4-44　鸡腿菇干品

专题四　产品开发

鸡腿菇的产品开发，主要集中在使用子实体或者菌丝体进行多糖提取，或者加工成精粉。

鸡腿菇多糖常常伴随着其他成分共存于真菌中，因此要提取纯净的多糖，必须除去其他杂质，然后再分离精制。为了便于多糖的提取，在新鲜原料进行干燥时，应尽量将其粉碎后浸渍在乙醇或丙酮中，破坏其新鲜原料中的各种酶，以避免多糖分解，然后在低温和减压下迅速进行干燥，再进行提取。

一、多糖的提取方法

提取鸡腿菇多糖主要是利用其溶解度的不同。根据提取多糖的性质，选择各种溶剂，最常用者为水（冷水或温水）、烯醇、碱金属氢氧化物或碱金属碳酸盐的稀释水溶液（5%以下），以及0.5%～1%草酸铵溶液、二甲基亚砜等。

一种方法是将粉碎成粗粉的鸡腿菇原料，加上述的溶剂浸渍，然后用倾倒法、离心法或过滤法分取浸渍液。当用碱溶液提取多糖时，大部分蛋白质分解或变质；当多糖加乙醇沉淀时，可使部分蛋白质残留在母液中而除去；若用冷水和温水提取多糖时，可在萃取液中加入40%三氯醋酸至其最终浓度为4%，在冰点放置15～18 h，使蛋白质充分析出，离心分去蛋白质；也可以依照Sevag方法在提取的水溶液中加入1/5体积的氯仿和1/5体积的异戊醇，震荡10～15 h，蛋白质与氯仿-异戊醇生成凝胶物而分离，离心或分液漏斗都可以提取。这样得到的多糖水溶液，适当减压浓缩后，加入适量或数倍的乙醇进行沉淀便可析出多糖。甲醇和丙酮也可以代替乙醇。

若多糖含有糖醛酸等酸性基团时，可在其盐溶液中直接加入乙醇，则多糖类以盐的形式沉淀出来，若用醋酸或盐酸使其呈酸性后加入乙醇，则多糖以游离的形式沉淀出来。

另一种方法是加沉淀剂，使其与多糖类结合生成不溶性络合物或盐类沉淀，常用的沉淀剂有弗林溶液、硫酸铜、硫酸铵，其次是氢氧化钡、氢氧化钙、氯化钾。另外还可采用特殊季铵盐试剂，如氢氧化十六烷基三甲基铵、溴化十六烷基三甲基铵或溴化十六烷基吡啶等，也可用醋酸铅沉淀多糖，然后脱铅，再加有机溶剂使多糖析出。

二、多糖的精制方法

上述提取的多糖类物质是多糖的混合物，必须加以精制纯化，主要方法如下。

(1)多级提取法　依次用冷水、热水、冷稀碱溶液提取，由于溶解度不同，可使各种不同性质的多糖获得初步分离。

(2)划分沉淀法　利用溶解度不同，加入有机溶剂如乙醇调节不同浓度来划分沉淀，也可利用一定浓度的醋酸来划分沉淀，还有用在提取水溶液中加硫酸铵不断提高浓度使多糖分级析出或用其他沉淀剂来划分均可。

(3)层析法　柱层析已广泛用于多糖类的分离纯化。常用者为炭和硅藻土及在纤维素和葡聚糖中引进各种交换基团而成的阴阳离子交换剂，如引进羧甲基（CM型）、磷酸基（P型）、磺酸甲基（SM型）、磺酸乙基（SE型）、硫酸丙基（SP型）的阳离子交换剂，以及引进三乙醇基胺（ECTEOLA型）、氨基乙基（AE型）、二乙基氨基乙基（DEAE型）、三乙基胺（TEAE型）、胍乙基（GE型）、季胺乙基（QAE型）的阴离子交换剂，选择使用可使酸性、中性多糖分离。

(4)凝胶过滤法　常用的凝胶剂是葡聚糖凝胶，这是一种分子筛，来分离多糖混合物。

(5)超速离心法　利用超速离心机分离多糖。

(6)其他方法　多糖体也可用电泳法、超滤法、透析法和酶解法等加以分离纯化。

上述分离制备的多糖体,可采用高压电泳、聚丙烯酰胺凝胶电泳、超离心、气相层析、酶降解及浊度滴定等方法来鉴定其纯度。

单元四　猴头栽培技术

知识目标

了解猴头的药用价值、栽培现状。

熟悉猴头栽培的工艺流程和产品开发技术。

掌握猴头生产计划的设计思路和制订方法。

能力目标

能应用所学知识进行猴头实训生产计划的制订。

能完成猴头栽培的全部生产操作。

能处理猴头生产管理中出现的技术问题。

能全程进行生产管理并填写生产管理日志。

专题一　概述

猴头隶属于非褶菌目猴头菌科，俗称猴头菇、刺猬菌、山伏菌、猴头、猴头蘑、猬菌、对口蘑、对脸蘑、花菜菌等。菌丝细胞壁薄，具横隔，有锁状联合。在斜面 PDA 培养基上，菌丝呈绒毛状由接种点向四周放射状扩散，菌丝前期生长缓慢，后期基内菌丝多，有不发达的气生菌丝，并能产生可溶性色素，使培养基变为棕褐色。子实体肉质、块状、头状，似猴子的头而得名，一般直径为 5～20 cm，新鲜时白色，肉质松软细嫩；干燥时淡黄色至黄褐色，无柄，基部狭窄，除基部外，均密布菌刺，覆盖整个子实体。菌刺的长短和生长条件有密切关系，菌刺下垂生长，呈圆锥形，刺长 1～5 cm，端尖锐或略带变曲，菌刺粗 1～2 mm。猴头的子实层着生于菌刺表面，孢子印白色。担孢子透明无色，球形或近球形，直径(5.5～7.5) μm ×(5～6) μm，表面平滑(图 4-45)。

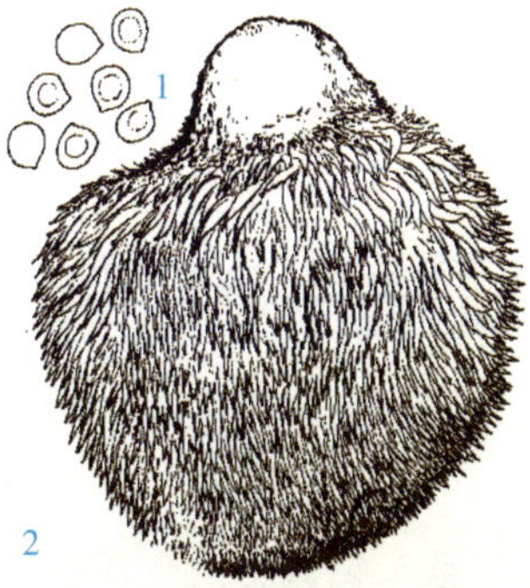

图 4-45　猴头形态图（仿卯晓岚）

1. 担孢子　2. 子实体

一、药用价值

猴头是我国著名的食用兼药用菌。鲜嫩的猴头经特殊烹调，色鲜味美，为一种名贵菜肴，与熊掌、燕窝、鱼翅列为中国四大名菜，素有“山珍猴头，海味燕窝”之称。猴头有较高的营养价值，每 100 g 干品中含蛋白质 26.3 g，脂肪 4.2 g，碳水化合物 44.9 g，粗纤维 6.4 g，磷 856 mg，铁 18 mg，钙 2 mg，还有维生素、胡萝卜素等。猴头还具有较高的药用价值，其性平、味甘，有利五脏、助消化的功能。现代研究分析表明，猴头含有多糖类、多肽类物质，可增强胃黏膜屏障机能，促进溃疡愈合、炎症消退，还具有较高的抗癌活性和增强人体免疫功能的疗效作用。近年来已广泛用于临床的猴菇消炎片等药物，对胃溃疡、十二指肠溃疡、慢性胃炎等病症疗效显著，对消化道肿瘤也有一定疗效作用。利用猴头制成的各种口服液等保健食品，如猴头饮料、猴头夹心饼干、猴头软糖、猴头蜜饯、猴头菇口服液、猴菇菌片、胃友、胃乐宁、三九胃泰以及猴头冲剂等，广受消费者的欢迎。

谢斐君等(1982)曾对猴头培养物进行了部分的化学分析工作，分离出两类化合物：一类为4-氯-3,5-二甲氧基苯甲酸及其酯类；另一类为齐墩果酸苷类。钱伏刚等(1987)对猴头菌丝体培养物，用正丁醇萃取，丙酮沉降，氧化镁脱色后得到总皂苷，收得率为0.01%；经硅胶层析、正丁醇、乙酸乙酯、水混合溶剂展开，得到5个单体，命名为S_1～S_5；经薄层层析，S_1～S_5均为以齐墩果酸为苷元的皂苷。水解后的糖部分经TLC鉴定为葡萄糖、阿拉伯糖、葡萄糖醛酸和木糖。一般认为齐墩果酸皂苷可能是猴头用于治疗消化道疾病的有效成分之一。

以猴头子实体和菌丝体提取液为试验材料，以小鼠为动物试材，口腔和腹腔注射两种方式给药(给药量以相当于原药量计算)。试验结果表明，猴头子实体和菌丝体完全没有毒性，是一种服用安全可靠的菇类和菌丝体。

二、栽培现状

栽培猴头的品种很多，但在生产上通常选择菌丝洁白、粗壮、子实体出菇早、球心大、组织紧密、颜色洁白的品种。目前，我国常见的猴头栽培品种有常山99号、猴头11号、猴头88号、高猴1号、猴头农大2号、猴杰1号、猴杰2号、猴头8905、夏头1号等。其中高猴1号是广东太阳神集团生产用种，也是高温型品种，猴杰2号适合在松木屑培养料上出菇，猴头农大2号和猴头96是山西农业大学食用菌中心培育的优良品种，曾产出4.1 kg的巨型猴头。

猴头属中偏低温型菌类，子实体最适宜生长温度为15～18 ℃，栽培季节一般在春、秋两季。我国南北气温差异较大，南方气温适于猴头发育的季节大致为春分至小满(3月下旬至5月下旬)、寒露至小雪(10月上旬至11月下旬)两个时段内，北方则为立夏至芒种(5月上旬至6月上旬)、白露至寒露(9月上旬至10月上旬)。各地的小气候不同，还应根据本地的气象资料综合分析、判断。由于猴头丝要经过25～30 d才能由营养生长转入生殖生长，因此确定猴头发育后期，再向前推25～30 d作为播种期。

猴头子实体的栽培有段木栽培和代料栽培两种方法。段木栽培现仅为少数研究单位试验用和极少数山区栽培，代料栽培主要采用袋栽法。

猴头菌丝体生产采用深层发酵法生产技术，既可进行固体培养，也可在液体培养基中进行通气搅拌培养(又叫液体发酵培养)。

专题二 栽培技术

一、工艺流程

猴头袋栽工艺流程见图4-46。

二、栽培管理

目前，猴头栽培选择袋栽的方法。小袋两头出菇袋栽法是采用(15～18) cm ×(33～

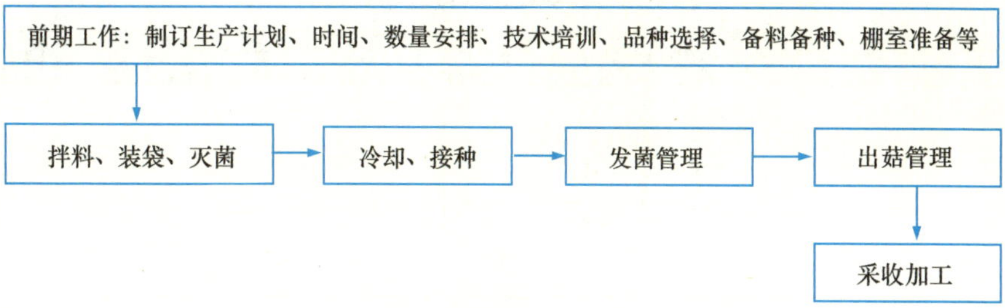

图 4-46　猴头袋栽工艺流程

38）cm、厚 0.02～0.03 mm 的塑料袋筒，每袋能装 0.35～0.4 kg 干料，经拌料、装袋、灭菌后，采用两头接种的方法。发菌和出菇采用堆叠菌墙的方法，其他管理与瓶栽相同。袋栽一般不需要去除多余的菇蕾，这样产生的子实体个体较大，大的一个可达 0.25 kg，最大可达 0.5 kg。因此袋栽的猴头，第一潮菇适合鲜销、干制而不宜制罐头，第二、三潮菇才适合制罐头。

在种香菇、银耳的产区，如福建、浙江等地人们还用长袋子、细袋子，采取侧面打孔接种的方法，让猴头在菌筒上周身打眼出菇。袋子的规格一般为（12～15）cm × 55 cm，厚 0.045 mm。一般采用装袋机装袋，工作效率高。

1. 菌种制备

因地制宜，就地取材，并根据市场需求选择适于本地栽培的优良品种，然后按常规的制种方法制备原种和栽培种，制种时要注意调 pH 为酸性。

2. 栽培季节确定

猴头属中偏低温型菌类，子实体最适宜生长温度为 15～18 ℃，栽培季节一般在春、秋两季。由于猴头菌丝要经过 25～30 d 才能由营养生长转入生殖生长，因此确定猴头发育后期，再向前推 25～30 d 作为播种期。

3. 场地选择

猴头的代料栽培场地一般分室内层架床栽和室内培菌野外荫棚畦床栽培两种，包括发菌室、出菇房和人工荫棚三个场所。

（1）发菌室　菌丝培育的场所要求清洁、干燥、无杂菌。要选择适合的房间，提前做好消毒灭菌工作。

（2）出菇房　猴头子实体发育的场所，为了提高空间的利用率，可在出菇房内设置床架，每个床架 6～7 层，高 2.8 m，宽 90～130 cm，层间距 30 cm。

（3）人工荫棚　猴头室外栽培出菇的场所，一般选择冬闲田或林地。要求在水源方便、利于排水的地方搭建荫棚，光照以“七分阴、三分阳”为宜。对荫棚周围的环境应喷敌敌畏等杀虫剂或石灰粉，以防害虫的入侵，林地荫棚还应撒呋喃丹等药物，预防白蚁。

4. 配方选择

根据当地原料来源就地取材，选择合适的培养料配方（表 4-16）。

表 4-16　猴头代用料栽培常用配方　%

配方	棉籽壳	木屑	玉米芯	米糠	麸皮	棉籽饼	玉米粉	过磷酸钙	石膏粉	蔗糖	尿素
一	86			5	5			2	1	1	0.5
二	55	12		10	10	6	5	1	1		0.5
三		15	50	10	10	8	5		1	1	0.5
四			76	10	12				1	1	0.5

原料除木屑以外，要求新鲜、无霉变，粉碎成木屑状，酒糟、豆腐渣、甘薯粉则应晒干备用，稻草、麦秆切成 3 cm 左右的小段，并浸泡于水中 8 h 以上，沥水备用。

5. 拌料

在配制培养料时，要求主料和辅料混合干拌，将蔗糖、过磷酸钙、尿素等先溶于水，再倒入干料中反复拌匀。培养料的含水量应根据料的不同，严格掌握在 55%～65%，水宁少勿多。料中的水分大小还与扎瓶口的材料有关，如用牛皮纸或双层报纸封口，则拌料时水分应稍增加，而用塑料薄膜封口，则水分不宜过多。调 pH 为 5.4～5.8，常采用 0.2%的柠檬酸调酸，切忌在配料中加入石灰，不能使培养料的 pH 偏碱，否则不利于猴头的生长，也不能加多菌灵、克霉灵等消毒剂，因其会抑制猴头菌丝生长。

6. 装袋

拌好的培养料要及时装袋，装袋可采用人工或机械装袋。用装袋机装袋最好，6 人一组，1 人往料斗里加料，1 人装袋，1 人递袋，另外 3 个人整理料袋扎口。装袋时注意将塑料袋套在出料筒上，一手轻轻握住袋口，一手用力顶住袋底部，尽量把袋装紧，越紧越好。扎口时将料袋用绳扎两圈后回折袋口再用绳扎紧，随后套好外袋扎活结；手工装袋，要边装料边抖动塑料袋，并用粗木棒把料压紧压实，装好袋后用手抓应有木棒状感觉。

装袋过程要求轻拿轻放，切勿刺破菌袋造成杂菌污染。装袋要集中人力快装，一般要求从开始装袋到装锅灭菌的时间不能超过 6 h，否则料会变酸变臭。若有条件，最好有周转筐，装好一袋放入筐内一袋(注意从四周向中间装)。料袋放入筐中灭菌，既避免了料袋间积压变形，又利于灭菌彻底。

7. 灭菌

灭菌的效果是香菇生产的关键。灭菌可用常压蒸汽灭菌和高压蒸汽灭菌两种方式。常压蒸汽灭菌可以使用常压灭菌灶，高压蒸汽灭菌使用卧式高压蒸汽灭菌锅。当前生产中常用“常压蒸汽包”来灭菌，既灵活方便，又降低了生产成本。具体方法是：在平地安放木排，下面插入蒸汽管道，在木排上铺垫透气材料，上面码放需要灭菌的料袋，上面用保温被盖严，四周与地面压牢、压严，从外形上看好像蒙古包，也称太空包。开始灭菌时，先留出离蒸汽管最远的一个角不压，用砖头或木棒撑起来，以便排除冷气，待排出的蒸汽到 90 ℃时，再过 10 min，撤去支撑的砖头或木棒，并将此角压严。继续供汽，直到太空包鼓起来，待料袋中心温度升至 100 ℃开始计时，需要灭菌 16～20 h，也要遵循“攻头、促尾、保中间”的原则。太空包灭菌最适合在大棚内就地灭菌，就地接种，减少了搬运过程，在节省劳力的同时，也降低了料袋的破损率，提高了成功率。

8. 冷却接种

料袋出锅后，冷却 24～48 h，料温降到 28 ℃以下，用手摸无热感时即可接种。接种是香菇生产中最为关键的一环。在整个接种过程都必须严格按照无菌操作要求进行，做到严和快，以减少杂菌污染。接种一般在接种箱、接种室或接种帐中完成，但无论在何种场所接种，接种空间一定要经过严格的消毒处理。目前，由于接种帐成本低、效果好、操作空间宽敞，也可随时移到合适的地方（如培养室、大棚内）进行接种，在生产中已广泛应用。

生产中一般在接种的前一天晚上对接种帐进行熏蒸消毒，第二天早晨开始接种。消毒方法按常规操作。香菇的接种方法有很多，最为常用的是长袋侧面打穴接种法。香菇接种一般是先灭菌，再接种，并且边打穴边接种，这样操作迅速、接种效果好、污染率低。具体操作如下：4 人分为一组，统一戴乳胶手套，1 人负责打开外袋和最后扎好外袋，1 人负责擦袋消毒，1 人负责打接种穴，另 1 人负责接种、套袋。具体的操作是：在料袋正面消过毒的袋面上，用接种打孔棒均匀地打 3 个接种穴，直径 1.5 cm 左右，深 2～2.5 cm，接入菌种，再翻过相对的另一面，错开对面接种穴位置再打 2 个接种穴，同样接入菌种。打孔棒抽出时，操作者用手按住接种穴袋壁，以防筒袋与培养料脱离而透入空气，造成杂菌污染。打穴要与接种相配合，打一个穴，接一块菌种。接种动作要迅速熟练，种块必须压紧压实，不留间隙，让菌种微微凸起料面 1～2 mm，以加速菌丝萌发封口，避免杂菌感染。接种期间，每隔 30 min，用小喷雾器喷洒 1 次消毒药。

9. 发菌

接种后将料袋移入发菌室，避光黑暗培养。室内温度掌握在 20～25 ℃范围内，空气相对湿度 60%～65%为宜。早春气温低，应注意室内升温，秋季则要降温防止“烧菌”。在发菌期间要经常进行翻堆、检杂、通风换气。一般经 25～30 d，菌丝长满菌瓶，即可进行催蕾出菇。

10. 催蕾

此阶段是猴头由营养生长转向生殖生长的关键时期，所以要人为地创造良好的温、光、气、湿等条件，满足猴头子实体发育的需要，尽可能使菌袋或菌瓶现蕾整齐一致。将长满菌丝的菌瓶转到菇房或室外荫棚，从菌瓶的瓶口处松开薄膜，进行催蕾出菇。此时温度应降至 15～18 ℃，通过空间喷雾、地面洒水及空中挂湿草帘等方法加大湿度，加强通风，并增加散射光照，2 d 后又遮阳。这样人为造成温、光、气、湿等条件的改变，促使菌丝转向生殖生长，几天后会从瓶口处出现白色突起物的菌蕾。

11. 出菇

现蕾后要及时将薄膜揭去，采用层架立式出菇或卧式堆叠墙式出菇，瓶栽则将上下两层的菌瓶瓶口交叉放置，有利于扩大子实体生长空间，防止子实体互相粘连。出菇房的适宜温度应在 15～20 ℃，空气相对湿度保持在 85%～90%，不能直接对子实体喷水，以防伤水、烂菇。室内或菇棚要求空气新鲜，但不能有强风，否则子实体表面会出现干燥现象。通风不良或湿度过大，易形成畸形子实体。随着子实体由小长大，光照强度可控制在 200～500 lx，这样子实体生长健壮，圆整，色泽洁白，商品价值提高。光照过强，子实体色泽微黄至黄褐，品质下降。

12. 采收

当猴头子实体七八分熟，球块已基本长大，菌刺长到 0.5～1 cm，尚未大量释放孢子时，即为采收最佳期。此时子实体洁白，味清香、纯正，品质好，产量高。采收时用小刀齐瓶口或袋口切下，或用手轻轻旋下，注意避免碰伤菌刺。若当子实体的菌刺长到 1 cm 以上时采收，则味苦，风味差，往往是子实体过熟的标志。

猴头的苦味来自孢子和菇脚，采收后的子实体应及时切去有苦味的菇脚，浸泡于 20%的盐水中，鲜食、制罐、晒干或烘干。

采收后，应立即对料面进行清理和搔菌，即用小刀或小耙子清除料表面残余的子实体基部、老化的菌丝、出过的废料、有虫卵的部分，并防止病虫害的发生。覆盖瓶口，停止喷水1～2 d，加强通风换气，然后再喷水保湿，使空气相对湿度保持在70%左右，在出菇房或菇棚进行“养菌”。约1周后，可再次催蕾，进入下一潮菇的管理。瓶栽一般可以收两潮菇，袋栽一般可出3～4潮菇，后两潮若用覆土处理，可提高产量。

专题三 产品开发

猴头产品开发

猴头产品开发的种类很多，一般使用子实体，也有使用液体深层发酵的菌丝体，加工成保健食品和药物制剂。

1. 猴头制剂

(1)提取　猴头子实体粉碎成花生仁大小，称重量后置于锅中，加10～12倍子实体重量的水，煮沸1.5 h左右，过滤取汁。重复上述操作，两次滤液合并。冷却后沉淀取上清液，上清液减压浓缩(60 ℃左右)，浓缩至比重1∶1.35左右，得到猴头流浸膏。以流浸膏为原料，再进一步加工成猴头片或猴头胶囊。

(2)压片　取一定量1∶1.35比重的猴头流浸膏加4～5倍量重的淀粉，拌匀后压片、包糖衣即成。

(3)猴头胶囊　取一定量的1∶1.35比重的猴头流浸膏，加2倍重量的淀粉，60 ℃减压烘干，磨粉(过80目筛孔)，制粒装胶囊后装瓶密封保存。

2. 猴头罐头

猴头罐头加工分选料、漂洗、煮熟、配汤汁、装罐、杀菌、培养检验几道工序。

(1)选料　选子实体色白、菌刺短(长度0.5 cm左右)、孢子未大量散落、形态圆整、无病虫害、含水量85%左右的猴头。

(2)漂洗　将选好的猴头子实体放于0.02%浓度的焦亚硫酸钠中漂白，时间3～5 min；捞出，稍沥出水分再放入0.05%的焦亚硫酸钠液中，时间3～5 min；最后捞出放在流动的清水中迅速冲洗。

(3)煮熟　上述漂白的猴头立即倒入0.5%的柠檬酸水中煮沸8 min左右，到中心熟透，无白色为止，后迅速放入清水中冷却、冷透，捞出沥干。

(4)配汤汁　取清水加2.5%重量的精制盐煮沸，加0.05%重量的柠檬酸，使酸度符合pH要求，取滤液备用。

(5)装罐　将煮熟冷却的猴头，按规定量称好，装入瓶中，向瓶内灌入上述滤液，滤液距瓶口1 cm左右，加盖抽真空后灭菌。

(6)培养检验　上述灭菌过的猴头罐头放到33 ℃、80%空气湿度的培养室中，培养1周后取出，逐瓶检查，凡瓶盖隆起，用棒捶之有混浊声音，或瓶内有气泡，或有杂菌出现，即表示有杂菌感染，应弃去不用。其余好的罐头即可入库或出售。

3. 猴头发酵酒

猴头发酵酒可单独用猴头制作，也可添加其他成分，如黄芪、当归、红枣、枸杞等和酒配制而成。方法是：用糯米煮成糯米饭，按传统方法酿成甜酒，到酒精度达 4°，糖度 15 波美度左右时，取出，放于白布袋中压滤，得到甜酒汁。黄芪、当归、枸杞、红枣、猴头等洗净，红枣去核、切碎，称量后加入 50°～55°白酒中浸泡，容器密封 30 d 后开启，用棉白布过滤，得浸出液。调配时取出一定量的猴头和药材酒浸滤液，混合均匀，如口味不好可加蜂蜜等物调整，密封保存 3～4 个月，然后用白棉布过滤，得透明的猴头等酒浸液，装入瓶中，即可销售或食用。

4. 猴头露

猴头加水（干猴头加 12 倍水，鲜猴头加 8 倍水），煮沸 2 h，过滤取第一次汁液，再加 10 倍水，煮沸 2 h，过滤取第二次汁液，2 次汁液合并，沉淀 8 h 以上，取上清液，然后加提取液 9.5% 重量的白砂糖（蔗糖）和 0.5% 的柠檬酸，充分搅拌至全部溶解，即成猴头露。

猴头露制成后应立即装于玻璃瓶或软包装塑料袋中，每瓶或每袋的容积为 200 mL。灭菌 0.5 h，软包装也可用紫外线灭菌。

5. 猴头袋泡茶

（1）原料　猴头 3 kg，绿茶叶末 1 kg。

（2）制法　按猴头露生产方法煮取 2 次汁液，再加热蒸发浓缩至比重为 1∶1.25 左右，然后取其一半浓缩液和 1 kg 茶叶末拌匀，60 ℃温度烘至半干程度，再将余下的一半浓缩液拌入半干状态的茶叶中，继续在 60 ℃下烘干。然后用粉碎机粉碎，经茶叶包装机包装成袋泡茶，每袋重量 2 g。日服 1～2 包，用热水冲泡，至茶水色泽成白色时弃去，连服 2～3 个月。猴头菇茶可治疗消化道溃疡、各种胃炎、食欲不振、冠心病、频繁性感冒等症，还可预防肿瘤。

单元五　茯苓栽培技术

知识目标

了解茯苓的药用价值和栽培现状。

熟悉茯苓生产的工艺流程和产品开发技术。

掌握茯苓实训生产计划的设计思路和制订方法。

能力目标

能应用所学知识进行茯苓实训生产计划的制订。

能完成茯苓栽培的全部生产操作。

能处理茯苓生产管理中出现的技术问题。

能全程进行茯苓生产管理并填写生产管理日志。

专题一　概述

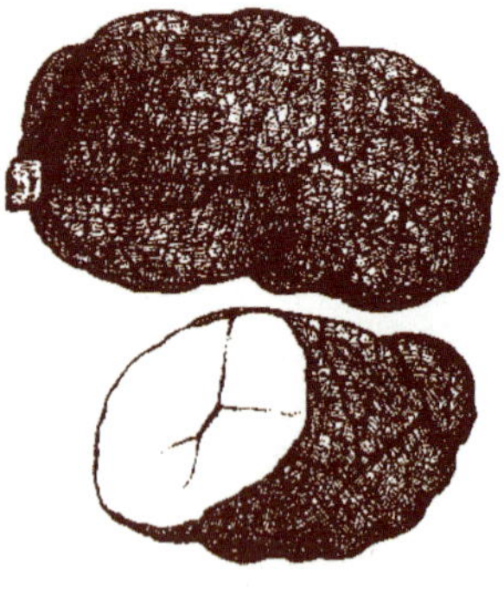

图 4-47　茯苓菌核(仿卯晓岚)

茯苓又称松茯苓、茯灵、野苓、松柏芋等,隶属于担子菌亚门多孔菌目多孔菌科卧孔菌属(图 4-47)。自古以来,栽培茯苓大多采用"肉引"法,近 30 年才大规模纯菌种栽培,常用的栽培方法有筒段栽培和树桩栽培。目前,大面积栽培茯苓平均每窑产量为 2 ～10 kg。茯苓是传统的出口产品,远销东南亚、印度等国,在国际市场上久负盛誉。茯苓在世界各地及我国分布均较广。在亚洲、美洲、东南亚、澳大利亚、日本等均有分布。我国主产于安徽、湖北、湖南、河南、福建、浙江、江西等省,其中以鄂、豫、皖三省交界的大别山区的茯苓尤为出名。湖北罗田、英山等县有栽培茯苓的经验,产量约占全国的 50%以上,大别山区各县及云南省姚安、楚雄等县所产的茯苓质量最好。茯苓是一种名贵的食、药两用真菌。它不仅对多种疾病有治疗功效,而且还有较高的营养价值,常食之可有病治病,无病防病,久服能宁心安神,延年益寿。

据医药部门统计,中药处方中有 40%的要用到茯苓,历史上的中医经典药方中也多离不开茯苓。茯苓除了药用外,还被调配成多种营养食品,如我国市场上常见的"茯苓糕""茯苓饼""茯苓酥""茯苓茶""茯苓包子""茯苓粥"等。在日本还把它制成"兵粮丸",作为海军士兵的营养品。在美国南部地区居住的土著和美洲的印第安人等把它烧熟后直接食用,所以在那些地方，茯苓又被称为“红人面包”或“印第安人面包”。

一、药用价值

茯苓既是一种食品，又是一味中药。茯苓性味甘、淡、平，入心、肺、脾、胃、肾经。主要功用为利水渗湿、健脾补中、宁心安神，可以治疗小便不利、水肿胀满；停饮不食、胸闷腹泻；心悸怔忡、失眠多梦等症。我国中药经典配方中的“四君子”“八珍”“十全”均有茯苓一味。现代医学认为，人抵抗力的强弱在于免疫功能，而免疫功能降低是机体衰老和体弱多病的原因。茯苓多糖能增强人体的免疫功能，包括细胞免疫和体液免疫。恶性肿瘤是中老年人的常见病、多发病，其发生的原因有内因和外因，内因就是免疫功能的降低。因此，茯苓在肿瘤防治上也能发挥作用。另外，茯苓含的卵磷脂是机体抗老化必不可少的物质，具有延缓机体老化的作用。

二、栽培现状

目前茯苓的栽培品种很多，国内使用较多的品种见表 4-17。

表 4-17　茯苓栽培品种介绍

菌株	出菇温度/℃	种性特点
茯苓 86	12～28	发菌快，吃料强，适合段木生长
茯苓 28	12～28	结苓快，个大，皮薄，肉厚
岳西茯苓	12～30	成熟快，产量高
茯苓 578	12～28	发菌快，产量高
华中茯苓	15～20	苓大产量高，为传统良种
Z1 号	12～28	稳产，抗病性强

茯苓栽培季节每年两季，即春栽和秋栽。春栽为 4 月下旬至 5 月中旬接种，当年 10 月下旬至 11 月下旬 12 月初采收，生长期为 6 个月左右；秋栽为 8 月底至 9 月初接种，翌年 4 月底至 5 月下旬采收，因茯苓菌核在冬季处于休眠期，因此生长期仍为 6 个月左右。

茯苓栽培主要有段木栽培、松蔸栽培及配料栽培等。

专题二　松材段木栽培技术

一、工艺流程

茯苓栽培工艺流程见图 4-48。

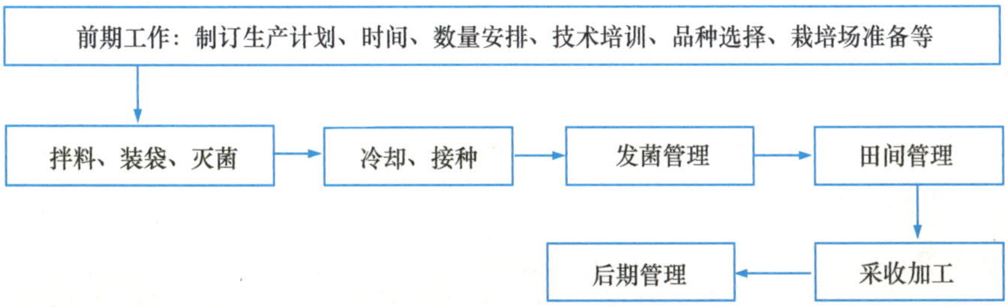

图 4-48　茯苓栽培工艺流程

二、栽培管理

1.场地准备

苓场选择是否适宜，关系到接种后茯苓菌丝成活率及茯苓质量、产量等，必须做到以下几点。

(1)选场　海拔 700～1 000 m 山地为栽培茯苓的理想场所，选择坐北朝南的向阳坡，这样光照强，温度高，温差大，有利于茯苓菌丝的生长和菌核的形成。坡度应在 15°～30°，坡陡易泻水，不易保湿，地势过平缓则易积水。栽培茯苓的土壤含沙量要求约 70%，pH 为 4～6 的酸性红沙壤，要求土质贫瘠，松散，未种过庄稼和茯苓的地方作苓场。

(2)挖场晒场　场地选好后，要在冬季进行翻挖一次，深度为 50 cm 左右。要清除杂草、树根、石块等。将其晒干，可减少病虫害。挖后的坡度应尽量保持原自然状态。

(3)挖窖开厢　在下窖接种前 20～30 d，进行开厢挖窖。窖长 80 cm，窖宽 30～40 cm，深 35 cm，窖底的土要翻松，让其暴晒，窖间距离只保留 10～15 cm，同时，场内每间隔一定距离，保留 30～40 cm 的场地，修挖排水沟。

根据栽培场的地势及栽培习惯，在挖窖栽培栽种的同时，在窖间修挖横向或直向的排水沟，将茯苓场分割成数个厢场。一般厢场有两种：横厢场，即在场内横向挖窖栽苓，并在直向 2～3 排茯苓窖间修挖排水沟，形成横向厢场；直厢场，即在场内上下直向挖窖栽苓，并在横向每间隔 2～3 窖修挖排水沟，形成直向厢场。

挖厢的目的主要是利于排水防渍，同时也便于管理人员在场内走动，进行观察、管理及采收。

2.备料

(1)树种的选择和砍伐　目前用于茯苓栽培的主要为马尾松，其次为黄山松、云南松、赤松、黑松等。松树属于常绿针叶树，休眠期不明显，砍伐应在秋冬进行，因为这时的树营养丰富，汁液处于不流动状态，并且此时树材体内水分少，便于干燥；同时，冬季农活少，有利于劳力的安排。砍伐应选 20 年左右，树径 10～20 cm 的中龄树。

(2)剔枝留梢　松树砍倒后，剔去大的树枝，留顶部小枝叶，可加快树体内抽水及干燥。

(3)削皮留筋　剔枝后经几天略微干燥，用斧头纵向从蔸至梢削去宽约 3 cm、深 0.5～0.8 cm 的树皮，以见到木质部(见白)为度，然后每间隔 3 cm 再削去一道树皮，其目的是加快树干内油脂溢出和干燥，以便使接种后菌丝易于成活。

要注意，削皮留筋数不应为 4 条，否则筒木易成方形，入窖后，与底土接触面过大，常使筒木吸水过甚，不利于茯苓菌的传引，又易生板苓，一般以削皮 3、5、7 条为好。

(4)截断码晒　削皮的松木干至适时(横断面出现裂纹)，锯成 60～75 cm 长的木段，称为筒木或料筒。锯断的段木，运至堆码场，可按“井”字形堆码风干。堆码场所要靠近栽培场，应清除杂草，撒施农药(杀虫剂和杀菌剂)，消灭白蚁和其他害虫，杜绝污染。垛底要用石块或其他树木垫起，垛顶可用松、杉树枝覆盖。为了保证段木的新鲜和干燥，避免雨淋，也可用薄膜盖顶，但要注意雨天覆盖，晴天揭开。

3.下窖接种

茯苓栽培，下窖接种的时间一般在 4 月下旬至 5 月中旬，苓农有句谚语：“种好茯苓没有巧，抓住两干和一好。”“两干一好”即场干、料干，菌种质量好。

(1)下窖排筒　选择晴天下窖排筒，排筒时要根据料筒的粗细分别排放，大的每窖可放一根或两根，较小的可放 5～7 根，分别称为独筒窖、双筒窖、多筒窖。料筒在窖内呈顺坡斜卧状，一头高，一头低。

(2)接种　栽培时应边排筒边接种边覆土，使菌种能尽快地成活定植。在茯苓栽培中，有用纯菌种进行栽培的，也有用新鲜茯苓菌核肉作种进行栽培的，常分别称为“菌引”“木引”和“肉引”。

菌引是采用微生物分离法和培养技术，通过一级种、二级种和三级种制作，培育成纯菌种。它节约种苓，能保持品种的纯度和特性。菌种的扩大繁殖和保存运输方便，适合大面积推广栽培，不足是需要一定的设备。

木引是在栽培前的两个月，选择完全干燥、直径 4 cm 左右的松技为培养材料，先用“肉引”接种(接种量为松枝重量的 1/15)，埋入窖内，待菌丝蔓延之后取出，即成“木引”菌种。此优点是不需要设备投资；不足是易染病，单产低。

肉引是在栽培接种前，选取用新鲜、有浆汁、裂纹深的中苓，掰成块状，直接垫、夹、贴在料筒上。其特点是当年产量有保证，茯苓的形态、气味、色泽良好，但成本高，需大量鲜苓，长期传代易引起品种退化。

根据窖内料筒数量的不同，接种方式也不同，可分别采用“头引”“侧引”“枕引”和“扦引”。

在独筒窖或双筒窖内，用茯苓菌核或菌种接种时多采用头引。方法是料筒排好后，如果是塑料袋装的菌种，把袋子划开一条口子；如果是瓶装菌种，把瓶底打掉，将露出菌种的部位紧贴于料筒上断面；如果是用菌核接种，将茯苓菌核剖开，皮对外，苓肉紧贴于料筒上断面。

侧引适用于独筒窖或双筒窖，不论是木片种、锯末种或茯苓菌核，都可采取侧引进行接种。其方法是：将菌种袋划破或把瓶底打掉，露出菌种，或将茯苓菌核切开后，将菌种或菌核肉紧贴于料筒上半截的侧面。

枕引适用于独筒窖或双筒窖，方法也是使菌种露出或将茯苓菌核切开后，垫在料筒离上断面 10 cm 左右的底下。坡度较大的苓场多采用此法。

扦引适用于多筒窖，方法是用松木制成一头粗一头细的木扦，粗细以能插进瓶口为宜。下窖时可根据料筒的多少，先铺好底层料筒，然后将木扦细的一头插进菌种瓶或菌种袋内，一般不插到底，只插进 2/3 即可，再将粗的一头放在料筒中间，使瓶口贴近料筒的断面，放好后，在上面再排料筒，将木扦压住。

不论采取哪种方法接种，每窖(20 kg 左右干料)的接种量分别为：菌核 0.2～0.3 kg，菌种 1～2 瓶。

(3)覆土　覆土的目的是保温、保湿和护苓种，在黑暗、有机械刺激的(覆土)条件下，使“引子”尽快定植、蔓延、结苓。排筒接好种后，可用部分松木片将菌种和料筒之间填实盖紧，立即用沙土进行覆盖，厚度为 7～10 cm，上面要做成龟背形，以利排水。

(4)查窖补种　下窖接种后，10～15 d 菌丝可萌发生长，正常情况下，菌丝已进入料筒上生长，称“上引”，这时可检查接种成活情况，必要时要进行补种。方法是将窖的上端挖开，露出料筒，如果发现未发菌或菌种老化变色，可将菌种取出，接生长健壮的菌种或新鲜茯苓菌核。若茯苓窖内湿度过大，可将窖面土壤翻开，晒 1～2 d，待水分减少后，加入干燥沙土，再重新补种。若土壤或段木过于干燥，影响茯苓的正常生长，可适当在窖面上喷洒些水，或翻开窖面用 0.5%的尿素稀释液喷洒在段木上，可促使菌丝健壮生长。20～30 d 时，菌丝可伸长 20～30 cm，70 d

后，栽培场上开始出现龟裂纹，表示窖内菌核已形成，继续生长，3～4 个月可形成菌核。

(5)清沟排渍　在下窖后的管理中，还要做好清沟排水工作，防止窖内积水，影响菌丝生长或烂窖。在覆土的同时，可在苓场的上坡和四周挖好排水沟，必要时，在苓场内适当的位置也要挖排水沟。若降雨较多或遇暴雨时，可在窖上端的接种处覆盖树皮、塑料薄膜等，防止雨水渗入窖内。

(6)覆土掩裂　下种后 3 个月左右开始形成菌核，也称"结苓"。由于菌核形成后不断增大，土壤膨胀，使窖面上形成龟裂纹，窖面上层土壤常发生流失，有时部分段木甚至菌核暴露出窖土面(俗称"冒风")，要及时用沙土掩盖裂纹，以防菌核露出产生子实体而影响产量。

(7)围栏护场　茯苓接种初期，若受震动，菌种容易与段木脱离，造成"脱引"。菌核形成后，若菌丝体受震动与菌核脱离，菌核则中断生长，因此，要防止人畜践踏侵害苓场，预防的方法是在苓场周围用树枝、竹竿等修建围栏，加以保护。

4.采收

采收也称起窖。茯苓下窖接种后，一般 4 个月左右开始结苓，8～10 个月可成熟，慢者要12～15 个月。茯苓成熟的早晚，一是根据地理环境条件，二是根据料筒的大小和树木的老嫩。具体判断茯苓成熟的标准是：①茯苓窖顶不再出现新的龟裂纹；②培养料(段木或松树蔸)营养基本耗尽，颜色由淡黄色变为黄褐色，材质呈腐朽状，用手可捏碎；③茯苓菌核外皮颜色开始变深，由黄白色或淡黄色变为褐色，不再有白花裂纹，菌核与苓蒂已松脱。

达到了以上 3 个条件即标志着茯苓已经成熟，应及时采收。采收茯苓时，应从坡下向上逐厢逐窖采挖。方法是：首先将窖的表面土挖去，然后小心仔细地挖掘。一要防止将菌核挖破；二要防止漏挖。茯苓菌核有时通过索状苓蒂(菌索)，离开料筒较远的地方生长，常称之为"吊苓"，也称为走边。采挖时要根据窖内菌核生长情况和料筒营养状况进行摘苓。如果窖内菌核成熟一致，料筒的养料已耗尽，开始腐烂，可大小一次性摘下；如果结苓先后不一，成熟不一致，并且料筒为黄色，较硬未腐烂的，可摘大留小，采后将料筒和其上的小菌核埋好，可继续生长和结苓。一般地说，小料筒(多筒窖)基本上可采取一次性采收，大料筒(独筒窖)可采大留小。

5.加工

采挖出的茯苓鲜菌核称为"潮苓"，含有 40%～50%的水分，必须去除部分水分，才能进行加工。鲜茯苓菌核去除水分的传统方法叫作"发汗"，即将潮苓放置在较密闭的环境中，使其内部的水分慢慢溢出，而不能直接暴晒或加温干燥。茯苓的加工，按照商品要求，规格较多，加工制作比较复杂，给加工带来许多麻烦，但药效价值差别不大，目前大多已简化了加工程序，进行简易加工，其方法如下。

(1)潮苓分类　茯苓采收后，除净泥土，将菌核按大小、重量进行分类，室内暂存。

(2)发汗　将潮苓按采收时间和个体类别，分别堆码在发汗室的发汗池内，进行排放，潮苓周围用干净稻草覆盖严密，让菌核"发汗"慢慢蒸发水分。在"发汗"过程中，每隔 2～3 d 将菌核翻动一次，每次将菌核转动 1/4 周，以使整个菌核蒸发失水一致。经过 12～15 d 后，菌核失水变干，表面起皱，变为暗褐色，"发汗"即可结束。

(3)剥皮切片干燥　"发汗"结束后，将茯苓皮剥去，然后分类用刀进行切片。色白、质量好的可加工成白片或白块；质量略次的粉红色或淡黄色的加工成赤片或赤块。切好后在日光下风晒至干。剥下的茯苓皮和碎料可分别晒干，即成为茯苓皮和茯苓粉，也可售之。

在加工过程中应注意，如果发现有小松根穿苓而过的，此即为称之“茯神”的贵重品，是茯苓中的上品，应单独加工保存。切片或切块时，应垂直于松根，使每片或每块都有松根小段。茯苓加工干制后，可立即到药材部门出售，也可进行干燥保存，但要防止受潮霉变。

(4)干燥　潮苓经切制成片、块后，置晒场内暴晒，经 4～5 d 翻晒后，当制品表面出现微细裂纹时，收回暂放室内。因茯苓块制品含水分较多，经 4～5 d 翻晒后，还要送入烘房内烘烤，烘房内控温 60～65 ℃，烘烤时间 8～9 h。

代用料袋栽也是目前的主要栽培方式。选择适宜的配方，采用规格为 17 cm×55 cm 的塑料栽培袋。灭菌、冷却、接种后在 25～28 ℃的条件下培养，20～25 d 菌丝可长满袋。然后同段木栽培一样进行选场、开厢挖窖、排筒栽培。每窖排放 6 袋，排法为底层三袋，第二层两袋，第三层一袋，下窖时脱袋。栽培袋的生产在 4 月底至 5 月初进行，5 月底至 6 月初下窖。其他管理方法参照上述内容。

专题三　产品开发

茯苓多糖具有多种药用价值，茯苓产品的开发，主要是通过传统和现代工艺，提取茯苓多糖并进一步加工成保健食品和药物制剂。

茯苓采后干制

一、茯苓多糖的提取

茯苓多糖有抗肿瘤，提高人体免疫功能等作用，是制作很多药剂的原料。具体的提取方法如下。

1. 粗提

将茯苓用粉碎机粉碎至能通过 60 目筛，取茯苓粉末共 15 g，溶于 3 ℃的 0.15 mol/L NaOH 溶液 3 000 mL 中，加入四氟乙烯转子在磁力搅拌器中搅拌，至粉末全部溶解，此时溶液呈黏稠状态，置于冰箱中 4 ℃冷藏、过夜，次日抽滤，弃去残渣保留液体，滤液用 10%的醋酸溶液中和，直至用广泛 pH 试纸测其 pH 为 6～7；再加入等量 95%乙醇，于 3 ℃放置过夜，次日抽滤，获取沉淀，接着用流水透析 2 d 后，依次用 900 mL 蒸馏水、300 mL 无水乙醇、300 mL 丙酮、200 mL 乙醚洗涤之后，放入干燥器中，减压抽干，置干燥箱中 58 ℃干燥 30 min，即得茯苓多糖粗品，呈淡黄色细颗粒状结晶。

2. 精制

称取以上茯苓多糖粗品 5 g，溶于 500 mL 二甲基亚砜(DMSO)中，在室温下用磁力搅拌器搅拌 15 h 后，加入 500 mL 蒸馏水，继续搅拌 20 min 后，放置 2 h，抽滤，沉淀用无水乙醇、丙酮、乙醚洗涤，置干燥箱中，60 ℃以下干燥 30 min，即可得茯苓精制品。

3. 注意事项

茯苓多糖有多种提取方法，有以水为溶媒的冷浸、热浸、水煮等方法，还有以碱液为溶媒的浓碱提取法及稀碱提取法，这些方法提取的多糖收率低，并含有水溶性的杂蛋白等物质。用浓碱(2 mol/L NaOH)浸提，虽然收率比水提法高，但因其溶液稠度较大，难以过滤，故操作周期较长。DMSO 可使蛋白质裂解为小分子的易溶于水的肽类物质，因此可用它来除去杂蛋白。总之，采用稀碱提取方法，用二甲基亚砜(DMSO)进行精制法较为合理，操作周期短，工艺简单易行。

二、茯苓液体培养法中羧甲基茯苓多糖(CMP)的提取

羧甲基茯苓多糖(CMP)是茯苓的有效成分之一,具有促进细胞分裂,抗肿瘤,提高机体免疫力,抗炎等作用,已逐步被应用于临床,具有较高的开发价值及良好的应用前景。具体的提取方法如下。

1.发酵培养基

葡萄糖 40 g,蛋白胨 7.5 g,硝酸钾 7.5 g ,硫酸镁 0.5 g,磷酸二氢钾 1 g,水 1 000 mL,pH 5.5。

2.多糖的提取(发酵醇沉法)

茯苓菌丝摇瓶培养 7d 后,分离发酵上清液,加入 3 倍量的 95%乙醇,过夜,过滤得沉淀。沉淀相继用乙醇、丙酮、乙醚洗涤,用 Sevage 法除去沉淀中的蛋白质得到茯苓粗多糖,剧烈搅拌下加入 $NaIO_4$进行选择性氧化,调 pH 为 3～4,适度酸解后,过滤,固体物用水洗涤,该固体物即为茯苓次多糖,将茯苓次多糖加入少量 1% NaOH 水溶液中,碱溶后,加入异丙醇,快速搅拌下加入氯乙酸异丙醇溶液,恒温 50 ℃放置,当反应呈糊状时,即可停止。将上层异丙醇倾出,下层加入稀醋酸溶液,剧烈搅拌,加入乙醇过滤,固体物部分溶解于水中,用乙醇沉淀。过滤、干燥,得白色粉末状固体物,即为 CMP 样品。

3.CMP 的纯化

取 CMP 样品溶于蒸馏水中,加入已预处理过的 DEAE-32 纤维素层析柱中,用 0～4 mol/L 的 NaCl 溶液进行梯度洗脱,流速为 0.5 mL/min,每 10 mL 为一个单位分部收集,采用苯酚-硫酸法在 490 nm 处检测,收集含多糖的各管样品,透析脱盐、冷冻干燥,得到组分 PD。PD 用 SephadesG-200 层析柱进一步纯化,再以 0.1 mol/L 的 NaCl 溶液洗脱,同样用部分收集器收集,检测后分别收集各组分,经透析脱盐后,冷冻干燥,得到 CMP 的精致品 PG。

单元六　灰树花栽培技术

知识目标

了解灰树花的药用价值和栽培现状。

熟悉灰树花生产的工艺流程和产品开发技术。

掌握灰树花实训生产计划的设计思路和制订方法。

能力目标

能应用所学知识进行生产计划的制订。

能完成灰树花栽培的全部生产操作。

能处理灰树花培养管理中出现的技术问题。

能全程进行生产管理并填写生产管理日志。

专题一　概述

灰树花，属担子菌亚门层菌纲非褶菌目多孔菌科灰树花属。有些著作称灰树花为贝叶多孔菌、栗子蘑、栗蘑、千佛菌、莲花菇、甜瓜板、奇果菌或叶奇果菌等。菌丝体洁白、绒毛状、浓密、粗壮、爬壁力强，是多细胞分枝，有横隔，无锁状联合。灰树花的菌丝在越冬或不良条件下可形成菌核。菌核直径 5～15 cm，呈黑褐色。它既是越冬的休眠体，又是营养储藏器官。野生灰树花的世代就是由菌核延续的，因此野生灰树花在同一个地点能连年生长。灰树花子实体肉质、短柄，呈珊瑚状分枝，末端生扇形至匙形菌盖，重叠成丛，大的丛宽 40～60 cm，重 3～4 kg；菌盖直径 2～7 cm，灰色至浅褐色。表面有细毛，老后光滑，有反射性条纹，边缘薄，内卷。菌肉白，厚 2～7 mm。菌管长 1～4 mm，管孔延生，孔面白色至淡黄色，管口多角形，平均每毫米 1～3 个。孢子无色，光滑，卵圆形至椭圆形（图 4-49）。灰树花具有松蕈样芳香，肉质柔嫩，味如鸡丝，脆似玉兰。据农业农村部质量检测中心分析，河北省迁西人工栽培的灰树花，其营养和口味都胜过号称菇中之王的香菇（表 4-18）。

图 4-49　灰树花形态（仿卯晓岚）

1. 担孢子　2. 担子　3. 子实体

表 4-18　灰树花等食用菌的营养成分(干重)　%

菇菌种类	产地	蛋白质	脂肪	碳水化合物	粗纤维	灰分
灰树花	河北省迁西县	31.5	1.7	49.69	10.7	6.4
香菇	河北省平泉市	22.8	1.4	34.3	36.0	5.5
银耳	古田县	11.7	1.6	43.2	35.6	7.8
松蘑	承德	24.2	3.8	0.5	57.0	14.5
口蘑	张家口	39.3	1.8	17.7	36.6	14.6
金针菇	河北省唐县	24.5	4.1	33.7	27.6	4.2
黑木耳	东北	18.3	2.4	41.5	31.7	6.0

1. 药用价值

灰树花含有丰富的维生素(表 4-19),具有极高的医疗保健功能,是食、药兼用菌。它兼含钙和维生素 D,两者配合,能有效地防治佝偻病;高含量的维生素 E 和硒配合,使之能抗衰老、增强记忆力和灵敏度。由于富含铁、铜和维生素 C,它能预防贫血、坏血病、白癜风,防止动脉硬化和脑血栓的发生;它的硒和铬含量较高,有保护肝脏、胰脏,预防肝硬化和糖尿病的作用;硒含量高使其还具有防治克山病、大骨节病和某些心脏病的功能;较高的锌含量有利大脑发育,保持视觉敏锐,促进伤口愈合;尤其是其所含灰树花多糖,以 β-葡聚糖为主,其中抗癌活性最强,带 6 条支链的 β-1,3-葡聚糖占相当大的比重,使其又是极好的免疫调节剂。作为中药,灰树花可治小便不利、水肿、脚气、肝硬化、肝腹水及糖尿病等,是非常宝贵的药用真菌。

表 4-19　每 100 g 鲜灰树花干品等食用菌的维生素含量　mg

种类	维生素 B_1	维生素 B_2	维生素 C	维生素 E	胡萝卜素
灰树花菌丝体	0.63	0.6	13.6	0.41	3.45
灰树花子实体	1.47	0.72	17.0	109.7	4.50
香菇	0.19	1.26	5.0	0.66	20.00
金针菇	6.10	5.2	46.3	—	—
白木耳	0.05	0.25	—	1.26	50.00

注:灰树花由农业农村部质检中心测定;其他引自《食物成分表》

研究表明,灰树花中含有多种活性物质,灰树花多糖是其中最主要的一类活性成分,其中包括 D-组分、MD-组分、grifolan、X-组分、MT-2 和 LELFD 等具有显著生理活性的组分。药理研究表明,灰树花多糖具有下列药理作用。

(1)免疫调节作用　灰树花多糖是一种有效的生物免疫调节剂,其不同组分均含有葡聚糖的结构,能极大地激活细胞免疫功能,从而提高机体免疫力。

(2)抗肿瘤作用　灰树花多糖的抗肿瘤抑制与其他真菌多糖相似,即通过激活机体免疫系统来防止正常细胞癌变,抑制肿瘤生长和转移;通过与放化疗的协同作用,提高治疗效果,降低放化疗的毒副反应。

(3)抗 HIV 作用　灰树花多糖具有直接抑制艾滋病病毒(HIV)、刺激机体免疫系统抵抗 HIV,并增强机体抵御继发疾病的能力。

(4)治疗肝炎作用　研究发现,无论口服还是注射,灰树花均具显著的肝炎治疗作用。

2. 栽培现状

不同品种对灰树花的产量和质量有决定性的影响。一定要选用经生产验证,抗逆性强、生长快、产量高的优良品种。浙江庆元、河北省迁西县、福建、上海等地已开始了规模化生产灰树花,已筛选出迁西 1 号、迁西 2 号等优良品种。早在 1970 年,日本就开始人工栽培灰树花,产量逐年提高,目前年产已超过万吨。日本的灰树花 51 号也是较好的品种。

灰树花菌丝在 20～30 ℃范围内均能生长,最适温度是 24～27 ℃。子实体可在 16～24 ℃下发生,最适温度为 18～21 ℃。栽培季节一般安排在春、秋两季为宜。

灰树花的栽培模式主要有袋式和仿野生覆土栽培两种,本章主要介绍仿野生覆土栽培技术。

专题二 栽培技术

随着消费市场的发展,野生灰树花已不能满足人们的消费需求,况且野生资源产量在急剧下降。因此,近年来灰树花的人工栽培已进入实用性推广阶段,技术已成熟,发展迅速。经研究发现,比较人工栽培灰树花和野生,其营养成分相差无几,并且人工栽培灰树花还可富集人体必需的微量元素硒(Se)、硼(B)、锗(Ge)等,对人体有更好的保健作用。

一、工艺流程

室外袋栽覆土出芝工艺流程见图 4-50。

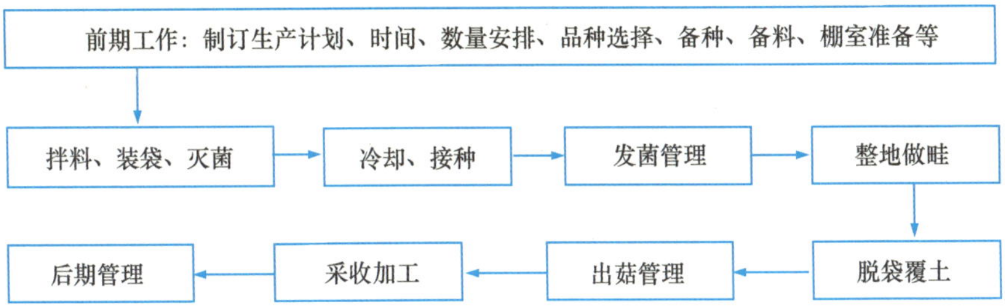

图 4-50　室外袋栽覆土出芝工艺流程

二、栽培管理

灰树花代用料栽培常选用以栗木屑为主料的配方(表 4-20)。

1. 配方选择

表 4-20　灰树花代用料栽培常用配方　%

配方	栗木屑	棉籽皮	生土	麸皮	石膏	蔗糖
一	70		8	20	1	1
二	50	40	8		1	1

2. 装袋

用长宽为 17 cm×30 cm,厚度为 0.5～0.6 mm 的聚丙烯袋或高密度聚乙烯袋,装料 15 cm

左右，袋口套直径 3 cm，高 3 cm 的套环，加棉塞盖防水纸，用皮筋或小线扎紧，然后灭菌。

3. 灭菌

常压灭菌，100 ℃保持 8～9 h，或高压灭菌 1.5 h。

4. 接种

按前述要求，采用优良品种，无菌操作。

5. 发菌

保温 25～28 ℃，室内湿度 70%以下，避光培养，日通风 1～2 次。15 d 后加散射光，加强通风，温度 22～25 ℃，30 d 后菌丝长满袋底，表面形成菌皮，然后逐渐隆起，逐渐变成灰白色至深灰色，即为原基，可以进入出菇管理。

6. 出菇管理

灰树花出菇有袋式和仿野生式出菇两种管理方式。

袋式出菇是将长原基的菌袋移入出菇室，保持温度 20～22 ℃，空气湿度 85%～90%，光照 200～500 lx，3～5 d 后除去环、棉塞，直立床架上，袋口上覆纸，纸上喷水，每天通风 2～3 次，每次 1 h。经过 20～25 d，菌盖充分展开，菌孔伸长时采摘。采摘时，可用小刀将整丛菇体割下，连采 2～3 潮，生物效率 30%～40%。

木屑作培养基的栽培菌袋，菌丝满袋后，脱去塑料袋，将菌棒整齐地排列在事先挖好的畦内，菌棒间留适当间隙，在菌棒缝隙及周围填土，表面覆上 1～2 cm 的土层。这是覆土栽培的一种形式，生物效率为 100%～120%。这种方式远远优于前者(袋式出菇)，故在此着重介绍。

(1)排菌时间　以唐山地区栽培为例，灰树花最佳排菌下地期在 11 月至次年 4 月底。因为此时空气和土壤中的杂菌、病虫不活跃，不侵害菌丝，而灰树花菌丝耐低温，菌丝连接紧密，长势健壮，对菌丝吸收营养有利。低温期排菌下地尽管发育期较长，但出菇早、产量高，可在雨季前完成产量的 80%，4 月底以后栽种的灰树花因为气温高、杂菌活跃，灰树花菌袋易感染，子实体生长快，单株小，总产量低，易受高温和暴雨危害。

(2)排菌预备工作

①选场地。选择背风向阳、地势高、干燥、不积水、近水源、排灌方便、远离厕所或畜禽圈的地方。

②挖地沟。要求东西走向，挖宽 45～55 cm、长 2.5～3.0 m、深 25 cm 的地畦，地畦之间的距离为 60～80 cm，在其中间修排水沟，以便于行走、管理和排水。地畦挖好后，要先灌一次大水，目的是保墒。水渗干后，在畦底和沟帮撒一层石灰，目的是增加钙质和消毒，再在畦底和畦帮撒一薄层敌百虫粉，最后在沟底铺少量表土。

③排放菌棒。将发好菌丝的菌袋全部剥去塑料袋，将菌棒横成排竖成行地排放在沟内，相邻菌棒要挨紧，每 4 个菌棒之间要有一个空隙。同时，要通过扒或垫沟底的回土，使排放在沟内的菌棒上表面齐平。这样在沟内可排放 4～5 行菌棒。

④填缝隙及灌水。要求将菌棒与菌棒之间和菌棒与沟帮之间的空隙填上土，至菌棒以上 1 cm。往坑内放水使土落实，有空隙或凹坑用湿润土拢平，保持表层土厚 1～2 cm。包坑沟，即用塑料薄膜或尼龙袋将坑四周包严，以防坑边土脱落。2 月以前排菌下地的还需在畦内铺一层薄膜，在薄膜上覆盖 5～7 cm 土层，到 4 月中旬将畦内薄膜和浮土铲净，准备出菇管理。

⑤搭荫棚。在坑北侧和坑中部立两道横杆，中部横杆距地面 15 cm，北侧横杆距地面

25 cm，在横杆上搭塑料布和草帘，呈南低北高倾斜状。4 月份以前北部塑料布直铺到地面上，并用土压紧，东西两侧留排气孔。

⑥铺砾。冬季下菌时盖浮土和薄膜的要在铲除浮土和薄膜后铺砾。畦内平铺一薄层 1.5～2.5 cm 直径的光滑石砾。

(3)出菇管理

①水分管理。4 月下旬自然气温达到 15 ℃以上，在畦内灌一次水，水量以没畦面 2 cm 左右为宜，自动渗下后每天早、中、晚各喷水一次，水量以湿润地面为宜，并尽量往空间喷。根据降雨情况，干旱时每隔 5～7 d 浇水一次，水能立即渗下为宜，有降雨时少浇。灰树花原基产生后，喷水时应注意远离原基，避免将原基上的黄水珠冲掉。灰树花长大后可以在菇上喷水，促进菇体生长。灰树花采收后 3 d，其根部不要喷水，以利于菌丝复壮，再长下潮菇。高温季节还需要往草帘和坑外空地洒水，降温增湿。低温季节喷水和灌水时最好用日光晒过的温水，以利保温。雨季降雨充足，可以少喷水或不喷水，干旱燥热需在白天中午增喷一次大水。

②温度管理。4 月下旬或 5 月上旬以保温为主，晚上要盖严草帘和塑料布，或者草帘在下塑料布在上，并在日光充足时适当延长阳光直射畦面的时间。6 月下旬至 8 月高温高热期应以降温为主，可以采用喷水降温和增加草帘上的覆盖物增加遮阳程度。晚上揭开塑料布或草帘露天生长，白天气温高时再盖上草帘或塑料布等覆盖物。

③通气管理。4 月中旬以后要将北侧塑料布卷起叠放在草帘上，使北侧长期保持通风，每天早晚要揭开草帘通风 1～2 h。注意低温时和大风天气要少通风，高温和阴雨时要多通风，早晚喷大水前后，适当加大通风。通风要和保温、保湿、遮光协调进行，不可不通风，也不可通风过多。菇蕾分化期少通风多保湿，菇蕾生长期多通风促蒸发。

④光照管理。用支斜架的方法保持灰树花生长所需的稳定散射光，每天早晚晾晒 1～2 h 增加弱直射光。生产上不采用过厚的草帘，以保留稀疏的直射光。出菇期避免强直射光，不可为保温和操作方便而撤掉遮阳物，造成强光照菇。

⑤光温水气协调管理。光、温、水、气这些因子必须协调执行，在不同的季节、不同的时期和不同的天气情况，以及栽培管理条件，抓主要方面，但不能忽视以致偏离次要方面的极限，还需要通过任何一种因子的概貌措施来创造对其他因子的需求条件。如雨天增加通风达到出菇的湿润条件，干热时通过增加遮阳减少高温伤害；每天早晚揭帘晾晒，可与通风、喷水同时进行，或者在此时采菇。

⑥畸形菇预防。灰树花畸形菇多是由于环境不协调造成的，如原基黄化萎干不分化，是由于通风大湿度小造成；小散菇是由于通风小缺少光照造成；菇盖形如小叶，分化迟缓的鹿角菇和高脚菇是由于通风不畅、湿度过大造成的；黄肿菇是由于水汽大、通风弱或高温造成；白化菇多是由于光照弱造成；焦化菇由于光强水分小造成；原基不生长，多是由于覆土厚、浇水过勤、浇冷水造成温度低，生长缓慢所致；薄肉菇是由于高温、高湿，通风不畅，菇体不蒸发引起；培养基塌陷是由于高温、不通风以致菌丝体死亡造成的。

7.采收

灰树花由现蕾到采收的时间与子实体生长期的温度有关。一般地说，如果温度在 23～28 ℃，由现蕾到采摘需 13～16 h，如果出菇时的温度在 22 ℃以下至 14 ℃，由现蕾至采摘要经过 16～25 h。

如果阳光充足，灰树花幼小时颜色深，为灰黑色，长出菌盖以后在菌盖的外沿有一轮白色的小白边，这轮小白边是菌盖的生长点。随着菌盖的长大，菌盖由深灰色变为黄褐色，作为生长点的白边颜色变暗，边缘稍向内卷曲，此时可采摘。如果光照不足，灰树花幼小时，颜色较白，生长点不明显，到菌盖较大时，要看菌盖背面是否出现多孔现象，如果恰好出现菌孔，此时可采摘；如果菌管已经很长，说明灰树花已经老化。老化的灰树花不但质量差，也影响下茬的出菇，所以应及时采收。

采收灰树花时，将两手伸平，插入子实体底下，在根的两边稍用力，同时倾向一个方向，菌根即断。注意不要弄伤菌根。有的菌根可以长出几次灰树花。清理碎片及杂草等，过 1～2 h 上一次大水，照常保持出菇条件，过 20～40 h 就可出下潮菇。将采下的灰树花除掉根部的泥土和沙石及子实体上面的杂草等即可鲜售。

专题三 产品开发

灰树花产品开发

灰树花产品近年来在保健食品和药物制剂方面开发了大量的新产品。

一、利用灰树花子实体制作保健饮料

灰树花含有丰富的氨基酸、维生素 E、矿质元素，以及具有抗癌、利尿、强身的生理活性物质，可开发研制成灰树花保健饮料，其制作步骤如下。

(1)热浸提　取其八成熟的子实体 1 kg，充分斩碎，加水 10 kg，第一次 80 ℃下充分搅拌热浴浸提 2 h，过滤取滤汁约 9 L。滤渣加水 10 kg，第二次 80 ℃热浴浸提 2 h，过滤取滤汁。合并两次浸提液。

(2)浓缩浸出液的制备　减压抽滤浓缩滤液形成固形物，置 4 ℃的冷库里静置 48 h，使果胶质析出，再用离心机分离，得到澄清的浓缩浸出液。

(3)成品调配　常用的风味调料：①加甜味剂——蜂蜜、白糖；②加酸味剂——山梨酸、柠檬酸；③其他调味剂——食用香精、薄荷精等，根据不同的消费人群，调配成不同的风味。例如，加入白砂糖或葡萄糖 300 g，柠檬酸或乳酸 10 g，装瓶或软包装，罐装密封后低温灭菌，巴氏消毒 80 ℃热浴 1 h 或紫外线分装管杀菌。

(4)感官检查　饮料呈淡褐色，无沉淀物，无悬浮物；苦中微甜，清香可口；病原菌不得检出，即为风味独特、口味极佳的灰树花保健饮料。

二、灰树花菌丝体多糖的提取

灰树花多糖具有抑制肿瘤生长，阻止 HIV(艾滋病病毒)对 T 淋巴细胞的破坏，以及降血糖、保肝等作用。从液体发酵培养或固体发酵培养的菌丝体提取多糖，比之用子实体提取多糖，具有生产周期短、原料充足和成本低的优点，是今后提取多糖的主要途径，具有较高的开发价值及良好的应用前景。具体的提取方法如下。

1.发酵培养基

发酵培养基为马铃薯 20%，蔗糖 2%，蛋白胨 0.2%，磷酸二氢钾 0.2%，硫酸镁 0.1%，维生素 B_1 0.002%。500 mL 三角瓶，装液体培养基 100 mL，接种后在 25 ℃下静置 24 h，再在摇床上以 200 r/min 振荡培养 3 d。

2. 多糖的提取工艺流程

菌丝体(液体培养或蔗渣固体培养的菌丝体干品)→加水煮沸浸提→过滤→浓缩→醇沉→分离→真空干燥→称量。

研究表明,灰树花菌丝体多糖提取的最佳参数为:加水倍数为25倍,醇沉浓度为80%,浓缩比重为1.035,浸提时间为2～4 h,可节约能源,缩短工艺周期。

浙江工业大学食品工程系(孙培龙等,2001)对深层发酵的菌丝体所含的成分进行分析检测,其结果是:灰树花多糖7.82%,蛋白质21.7%,总糖57.2%,灰分6.05%。其中菌丝体多糖及总糖含量明显高于子实体的多糖(3.05%)和总糖(49.7%)的含量。这更进一步证明了用菌丝体取代子实体提取灰树花多糖具有重要的实践意义。

单元七　蜜环菌栽培技术

知识目标

了解蜜环菌的药用价值和栽培现状。

熟悉蜜环菌生产的工艺流程和产品开发技术。

掌握蜜环菌实训生产计划的设计思路和制订方法。

能力目标

能应用所学知识进行蜜环菌实训生产计划的制订。

能完成蜜环菌栽培的全部生产操作。

能处理蜜环菌培养管理中出现的技术问题。

能全程进行生产管理并填写生产管理日志。

专题一　概述

蜜环菌别名蜜环蕈、榛蘑、菌索蕈、苞谷蕈、青风蕈，属担子菌亚门伞菌目口蘑科蜜环菌属(图 4-51)。

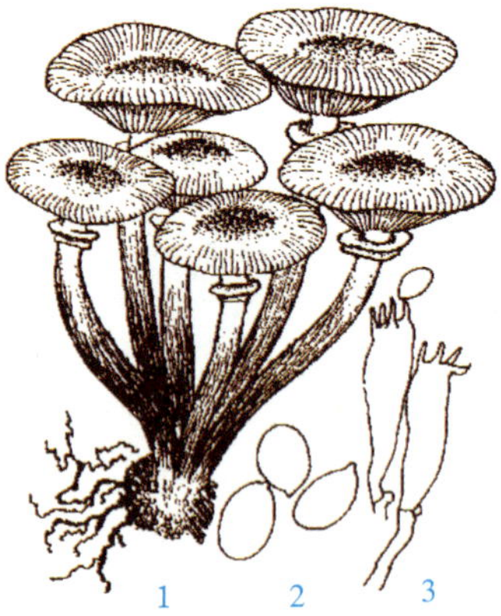

图 4-51　蜜环菌形态(仿卯晓岚)
1. 子实体　2. 担孢子　3. 担子

蜜环菌属在世界上至少有 17 种。据戴芳澜(1962)《中国真菌总汇》一书中记载，我国蜜环菌属有 6 种。蜜环菌在世界各大洲均有分布。在我国主要分布于黑龙江、吉林、辽宁、河北、河南、山西、山东、甘肃、陕西、青海、四川、安徽、浙江、湖南、湖北、云南、广西、贵州、西藏及台湾等省区。我国很多地区民间早有采集蜜环菌子实体食用并用以治疗疾病的习惯，经常食用可预防视力减退、夜盲症、眼炎、黏膜失去分泌能力及皮肤干燥，并可抵抗某些呼吸道及消化道感染等疾病。鄂西山区称蜜环菌为苞谷蕈，为美味食用菌，蜜环菌的子实体、菌丝、菌索都可入药，所以蜜环菌是一种食药兼用的真菌。此外，蜜环菌还是另外两种名贵中药天麻和猪苓生长发育中必不可少的"伴侣"。

蜜环菌菌丝在显微镜下观察为无色透明和具有隔膜的丝状体，一般形成粗壮的菌索。子实体夏秋季多丛生于老树桩或死树的基部，也能寄生在活树上，真菌柄基部与根状菌索相连，子实体就产生在根状菌索上。子实体高 5～15 cm。菌盖肉质，扁半球形，逐渐平展，后下凹，直径 7～9 cm，表面蜜黄色与栗褐色，多布以毛状小鳞片，菌肉白色。菌柄细长圆柱形,浅褐色,鞘部近白色,直径0.5～2.2 cm,纤维质松软,后中空,基部常膨大。菌柄上部接近菌褶处有一较厚的菌环,膜质,松软,有时为双环,白色有暗色斑点。由于菌盖表面呈蜜黄色,菌柄上部有环,所以叫“蜜环菌”。菌褶与菌柄相连,呈贴生至延生,由近白色逐渐变为污白褐色,老时有锈色斑。孢子印白色或微具黄色。孢子光滑,椭圆形或近卵圆形。大小为(7～8.5) μm×(5～5.5) μm。

天麻又名赤箭、定风草、鬼督邮、仙人脚、独摇芝、合离等,是我国的一种传统名贵药材,素有“国宝”之称。我国天麻入药已有2 000多年的历史。《神农本草经》中写到天麻有着“杀鬼精物”的功效。蜜环菌与天麻对高血压、椎基底动脉供血不足、美尼尔氏症、植物神经功能紊乱及阴虚阳亢病人引起的眩晕症,疗效可达70%～80%;对手足麻木、关节疼痛、耳鸣、癫痫和中风后遗症也有一定的改善。

我国的天麻人工栽培研究,始于20世纪50年代中期,最早的天麻栽培是民间的一些药农将采挖到的天麻球茎与长有蜜环菌的树桩、树根一起埋入土中,取得了成功经验,打开了天麻栽培之门。

鲜麻体按发育进度和大小可分为三种类型,即箭麻、白麻和米麻。箭麻肥大,顶端有红色芽嘴(花茎芽),休眠期过后,随着气温的回升,能抽薹开花结实(图4-52)。白麻略显瘦长,顶端发白,有光泽。米麻最小,又称仔麻。箭麻和少数大白麻加工入药,其余白麻和米麻均用作种源。用作种源的白麻和米麻,栽后形成箭麻的数量相差悬殊。用白麻栽种,栽后一年便有大量箭麻形成,其鲜重可达总收获量的70%以上。用白麻栽种的一年采收,以生产箭麻为主,而用米麻栽种的,一年后,用作种源,若欲获得箭麻,则需延至两年采收。

图4-52　箭麻

天麻是一种依赖蜜环菌,以蜜环菌为营养来源的异养型植物,没有蜜环菌就没有天麻。一些专家分析认为,天麻的这种生活特性是天麻在演化的历史长河中,通过一系列的适应性变化而自然选择的结果。追溯天麻的祖先,应是一种饱受蜜环菌为害,为蜜环菌所困扰的自养型绿色植物。在与蜜环菌的生存斗争中,那些生活力弱的个体逐渐被淘汰,而一些生活力强,对蜜环菌的耐性和抗性强的个体,逐渐改变了自身的生活方式,根、叶退化,叶绿素消失,变自养型为异养型,反成为蜜环菌的吞噬者。关于蜜环菌与天麻的关系问题,以往的研究者认为二者是共生关系,但近年来的研究者则提出了不同的观点。天麻与蜜环菌的结合,仅表现在对天麻一方有利,蜜环菌则可离开天麻,从林木中吸收营养而独立生活。在自然界中可看到,凡有天麻分布的地方,一定有蜜环菌的存在,而有蜜环菌存在的地方,并不一定有天麻的分布。蜜环菌对天麻球茎的侵染过程,开始是蜜环菌的菌索顶端侵入天麻球茎的皮层,继而菌鞘开裂,并释放出大量菌丝,使被侵染的细胞遭到破坏。这一阶段蜜环菌是主动侵染者,天麻成了寄主。以后天麻球茎反而依靠自身所产生的具有强大消化力的次生溶酶,将侵入的菌丝迅速消化吸收,天麻又成了反寄生者。因此,天麻与蜜环菌的关系,实质上应是寄生与反寄生的关系,即在天麻与蜜环菌的结合过程中,在早期阶段是蜜环菌对天麻的寄生,以后蜜环菌又成了天麻的寄主。根据天麻以蜜环菌为营养源的生活特点,也有人称天麻为“真菌营养性植物”。在蜜环菌对天麻球茎的侵染过程中，蜜环菌还表现出对天麻球茎侵染的区域性。一般当年新生麻体不被侵染，而上年形成的麻体变为整个麻体基部的侵染区，并由此为新生麻体输送异源营养，故对这一部分特称为接菌茎或营养茎或麻母。随着菌丝侵染的深入、扩大，被侵染部分的颜色逐渐变成棕黑色，内含物耗尽，最后便脱落下来。

天麻栽培技术可分为无性繁殖和有性繁殖，两种繁殖方式都需要蜜环菌种。

天麻的有性繁殖就是利用天麻开花结实形成的种子作为种源播种，在与蜜环菌种的“伴生”下，进行天麻栽培。采用这种方法可以大大增加天麻的繁殖系数，也为天麻的杂交育种和种性复壮提供了条件。但是天麻不能自花授粉，需要人工授粉和采种，并且天麻种子非常小，播后出苗率极低，稳产性差，故通常还是以无性繁殖为主。

天麻采收后，箭麻和少数大白麻加工干制入药，其余白麻或仔麻作为种源播种栽培的方法称为无性繁殖栽培法。其优点，一是凡天麻种户采收时均有仔麻，种源稳定；二是利用球茎栽种，生产周期短，见效快。

仔麻作为种源进行扩大栽种。栽种期可在秋末冬初或翌年春季，最佳栽种期为秋末 11 月份。仔麻栽种前应培养好蜜环菌的菌材。蜜环菌的接种期又依砍树期而定，一般在秋季林木落叶后砍树、接种、培菌，到翌年春季 3 月份栽种仔麻，或在春季林木萌动前砍树，到秋末 11 月份栽种仔麻。从仔麻栽种到箭麻形成采收，完成一个生产周期，一般需要 1 年的时间，即秋末栽种到翌年秋末采收，早春栽种到翌年早春采收。

蜜环菌是好气性兼性寄生真菌，原为森林病害的病原菌。白色的菌丝侵入树木的木质部，红棕色和黑褐色的菌索附在树木的表皮上，夜间，菌丝和菌索在适宜的温度时会发出荧光，但在不良环境条件下，蜜环菌会反过来分解和吸收天麻的养分。因此，掌握它们之间的复杂关系，培养好“菌材”是提高天麻产量的关键。

一、药用价值

蜜环菌是我国一种重要的药食兼用真菌，与天麻具有密切的共生关系。大量的研究实验证明，蜜环菌的菌丝体和发酵液都具有与天麻相似的药理作用和临床疗效。蜜环菌中的主要化学成分包括氨基酸、微量元素、倍半萜类化合物、多糖类化合物、嘌呤类物质等。

蜜环菌干粉或发酵物对中枢兴奋药五烯四氮唑有拮抗作用，能降低尼古丁引起的小鼠死亡率，并能使小鼠自由活动数减少，能增加犬的脑血流量和冠状动脉血流量。

蜜环菌常用于高血压病、脑血栓、脑动脉硬化引起的头晕、头胀、头痛、目眩、肢体麻木以及心脑血管疾病引起的偏瘫等病症。

二、栽培现状

优质蜜环菌在天麻生产和深层发酵培养中，才能获得较好效果。经过长期的人工育种，目前筛选出的京都 3 号、XB-9、Am11-1、Am23-4 及 Am71-3 等为较优良的菌株。近几年，专家从若干蜜环菌品种中筛选出京都 3 号、XB-9 优良蜜环菌品种，它们与天麻优良品种“TC828 号”最相适应，是天麻低海拔高产栽培的伴生菌。Am11-1、Am23-4 及 Am71-3 等品种，在深层发酵培养时，菌丝生长速度快，发酵终止后菌丝得率高，发光度强。无论是伴栽天麻还是发酵培养，都是较好的品种。

蜜环菌是一种中温菌，在 6～30 ℃范围内皆能生长，但以 25 ℃为最适生长温度，栽培季节一般在春季或秋季为宜。

蜜环菌的栽培模式经过长期的发展，已形成多种，主要有段木栽培、树桩栽培、代料栽培等。

段木栽培是传统的栽培模式，秋季树木落叶后或至第二年发芽之前，砍伐树木，再截成木段，以直径 5～10 cm，长度 100～120 cm 为好；代料栽培是用棉籽壳、木屑、作物秸秆等原料代替树木段进行栽培。

专题二　栽培管理

一、工艺流程

蜜环菌段木栽培工艺流程见图 4-53。

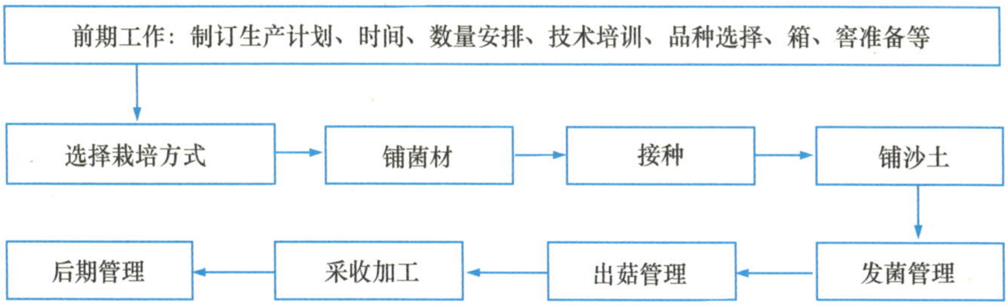

图 4-53　蜜环菌段木栽培工艺流程

二、菌种制作

母种、原种、栽培种制作的方法按照常规的方法操作。栽培种制作结束以后，还要进行菌枝的制作。具体的制作方法如下。

1. 菌枝选择

菌枝仍以壳斗科的青冈树种及桦科的桦树等乔木的枝条为好。应根据培养菌材的时间培养菌枝，掌握在菌材培养期之前 1～2 个月进行。培养时间过早，菌枝已朽，营养耗尽，蜜环菌生长势衰退；时间过晚，树枝上不感染菌索，或菌索只附在树枝表面，翻动时较易脱落。

2. 菌枝培养

选择直径 1～2 cm，如手指粗细的树枝斜砍成 6～10 cm 长的小段。蜜环菌索多在韧皮部与木质部之间生长，斜砍的断面积大，从斜面上发出的菌索多，可提高菌材的接菌率。培养菌枝一般用坑培法或半坑培法，挖 30 cm 深、60 cm 见方的坑，坑底先铺 1 cm 厚的湿润树叶，树叶压实，然后摆一层树枝，树枝上均匀地撒一层人工培养的三级菌种，菌枝应摆于枝与枝间隙中间，在菌种上再摆一层树枝，然后盖一薄层沙土，土的厚度以盖严树枝和填好枝间空隙为准，不宜太厚。依次排列 8～10 层。层数不宜过多，以免影响通气，从而抑制好气的蜜环菌生长，最后顶部覆盖 5～6 cm 厚沙土，沙土上面盖一层树叶以保温、保湿。

用野生蜜环菌及菌棒培养菌枝时，底层树枝摆好后，树根或菌棒可横向交叉摆放，棒与棒间距离 3～4 cm，两棒空隙处可顺向充填树枝，填土后，在菌棒上再摆 1～2 层树枝。依此法排放 6～8 层，菌枝培养好后，如需扩大培养，应按上法铺好底层树枝，并在 1 根菌枝与 1 根树枝间隔摆入，填土后如法培养。其方法同上。如预先将砍好的树枝浸泡在 0.25%硝酸铵溶液中

10～30 min，经处理后的树枝，发菌效果十分显著。

优质菌枝的标准是：无杂菌感染，菌枝是培养菌材的菌种，菌枝表面应附着有蜜环菌索，剥去树皮应有蜜环菌丝生长，以菌枝两头长出有白色顶尖，有毛刷状细嫩菌索的菌枝质量最好。培养菌枝的时间长短也影响菌枝质量，培养菌枝的时间短，树枝营养消耗少，其质量最好。

三、段木栽培

蜜环菌的段木栽培方法一般可分箱培法、窖培法和堆培法三种，现将有关方法介绍如下。

1. 箱培法

即箱内层积培养法，具体做法是：先将箱底钻几个洞孔，再铺一薄层小石子，撒上 3 cm 厚的潮湿木屑和沙，将砍好鱼鳞口的新鲜木段平行紧靠排于木屑和沙的表面，然后在木段上和间隙处均匀地撒一些种材；或将新鲜木段和培养好的木段表面及间隙处均匀地撒一些种材；或将新鲜木段与培养好的菌材层积排列，再撒些湿木屑和沙填充空隙，这样一层一层堆积，堆至略低于木箱的高度，以浇水不流失即可。

2. 窖栽法

在室外选择没有遮阳条件的空旷场地作窖，先挖成长 1～1.5 m，深 0.5～0.8 m，宽 0.7～1 m(比菌材长度稍长)的窖，窖底整平，先平放两根长木段，再把培菌的木段架铺其上，使之有利排水透气。第一层木段铺好后，撒上菌种材碎块，每 10 根木段撒种材 500～1 000 g，并用枯枝落叶、苔藓及腐殖质土壤填充空隙，然后再铺第二层木段、种材及枯枝落叶、苔藓、腐殖土。依次将接过种的段木分层排放在沟中，共排放 4 层，每层之间的凹隙用木屑菌种补空，并用土壤填平所有的空隙。到最后一层盖上腐殖壤土，使之堆成扁圆形覆土层。这样一直铺到接近地面，最后用腐殖质土壤覆盖，使其与地面齐平即可。窖上可盖薄膜，防止雨淋造成窖内太湿，影响发菌。

3. 堆培法

即在平地建堆培养，与窖栽法大致相同，只是不挖窖。一般适于在有荫蔽的场地进行。要选用温暖、潮湿而又排水良好的场所，堆后要用枯枝落叶及青苔填充空隙，上面及四周除盖枯枝落叶、青苔外，还要加盖少量腐殖质土。如遇天旱，要及时浇水，保持湿润，以促进菌索生长。

四、树桩栽培

选刚砍伐的新鲜树桩，在树干及树根上，用接种斧，打出品字型接种缺口，然后把栽培菌种的枝条段塞进接种口，用土覆盖，按常规方法管理。

五、代料栽培

人工栽培利用枝条、木屑、农作物秸秆等原料，按配方(见原种培养基)称量拌料后，装入瓶中或塑料袋内，经灭菌、接种，25 ℃培育蜜环菌，待菌丝及菌索长满瓶或袋后，再解口供氧，调节适宜的温度、湿度、光照，也能形成子实体。

六、采收加工

蜜环菌在子实体平展之前必须采收。采收过迟，菌盖张开，降低商品价值。采收时宜从菌柄基部整丛采收，以减少菌柄折断和菌盖破损。采收的子实体可就近鲜销，也可干制或盐渍后外销。

专题三 产品开发

蜜环菌产品开发，往往采取液体深层发酵的方法，获得菌丝体原料素材，进一步加工成成品上市。

一、工艺流程

蜜环菌液体深层发酵工艺流程见图 4-54。

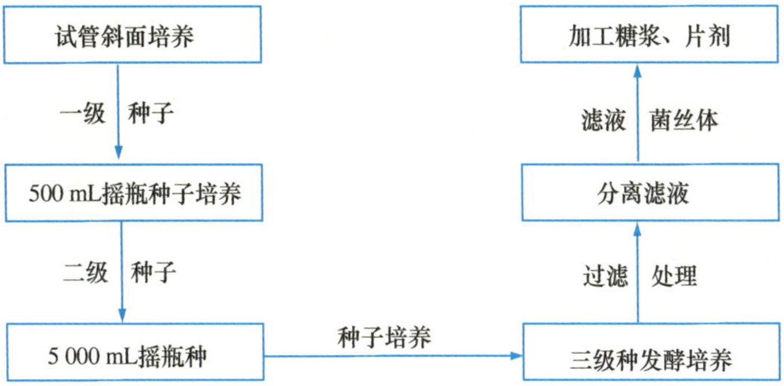

图 4-54 蜜环菌液体深层发酵工艺流程

二、操作步骤

1. 菌种选择

采用蜜环菌 Am71-3。

2. 培养基配方

(1)斜面培养基 去皮马铃薯 200 g(或麦麸 50 g 煮汁)切碎煮沸 0.5 h 过滤，滤液加入葡萄糖 20 g，琼脂 20 g，补加水至 1 000 mL，pH 自然，溶化分装试管，消毒后放成斜面。

(2)种子培养基 葡萄糖 200 g，去皮马铃薯 200 g(或 50 g 麦麸)，磷酸二氢钾 1.5 g 煮汁，硫酸镁 0.75 g，补加自来水至 1 000 mL，蚕蛹粉 5.0 g，pH 自然，维生素 B_1 10 mg。

(3)发酵培养基 蔗糖 2%，葡萄糖 1%，豆饼粉 1%，蚕蛹粉 1%，硫酸镁 0.075%，磷酸二氢钾 0.15%，pH 自然。

3. 接种量

每一斜面接一摇瓶一级种子，一级种子接二级种子，接种量为 10%，二级接三级种子接种量为 5%～10%。

4. 种子培养条件

一级种子：在旋转式摇床上培养 120～148 h，温度 24～26 ℃(偏心距为 4～6 cm，转速 240 r/min)。

二级种子：在往返式摇床上(冲程 7 cm，转速 90 r/min)，培养 72～96 h，温度 26～28 ℃。

种子罐：40 L 罐，投料 20 L，26～28 ℃，搅拌速度为 200 r/min，通气量 1∶(0.3～0.5)，培养 96～120 h。

5. 发酵培养条件

200 L 罐，投料 100 L；400 L 罐，投料 250 L，搅拌速度为 190 r/min，培养时间为 168～

192 h。

6.消毒灭菌

均在121 ℃下灭菌30 min。当培养至168～192 h，发酵液为棕褐色，布满菌丝，pH为4～5，静止后发酵液澄清透明，这时即可出罐。以离心机或板框过滤，使菌体与滤液分开，滤液经薄膜蒸发或减压浓缩至原液的十分之一，制成糖浆供药用。滤渣(菌丝体)烤干后磨成细粉压片，供临床使用。

蜜环菌与天麻的关系

了解蜜环菌

单元八　云芝栽培技术

知识目标

了解云芝的药用价值和栽培现状等。

熟悉云芝的生产工艺流程和产品开发技术。

掌握云芝实训生产计划的设计思路和制订方法。

能力目标

能应用所学知识进行云芝生产计划的制订。

能完成云芝熟料栽培的全部生产操作。

能处理云芝生产管理中出现的技术问题。

能全程进行生产管理并填写生产管理日志。

专题一　概述

云芝又称白芝、彩绒革盖菌、杂色云芝、彩纹云芝、千层蘑、木鸡、树娥等，东北俗称树鸡子，是一种著名的木腐性药用真菌，在分类学上属于层菌纲非褶菌目多孔菌科革盖菌属，分布极其广泛，可侵害近80种阔叶林树木，被侵害树木的木质部形成白色腐朽(图4-55)。另外，在段木栽培木耳和香菇时常有该菌生长，被视为有害“杂菌”。云芝子实体仅由菌盖组成，一年生木栓质。菌盖复瓦状叠生，呈肾脏形、半圆形或近圆形，暗灰色或灰色，有环状同心棱纹及辐射皱纹，菌盖边缘反卷呈波浪状，大小及形状变化较大，一般个体直径为1～15 cm，厚0.1 cm左右。菌盖腹面有无数小孔，每平方毫米4～5个，管孔圆形。孢子近腊肠形或圆筒形，无色、平滑，无囊状体。另外，不同树种上的云芝形态也有一定的差异，色泽相差也很大。云芝多生于栎属、李属、柳属、柿、苹果、胡桃、银杏等阔叶树的腐木上，偶尔也生于松、杉的腐木上。丛生。云芝在我国的云南、四川、贵州、西藏、青海、甘肃、陕西、山西、河南、河北、内蒙古、辽宁、吉林、黑龙江、山东、江苏、安徽、浙江、江西、福建、台湾、广西、广东、香港、海南分布广泛。

图4-55　云芝形态(仿卯晓岚)
1.担孢子　2.子实体

由于生长的环境不同，云芝菌盖表面的颜色变化很大，目前大致可以分为14种类型。

(1)白边型　菌盖表面的环带呈黑褐色及灰黄色，盖缘呈白色至灰白色。常见于光线较强的林缘、林间空地等，是分布较广的一个类型，常被人们称为白边黑云芝。

(2)蓝灰色型　盖面上的环带呈蓝黑色、灰色、灰黄色。生在蓝黑色环带上的绒毛较短，且易脱落至光滑。常见于林下，分布也较广。

(3)蓝灰色细纹型　盖面淡灰色，间有蓝黑色或蓝灰色的细环纹。这种类型的云芝常混生于蓝灰色型的个体之间，比较少见。环带上的绒毛较长，且不容易脱落。

(4)蓝灰色环带型　盖面上的环带呈蓝灰色、灰褐色、淡黄褐色或蓝黑色，具有绢丝状光泽；盖缘呈灰色至灰黄色。较少见。

(5)灰黄色边缘型　盖面上的环带呈灰色及灰黄色，在边缘处较宽的灰黄色环带中有一条红褐色、具金属光泽的环纹。

(6)灰黄色环带型　这种云芝的个体较小，薄；盖面上的环带呈蓝灰色、蓝黑色至黑色，边缘有一条淡黄色至淡黄褐色、具有金属光泽的环纹。常见于柞、桦及椴等阔叶树的枯枝、细树干上。

(7)紫铜色环带型　盖面上的环带呈灰色、灰蓝色及淡灰蓝色；盖缘处有 1～2 条紫铜色、具金属光泽的环带。其个体较小，生于营养条件不良、较干燥的环境中。

(8)棕色环带型　子实体较薄、盖面上的环带呈现蓝色、蓝黑色及棕色，边缘为浅棕色至棕灰色。生于干燥的环境中。

(9)灰白色边缘型　盖面上的环带为蓝色、蓝黑色或蓝灰色；边缘处呈灰白色，是各产地比较常见的类型。

(10)粗毛束型　盖面上的环带呈灰色、灰黄色至浅蓝色；生于灰色环带上的绒毛较粗、较长，并密集成束。此种类型的云芝在俄罗斯境内较为常见。

(11)蓝黑色型　盖面上的环带呈深蓝色、蓝黑色和灰褐色，生于灰褐色环带处的绒毛较短，且易脱落；边缘有一条红褐色，具金属光泽的环带。此类型不多见。

(12)蓝黑色细纹型　盖面上的环带呈蓝色至蓝灰色，其间杂有蓝黑色的细环纹。此类型不多见。

(13)蓝黑色环带型　盖面上的环带呈蓝黑色及灰褐色；边缘呈灰白色至灰黄色，这是各种环境中最常见的一种类型。

(14)多色型　盖面上的环带呈淡黄色、淡蓝灰色、蓝灰色、黑褐色、蓝黑色、紫褐色及褐色等多种色彩；绒毛较短，具有绢丝状光泽。此类型较少见。

一、药用价值

云芝原产于我国，早在明朝李时珍的《本草纲目》中就有记载。人们对云芝的研究已经有几十年的时间，近年来发现其有效成分云芝多糖对疾病具有治疗的作用，对治疗慢性肝炎、迁移性肝炎、乙型肝炎有显著疗效；对提高人体免疫力，抗癌治癌也较有效，是生产“云芝肝泰”的主要原料，具有较高的经济价值和较好的开发前景。目前，云芝已成为肿瘤生物治疗的一个极有开发前景的崭新领域。

云芝为传统的药用真菌，具有特殊药理功能。现代科学研究证实，云芝胞内多糖可增强特异性体液免疫反应，促进抗体形成；能使被抑制的免疫功能改善或恢复正常，有修复肝损伤的作用，可诱生血清干扰素，增加小鼠血清中溶菌酶含量和脾指数，也有一定的免疫激活作用。我国 20 世纪 70 年代后期就开始研究，80 年代初期日本将云芝开发成抗癌新药 Krestin

(PSK),轰动了肿瘤药界。近年,我国利用云芝深层发酵、培养、提取云芝糖肽(PSP),制成了云芝胶囊、云芝肝泰冲剂、云芝口服液等。临床表明,它们可治疗慢性乙型肝炎、原发性肝癌及免疫功能低下的老年病。与抗癌药合用,可减少抗癌药物的副作用,在癌症治疗中有其特殊作用。因此,云芝已成为扶正祛邪的东方医药之宝。

关于云芝的药理作用,最早在1968—1969年千原吴郎等人的研究就表明,云芝多糖对动物移植性肿瘤的生长具有明显的抑制作用。随后利用云芝菌丝体培养方法获得的菌丝体提取云芝蛋白多糖、利用云芝菌丝体发酵液提取的胞外多糖等,经动物试验表明,这些提取物对小鼠肉瘤S-180均具有较高的抑制率。

云芝多糖类抑肿瘤作用的机制可以概括为:一是可以提高机体的免疫功能;二是云芝糖肽对艾氏腹水癌细胞内核酸的合成有明显的抑制作用。

云芝多糖对慢性肝炎的治疗,主要也是通过提高机体自身的免疫力得以实现的。云芝多糖可以促使受损的肝细胞得到修复,可以提高免疫系统的功能,活化腹膜渗出巨噬细胞的吞噬活性,减轻乙型肝炎病毒的破坏作用,还可以通过活化B细胞,提高机体免疫功能,清除病毒对肝细胞的持续侵染,从而起到保肝的作用。

二、栽培现状

我国现已发现的云芝菌种较为少见,其中以上海农业科学研究院保藏菌种及中国农业科学院微生物研究所保藏菌种为主要推广品种,生产中往往根据实际需求选择适宜的品种(表4-21)。

表4-21　我国云芝主要栽培品种介绍

品种名称	品种特点
50435	国内种。引自吉林,抗逆性强,菌盖大而厚、菌柄较长、商品性好,产量高,出口品种
香港50705	引进种。发菌快、出芝早、盖大而厚、柄短、抗杂力强、产量高、出口品种
杂色云芝(上海)	国内种。生长迅速,适合代用料栽培,但产量稍低,产木质纤维素酶、漆酶较多
杂色云芝(协和)	国内种。芝盖圆整、朵大盖厚、产量高

云芝属于中高温型真菌,自然条件下,云芝的出芝季节在5—10月。因此,人工栽培时,如果栽培场所有温湿度控制设备,则可以一年四季出芝,否则应根据其生长发育的特点,选择适宜季节进行栽培(表4-22)。

表4-22　自然气候条件下云芝栽培季节安排

区域	栽培季节
华南地区	2月上、中旬制种,3月下旬至4月上旬栽培,6月上中旬出芝
长江流域	4月上、中旬制种,5月上、中旬栽培,7月中旬出芝
黄河以北	4月下旬制种,5月下旬栽培,7月下旬出芝

云芝栽培可采用段木栽培,也可以采用代料栽培,如木屑塑料袋栽培,近年多采用袋栽、室内瓶袋层架栽培或野外畦床覆土栽培,本章主要介绍代料室外袋栽覆土出芝技术。

专题二 栽培管理

一、工艺流程

室外袋栽覆土出芝工艺流程见图 4-56。

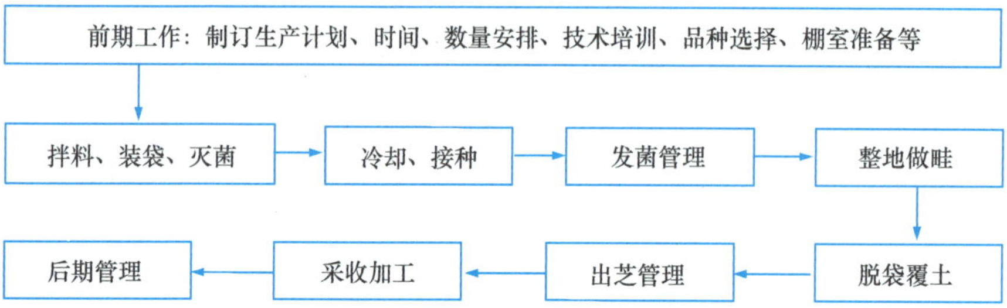

图 4-56　室外袋栽覆土出芝工艺流程

二、栽培技术

(一)准备工作

云芝代料袋栽的准备工作包括搭建荫棚、备种、备料(主料、辅料)以及用品、用具等需要提前进行的准备工作。

栽培袋选用折径 17 cm×33 m×0.05 mm 或折径 20 cm×38 cm×0.05 mm 的低压聚乙烯折角袋。培养料应新鲜、无霉变、无病虫害，不含对人体有害的农药残毒及重金属等。锯木屑以材料坚实的壳斗科、桦木科和金缕梅科的阔叶树较为理想，而含有松油、醇、醚等抑制菌丝生长的松、柏、杉等针叶树和含有芳香性杀菌物质的安息香科和樟科常绿树种则不适宜。颗粒状的粗木屑优于细木屑，硬杂木屑优于软杂木屑，针叶树旧木屑优于新木屑。菌种要选择适宜的品种，并根据母种、原种和栽培种的生长时间来合理规划制种时间，需提前 80～90 d 进行原种和栽培种培育，以保证栽培时使用优质的适龄菌种。通常将出菇期向前推算 40 d 左右为适宜的栽培袋接种期。

(二)培养基配制

1.配方

云芝为木质腐生菌，营腐生生活，以碳源、氮源、无机盐类为营养基础，也需要极少量的维生素。能直接利用的碳源可以是简单的有机碳，如单糖和双糖；能直接利用的氮源是氨基酸；无机盐类包括钾、钠、钙、镁、磷、锌、钼等。人工栽培时，可利用木屑、棉籽壳、麦麸、糖等配成培养料。代用料栽培云芝，菌丝体生长阶段适宜的 C/N 为 20∶1，子实体发育阶段 C/N 以(30～40)∶1为好。可以根据当地的资源优势，因地制宜选用合适的配方(表 4-23)。

表 4-23　云芝代用料栽培常用配方　%

配方	木屑	棉籽壳	麸皮	玉米芯	石膏
一	75		24		1
二		99			1
三	40	40	19		1
四	60		19	20	1

注：上述配方中料水比例均为 1∶(1.3～1.4)，pH 自然

2. 拌料

栽培料是云芝生长发育的物质基础，所以，栽培料的好坏直接影响到云芝生产的成败以及产量和品质。拌料前先将拌料场地打扫干净，最好在水泥地面拌料。木屑主料应先过筛一次，以除去木刺等杂物。拌料时按配方比例，先将主料摊铺在场地上，而后将辅料如麸皮、玉米粉、石膏等先按配方比例混合均匀，再加入溶有磷酸二氢钾等辅料的水充分搅拌均匀，不能有干的料粒。云芝喜欢在偏酸性的培养料上生长，适宜的 pH 为 5.0～6.0，pH 低于 4.0 时菌丝生长细弱，不易形成原基；pH 高于 8.0 时菌丝易老化，甚至枯死。取广谱试纸一小段插入料中反应，1 min 后抽出对照，调节 pH 为 7.0～8.0。若偏酸，加入适量石灰，若偏碱，加入适量石膏粉。含水量要调至 65%左右，一般手握培养料，手指间有水迹但不下滴，松开手指，料结成团有裂纹即可。有条件的可以使用搅拌机拌料，先把各种干料装入搅拌机中，开机搅拌 5 min，然后打开供水开关，边供水边搅拌，将各种辅料加入料斗，搅拌均匀，调节好含水量和 pH。

（三）装袋灭菌

1. 装袋

拌好的培养料经堆闷 1～2 h，待料吸足水分后及时装袋，可以手工装袋，也可以使用装袋机装袋。

手工装袋的方法是：取栽培袋，先用线绳把一头扎好，接着用手将培养料装入筒袋内，边装边轻轻压实，用力要均匀，层层压实，松紧适度，培养料不能有明显空隙或局部向外突出现象，手触料袋有弹性，装料于袋口仅余 7 cm 左右时扎好，一般每袋装干料 300～350 g。

装袋机装袋，需购置专用装袋机，用装袋机装袋最好 6 人一组，1 人往料斗里加料，1 人装袋，1 人递袋，另外 3 个人整理料袋并扎口。装袋时注意将塑料袋套在出料筒上，一手轻轻握住袋口，一手用力顶住袋底部，并轻轻揉袋，让料自然、均匀、稍紧实地进入袋内。扎口时将料袋用绳扎两圈后回折袋口再用绳扎紧，随后套好外袋扎活结。装袋机装料比较紧实均匀，效率较高，4～6 人配合，1 h 可装 500 袋，较人工装袋效率提高好几倍。

装袋过程要求轻拿轻放，切勿刺破菌袋造成杂菌污染。装袋要集中人力快装，一般要求从开始装袋到装锅灭菌的时间不能超过 6 h，否则料会变酸变臭。若有条件，最好有周转筐，装好一袋放入筐内一袋（注意从四周向中间装）。料袋放入筐中灭菌，既避免了料袋间积压变形，又利于灭菌彻底。

2. 灭菌

料袋装好后立即进行灭菌，灭菌可采用常压蒸汽灭菌和高压蒸汽灭菌两种方式。常压蒸汽灭菌可以使用常压灭菌灶，高压蒸汽灭菌使用卧式高压蒸汽灭菌锅。当前生产中常用“常压蒸汽包”来灭菌，既灵活方便又降低了生产成本。具体方法是：在平地安放木排，下面插入蒸汽管道，在木排上铺垫透气材料，上面码放需要灭菌的料袋，并用保温被盖严，四周与地面压牢、压严，从外形上看好像蒙古包，也称太空包。开始灭菌时，先留出离蒸汽管最远的一个角不压，用砖头或木棒撑起来，以便排除冷气，待排出的蒸汽到 90 ℃时，再过 10 min，撤去支撑的砖头或木棒，并将此角压严。继续供汽，直到太空包鼓起来，待料袋中心温度升至 100 ℃开始计时，需要灭菌 16～20 h，也要遵循“攻头、促尾、保中间”的原则。太空包灭菌最适合在大棚内就地灭菌，就地接种，减少了搬运过程，在节省劳力的同时，也降低了料袋的破损率，提高了成功率。

(四)冷却接种

料袋灭菌后,移入无菌室或无菌箱内,冷却 24~48 h,待料温降到 28 ℃以下时,用手摸无热感时即可接种。菌种应选用生活力旺盛、健壮、无杂菌污染的适龄菌种。在整个接种过程都必须严格按照无菌操作规程进行,做到严和快,以减少杂菌污染。接种一般在接种箱、接种室或接种帐中完成,但无论在何种场所接种,接种空间一定要经过严格的消毒处理。目前,由于接种帐成本低、效果好、操作空间宽敞,也可随时移到合适的地方(如培养室、大棚内)进行接种,在生产中已广泛应用。生产中一般在接种的前一天晚上对接种帐进行熏蒸消毒,第二天早晨开始接种,消毒方法按常规操作。采用两头接种,接种量以 15%~20%为宜,接种量一般每袋菌种(17 cm×33 cm)接种 20~25 袋。接种后将袋口套上颈圈,并用棉花塞口,然后移入培养室进行发菌培养。

(五)发菌管理

培养场所应事先打扫干净并消毒,用硫黄粉、敌百虫掺豆秸、刨花等易燃物燃烧熏蒸消毒,密闭 24 h,创造适宜发菌的环境条件,就可将菌袋搬入培养室内进行发菌管理,一般 25~30 d 菌丝即长满袋。

1.温度管理

云芝属于高温型菌类,菌丝在 4~35 ℃范围内都能生长,最适生长温度为 25~30 ℃,在 22 ℃ 以下生长缓慢,35 ℃以上生长停止。在菌丝封满料面之前,培养室温度以 21~25 ℃为佳,以防高温下杂菌发生。菌丝封料后温度控制在 22~25 ℃(室温),不能超过 28 ℃。这段时间应注意除杂,一旦发现杂菌应及时取出,挖除杂菌重新灭菌。随着菌丝生长,呼吸量增加,料温升高,应适当降低室温,使料温不超过 28 ℃为好。料袋码放的层数应视环境温度而具体掌握。气温在 10 ℃以下时,可堆积 4~5 层;气温在 10~20 ℃时,以堆积 3~4 层为宜;气温在 20 ℃ 以上时,菌袋宜单层排放,不宜上堆。但管理的关键是料袋内插温度计,以不超过 28 ℃为宜。堆垛发菌后,要定期检查料袋中温度计的显示,注意堆温变化。

2.湿度管理

日光温室内空气相对湿度以 60%~70%为宜,既要防止湿度过大造成杂菌污染,又要避免环境过干而造成栽培袋失水。若雨水过多,可在培养场地撒些石灰,以降低空气相对湿度。

3.光照管理

云芝菌丝生长不需光照,在黑暗环境中生长良好,强光照射会降低菌丝生长速度,使子实体提早形成。因此,在日光温室内发菌应覆盖草帘遮光。在菌丝体生长阶段暗光培养,菌丝发满袋后增加光照 3~5 d,刺激原基形成。

4.通气管理

一般菇棚每天至少通风 0.5 h,保持发菌环境空气清新,每隔 3~4 d 菌袋上下调动一次,将下层料袋往上垛,上层料袋往下垛,里面的往外垛,外面的往里垛,以保持每袋的料温平衡,检查并防治杂菌污染。发现有杂菌污染的料袋,采取销毁或单独培养的措施。若发现有菌丝不吃料的,必须查明原因及时采取措施,以保证菌袋的质量。当菌丝发满 1/4 时,就应增加袋内外空气交换,促进菌丝生长。具体措施有两种:一是在菌丝生长前缘用消毒细针轻扎 7~8 个孔;二是将袋口自然松开。

在上述条件下，云芝一般经过 30～35 d，菌丝便可满袋，进入出芝管理。

(六)搭建荫棚

由于栽培期安排在夏季，因此出菇的环境可以在室外选择地势平坦、不低洼的地块搭建荫棚，创造出芝的适宜条件。

(七)整地作畦

日光温室内作畦，畦床南北走向，芝畦不宜过宽，以 80 cm 为宜，深 20～25 cm。跨度 8 m 的日光温室一般去除底角和纵向过道，可以利用的长度为 7 m 左右，因此畦长依棚的跨度酌情确定。畦与畦之间要留 40 cm 的过道。畦床做好后，先在畦底及畦床四周撒一薄层石灰粉进行消毒、驱虫。畦底及四周拍实，用 1%～2%石灰水消毒预湿畦床。覆土材料要求土质疏松，腐殖质含量丰富，沙壤质，含水量适中，即手握成团，触之即散的程度，土粒直径 0.5～2 cm 为宜。覆土材料加入 2%的生石灰，调 pH 至 8 左右，再加入 0.1%多菌灵，经堆闷消毒、杀虫后使用。处理好的覆土材料应及时使用，不宜长时间存放。若一时用不完，应放在消过毒的房间内，存放时间不超过 5 d。

(八)脱袋覆土

将长满菌丝的菌袋脱去塑料薄膜，由于云芝柄短，甚至无柄，所以，覆土时不能全脱袋，应在一头留有 2～3 cm 的菌袋，其余部分全脱，竖直放入畦床内，然后覆土，土应覆至袋口 0.5 cm 以下，以防芝片沾土，影响质量。每平方米 50 袋左右，袋与袋之间留 1～2 cm 空隙，中间用覆土填满，当所有菌袋排放完后，上面覆土 2～3 cm，土层上面再撒 1 层大粒沙子或小石子，然后用喷壶洒水，冲掉袋头的余土，2 d 后剪掉袋口，并喷 1 次重水，每次喷水每平方米范围不超过 1 L。水渗透后，将菌床表面缝隙或露菌料处再用土覆盖好。2～3 d 后待覆土中的水分稍蒸发，土壤比较透气时，盖上黑色塑料薄膜保温保湿，促使菌棒内的菌丝快速向覆土层中生长。土干时每天可喷数次，达到土粒用手能捏扁，不粘手为止。一般覆土 15～20 d 菌丝可扭结形成原基。

(九)出芝管理

通常在 4 月下旬至 10 月中旬均可安排出芝，在芝芽出现后要注意做好疏蕾和温度、湿度、光照、通风等环境条件的调节控制，以创造一个适于云芝子实体生长发育的良好环境，促使菌蕾早形成、加快分化。

1. 疏蕾管理

芝袋料面有多个芝蕾出现时，用消毒剪刀剪去一些，每袋只保留 2～3 个芝蕾，便于集中养分，长出盖大朵厚的子实体，同时也防止彼此之间粘连，长出畸形芝。

2. 温度管理

子实体生长发育的最适温度为 24～28 ℃，低于 22 ℃生长停止，高于 33 ℃则易死亡；在出芝的适宜温度范围内，温度适当低一些(25～26 ℃)，芝体生长稍慢，但质地紧密，芝盖发育良好，色泽光亮，盖厚，芝的商品质量好；反之，虽然生长快些，但质量稍差。盛夏高温季节，温度过高时，可在棚外覆盖物上喷洒井水以降低棚内温度。在生长发育期间，不需要温差，温差过大易长成畸形菇。

3.湿度管理

子实体分化生长期间，要求较高的空气湿度，应每天定时向棚内喷雾状水，使棚内相对湿度保持在85%～95%，不能低于70%，如果室内相对湿度低于60%，子实体停止生长，甚至死亡，即使再将其移至90%湿度条件下，也很难恢复生长。当相对湿度高于95%时，由于空气中氧气的含量降低，呼吸作用受阻，易导致菌丝及子实体的窒息，引起菌丝自溶和子实体的腐烂、死亡。湿度的控制主要靠喷雾状水和通风来调节。喷水时注意不让泥土溅在芝盖上，以保持芝盖洁净。当子实体大量散发孢子时，不应再向子实体直接喷水，以使孢子能积留在菌盖上。

4.光照管理

要得到生长迅速、形态正常的子实体，必须使出芝环境有足够的光照，一般要求具有3 000 lx以上的光照强度，并且光照要均匀，以避免子实体因向光性而扭转。光照增强，芝盖形成快，芝柄短，芝盖细胞壁沉积的色素增多，芝盖色泽深而有光泽。云芝具有向光生长的特性，出芝期间不要随便移动芝袋的位置和改变光源，否则会影响正常生长发育。

5.通风管理

云芝发育需要充足的氧气，对CO_2很敏感，出芝期间应适时对芝棚进行通风换气，降低环境中CO_2浓度，保持空气新鲜，以防止畸形芝发生。当CO_2浓度超过0.1%时，会生成大量的分枝，长成"鹿角状"的畸形云芝。在生产分枝多的观赏云芝时，可通过调节CO_2浓度来实现。

（十）采收加工

云芝从接种至采收，在适宜条件下一般为40 d。成熟的标志是菌盖由薄变厚，菌盖菌管内散发出少量孢子粉。成熟的云芝已停止生长，抗逆性、抗杂菌能力减弱，加之芝棚的温、湿度较高，易感染杂菌，因此，应及时采收。采收前5 d停止喷水，以便芝盖吸附更多孢子和减少芝体含水量。采收时可用利刀从芝柄基部割下，或用手直接拧断芝柄，然后除去杂物。采下的云芝应及时放在干净的水泥场上自然晾晒，严防杂物黏附，也可置于40～60 ℃的烘箱内烘干，使含水量控制在10%～12%，装袋置于干燥的室内保存或出售。

采芝后，去除料袋口部老化的菌皮，停止喷水2～3 d，降低湿度，以促进菌丝体恢复生长。温度保持25～28 ℃，保持新鲜空气，进入第二潮发菌管理。此外，还应注意做好补水工作，一般喷一次重水，然后盖好塑料薄膜保温保湿，7～10 d后可长出第二潮芝，再进行通风换气，喷水保湿管理。25 d左右可采收第二潮云芝，一般只出两潮质量较好的子实体，产量集中在第一潮，第二潮子实体小，产量低。

专题三 产品开发

利用云芝生产的药物有两类，一种是从云芝子实体中提取的，如云芝肝泰；另一种是用云芝的菌丝体为原料制取的，如云星胶囊和云芝糖肽（图4-82至图4-86）。

云芝产品开发

云芝肝泰为长白云芝多糖，是由东北师范大学生物系研制，于1979年通过鉴定后，由长春制药厂生产的。该药是云芝子实体的热水提取物经醇析后得到的一种粗提物，在临床上主要用于治疗慢性乙型肝炎。经组分分析，该粗提物中含有生物碱、蛋白质、氨基酸、有机酸、酚类、内酯类和大量的多糖类八种成分。

云芝糖肽是上海师范大学生物系利用液体培养技术，以云芝菌丝体提取物为原料研制而成的，又称 PSP，是一种有抗癌作用的免疫功能调节剂。经分析，云芝糖肽是一种含有多肽的真菌多糖。

云星胶囊是重庆制药五厂生产的，也是采用液体深层发酵培养的方法，用云芝菌丝体的发酵产物制成的。其主要成分为云芝的胞内多糖和胞外多糖。

南京老山制药厂生产的云芝多糖胶囊，则是利用云芝菌丝体固体培养方法生产的菌质为原料制成的。其化学成分与云芝糖肽相同。在临床应用上用于治疗慢性乙型肝炎和作为治疗癌症的辅助药物。

云芝肝泰胶囊是《国家中成药汇编》中所列药物品种。该药具有增强免疫力、抗病毒及保肝等作用。由于云芝提取物中含有大量的多糖类物质，极易吸湿，制成胶囊或颗粒剂不易保证药物的稳定性，而将其制成软胶囊后可将云芝提取物密封在软胶囊囊壳内，从而避免药物吸湿，提高制剂的稳定性。为了达到同样的疗效，云芝肝泰软胶囊应与云芝肝泰胶囊规格一致（每粒含活性成分云芝多糖 8 313 mg）。下面以云芝肝泰软胶囊制作为例，介绍云芝药物制剂的制作工艺。

一、工艺流程

云芝肝泰软胶囊制作工艺流程见图 4-57。

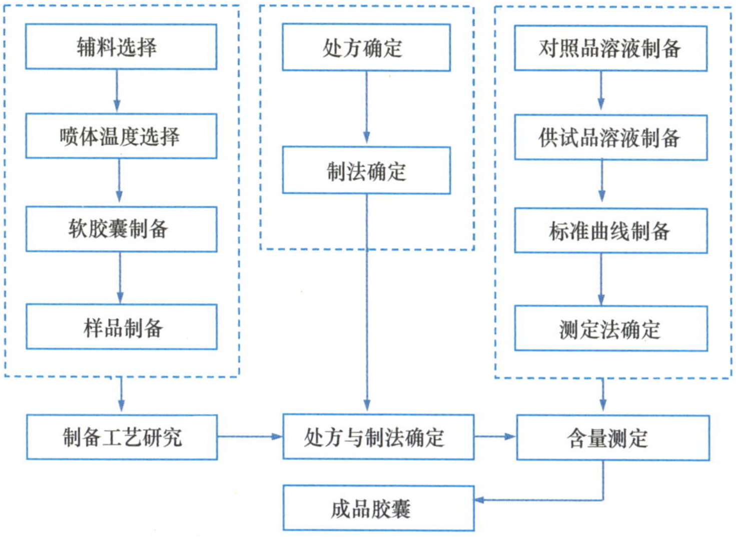

图 4-57　云芝肝泰软胶囊制作工艺流程

二、操作步骤

1. 辅料选择

（1）溶解性试验　大豆油为常用的软胶囊用辅料，具有黏度小、性质稳定的特点，与云芝提取物按 2.5∶1混合后流动性较好，故选用大豆油。

（2）基质吸附率测定　基质吸附率即将 1 g 固体药物制成填充软胶囊的混悬液时所需液体基质的克数。实验测得云芝提取物对大豆油的基质吸附率为 2.5 g。

(3)药物混悬液的沉降　云芝肝泰软胶囊内容物是一种混悬液，其配制过程是将云芝提取物与大豆油用胶体磨制成均匀混悬液。由于微粒的物理性质不稳定，药物随时间的延长可能会下沉。通过使用容积测定法测定混悬液的物理稳定性良好，能够满足生产的需要。

(4)混悬液流动性　用于包制软胶囊的药液除具有良好的稳定性外，还必须具备在一定时间内和规定的环境温湿度条件下(23 ℃±2 ℃、相对湿度 50%)有适宜的流动性，才能保证压丸顺利进行。在生产过程中，云芝提取物与大豆油混悬后未发生影响其流动性的物理性变化。

2.压丸

喷体温度对压丸影响较大，温度过低则胶皮接缝不严而导致破丸，温度过高则胶丸粘连。喷体温度在 40～42 ℃范围内较适宜，不会出现合缝不严而破丸或者囊体不规整且胶丸粘连的情况。

3.软胶囊制备

取制备好的药物混悬液置压丸机料斗中，调节胶皮厚度和内容物装量，将压制好的软胶囊进行冷风定型、干燥即得。

4.样品抽检

抽检 3 批样品，3 批样品质量稳定，表明该制备工艺可行。

5.处方

云芝提取物(以云芝多糖计)83.3 g，大豆油适量，制成 1 000 粒。

6.制法

取云芝提取物，加大豆油混匀，经胶体磨制成均匀混悬液，压丸，每粒装 0.55 g 即得。

单元九　桑黄栽培技术

知识目标

了解桑黄的药用价值和栽培现状。

熟悉桑黄生产工艺流程、产品开发技术。

掌握桑黄栽培实训生产计划的设计思路和制订方法。

能力目标

能应用所学知识进行灵芝生产计划的制订。

能完成桑黄全熟料覆土栽培的全部生产操作。

能处理桑黄生产管理中出现的技术问题。

能全程进行桑黄生产管理并填写生产管理日志。

专题一　概述

桑黄，学名火木层孔菌，别名针层孔菌、裂蹄木层孔菌，属担子菌亚门层菌纲多孔菌目多孔菌科针层孔菌属。桑黄为木材白色腐败菌针层孔菌的统称，命名规则目前尚无统一标准，一些学者开展了桑黄菌生理特性、遗传学鉴定的探讨和研究。桑黄依其寄生树种不同，形状、颜色和所含的药用成分也不尽相同。目前，根据市场上流通的情况，主要有以下几个种类：桑树桑黄、杨树桑黄、松树桑黄、黑桦树桑黄、白桦树桑黄、暴麻子树桑黄、漆树桑黄等。其中，寄生于桑树之上的桑黄才是正宗的桑黄(图 4-58)。

桑黄子实体中等至较大，无柄。菌盖半球形，剖面扁平至马蹄形，深烟色至黑色，有同心纹和环棱，初期有微细绒毛，后变光滑、稍龟裂，硬而木质化，(2～12) cm×(3～21) cm，厚 1.5～10 cm，边缘锐或钝，其下侧无子实层。菌肉深咖啡色、锈褐色或浅咖啡色，厚 2～7 mm。菌管和菌肉同色或相似，多层，每层厚 2～5 mm。管孔面锈褐色，管孔圆形，每毫米 6～8 个。孢子黄褐色，光滑，近球形，(3.5～4.5) μm×(3～4) μm。刚毛圆锥形，(13～35) μm×(5～10) μm。桑黄野生寄生于杨、柳、桑、桦、栎、松等树木之上，多年生，分布广泛。国内野生桑黄集中分布区在黑龙江省东部乌苏里江与兴凯湖之间、吉林的长白山林区、西北地区陕西和甘肃交界的“子午岭”自然保护区。另外，西南各省区也出产少量的桑树桑黄。

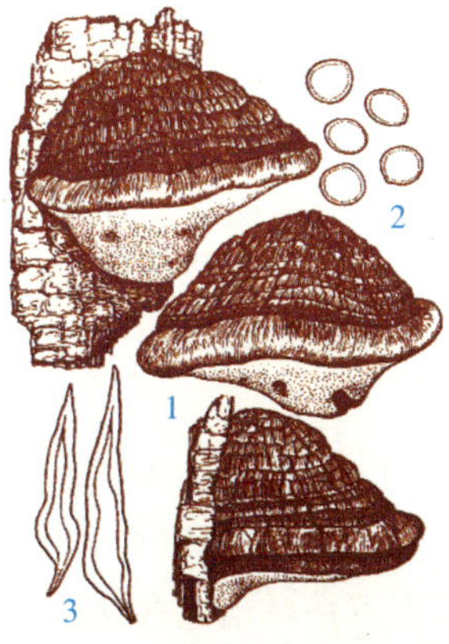

图 4-58　桑黄形态(卯晓岚)

1. 子实体　2. 孢子　3. 刚毛

桑黄为俗称，药用最早收载于李时珍《本草纲目》中。《药论性》中称为桑臣、桑耳。《药论性》记载：桑黄味微苦，性寒，在我国传统中药中用于治疗痢疾、盗汗、血崩、血淋、脐腹涩痛、脱肛泻血、带下、闭经。日本《原色日本菌类图鉴》记载桑黄可治偏瘫一类中风病及腹痛、淋病。《神农本草经》将桑黄描述为“久服轻身不老延年”，还有解毒、提高消化系统功能的作用。

20 世纪末桑黄多糖的研究在国内外逐渐兴起，其中韩国和日本对桑黄研究较多，美国和西欧对桑黄也略有研究。国内外对桑黄研究多集中在桑黄深层特体发酵条件优化和多糖提取方面，也有桑黄多糖分子结构及抗癌免疫学机制的研究等。日本和韩国已开始人工栽培和批量生产。

一、药用价值

1.抗癌和抗肿瘤作用

目前，桑黄菌被国际公认是生物抗癌领域中药效最好的药用真菌之一。据有关资料显示，桑黄以 96.78%的肿瘤（癌症）抑制率在目前所有治疗癌症的药物中排在第一位，已成为药用真菌研究领域的一个热点。近年来，日本、韩国相继对其进行开发，其研究人员发现，天然桑黄提取物对肿瘤等赘生物有出色的抑制作用。体外试验证实，桑黄水提物可诱导癌细胞进入细胞程序死亡。此外，桑黄还有很强的抑制癌细胞转移作用。更令人振奋的是，桑黄及其提取物对人体无毒无害，即使长期大剂量使用，对人或实验动物亦无任何毒副作用。

据科研人员分析，桑黄与其他药用真菌一样，其水提物的主要活性成分为多糖类物质。运用色谱分析桑黄子实体的单糖组成，结果表明桑黄多糖的单糖组成为鼠李糖、阿拉伯糖、木糖、葡萄糖、甘露糖和半乳糖。另外，桑树桑黄子实体和发酵菌粉均含有 17 种氨基酸，并且含有钙、铁、锌等 8 种矿物质元素，此外还有黄酮及其衍生物、香豆素类、甾醇类化合物。桑黄多糖为棕褐色粉末，易吸收，具有抗癌、抑制肝纤维化过程、抗放射、提高肝脏、骨髓和血液合成 DNA、RNA 和蛋白质的能力，具有辅助治疗的效果，可以一定程度延长患者的寿命。

2.免疫调节作用

据报道，桑黄的抗癌效果机制是通过细胞调节和体液免疫来提高免疫力而抑制肿瘤细胞生长和转移的。

沈业寿等（2007）研究了桑黄胞内多糖对 S-180 荷瘤小鼠免疫功能的影响。桑黄胞内多糖利用液体发酵方法获取。实验动物采用 S-180 荷瘤小鼠。用 MTT 法测定桑黄胞内多糖对 S-180 荷瘤小鼠脾淋巴细胞转化能力的影响，同时测定了胸腺指数和脾脏指数。试验结果表明，桑黄胞内多糖各实验组小鼠的胸腺指数、脾脏指数较高，然而环磷酰胺组小鼠的胸腺指数和脾脏指数明显降低，表明小鼠免疫功能受到抑制，导致小鼠存活数下降。结果还显示，桑黄胞内多糖能明显增加荷瘤小鼠的白细胞数，促进白细胞生成，并对环磷酰胺引起的小鼠白细胞数下降有明显的拮抗作用。同时，桑黄胞内多糖还能增强小鼠脾淋巴细胞增殖能力，对环磷酰胺造成的脾淋巴细胞转化能力的下降有明显的拮抗作用。可见桑黄胞内多糖具有较强的免疫增强活性。研究表明，桑黄中含有多种活性成分如糖类、多种酶类及蛋白聚糖等，体外可以使 T 淋巴细胞活性增强 3 倍，B 淋巴细胞活性增加 129 倍，巨噬细胞活性增强 3～5 倍，自然杀伤细胞（NK）活性增加 2 倍，说明桑黄菌具有提高免疫力的作用。

3.抗纤维化作用

张万国等（2003）研究桑黄对肝损伤的保护作用。他们以四氯化碳诱导大鼠肝损伤的方法，观察桑黄对血清学和组织学指标的影响。结果表明，桑黄治疗组大鼠肝细胞变性和炎细胞浸润现象明显减轻，纤维组织增生明显减少，肝组织结构完好，未见有假小叶形成；血清氨基酸转移酶水平显著降低，蛋白合成能力增强；血清活性氧显著减少，肝组织超氧化物歧化酶活力提高；血清白细胞介素-4 水平降低，γ-干扰素显著增高。桑黄能显著降低肝纤维化大鼠血清氨基转移酶水平和胶原含量，显著降低肝纤维化大鼠的全血黏度、血细胞比容和红细胞刚性指数（$P<0.01$，$P<0.05$），血浆黏度和红细胞聚集指数也有一定程度的降低。实验表明，桑黄具有保护肝细胞功能，抗脂质过氧化和调节炎症因子水平为其作用机制。

4. 抗氧化作用

郑立军等（2006）研究了桑黄胞内多糖的抗氧化作用。结果显示，桑黄胞内多糖能显著增强机体 SOD 活性，降低 MDA 水平，而 SOD 活性反映了机体清除氧自由基的能力，MDA 含量则间接反映机体细胞受自由基损伤的程度。因此，郑立军等认为桑黄胞内多糖有可能通过增强机体抗氧化酶活性，降低组织内脂质过氧化产物水平，从而增强机体抗氧化防御系统的功能，减轻 CP 代谢产生的自由基可能引起的对细胞 DNA 的损伤，发挥抗突变作用。本实验结果也表明，血清和肝细胞中的 MDA 含量均随 SOD 活性增强而降低，MDA 含量与 SOD 活性之间存在显著负相关，验证了过氧化物浓度与抗氧化活性呈反比的规律。

5. 抗衰老作用

桑黄多糖能提高 SOD 活性，消除自由基，抗脂质过氧化，从而发挥抗衰老、美容养颜等作用。经检测，SOD 含量达 20 000 IU/g。郑媛和沈业寿（2006）研究了桑黄胞内多糖的抗衰老作用，试验以果蝇作为供试动物，共分 5 组。第 1 组为正常组，饲料中添加基本培养基；第 2 组为阳性对照组，饲料中添加 2%（W/W）香菇多糖；第 3～5 组为不同剂量的给药组，饲料中分别添加 2%、4%、8%桑黄胞内多糖。统计果蝇的死亡率，计算每组平均寿命、半数存活期和最长寿命。结果表明，添加香菇多糖的阳性对照组和分别添加 2%、4%桑黄胞内多糖的药物组均表现出较好的抗衰老作用。其中饲养在含 4%桑黄胞内多糖培养基中的果蝇与不添加多糖的正常组相比，平均寿命延长了 27.5%，最长寿命延长了 29.6%。高剂量桑黄多糖组（添加 8%桑黄胞内多糖）的抗衰老作用不明显。这说明在适当剂量下桑黄胞内多糖可以延长果蝇平均寿命和最长寿命，具有抗衰老作用的潜力。

6. 降血糖作用

研究证实，桑黄多糖能够显著降低血糖水平，并呈现明显的浓度相关性。此外，桑黄酚类化合物 Hispidin 通过保护胰岛 β 细胞不被过氧化氢损伤，进而起到降血糖作用（Yayeh et al.，2013）。Lee 等（2010）研究证实，桑黄菌子实体提取物能够选择性抑制胰岛素信号传导的负调节因子 PTP-1B 的表达。Wang 等（2015）研究结果表明，桑黄乙酸乙酯萃取物能够显著促进糖尿病小鼠血液中胰岛 β 细胞增殖，减少糖化白蛋白水平，进而促进胰岛素分泌，发挥降血糖作用。

7. 抗菌作用

有研究证实，桑黄在消炎抗菌，尤其在抗耐药菌方面具有一定的药用价值。王钦博等（2016）研究发现桑黄水提物对乳制品中常见的沙门氏菌、大肠杆菌、青霉菌、白霉菌、酵母等有害指示菌具有抑菌效果，但对保加利亚乳杆菌、嗜热链球菌等有益菌无显著影响。Hong 等（2016）研究表明，桑黄乙酸乙酯提取物能够显著杀灭金黄色葡萄球菌，并下调金黄色葡萄球菌中青霉素结合蛋白 2α 的产生，且呈剂量依赖性。此外，桑黄正丁醇提取物对白念珠菌 SC5314 生物膜的形成具有显著的抑制作用（汪天明等，2019）。

8. 保肝作用

研究证实桑黄提取物具有抗肝纤维化，促进肝细胞再生的作用，可用于提高肝脏功能，防治肝相关疾病等。Chen 等(2020)研究发现桑黄多糖 PL-N1 对乙酰氨基酚引起的小鼠肝脏损伤具有保护作用，可降低细胞色素 P4502E1 的表达和肝脏炎性细胞因子的释放，提高Ⅱ期酶水平。Wang 等(2012)研究发现，桑黄多糖通过抑制氧化应激反应和增加谷胱甘肽的分泌而减轻硫代乙酰胺诱导的大鼠肝纤维化进程。张珈宁等(2019)研究表明，桑黄多糖可通过减轻小鼠肝虫卵肉芽肿和胶原沉积，抑制肝脏脂质过氧化，进而减轻日本血吸虫感染小鼠肝纤维化。

9. 调节尿酸代谢

尿酸在体内的代谢有多种酶的参与，其中黄嘌呤氧化酶在尿酸的形成过程中起着促进的作用，而次黄嘌呤鸟嘌呤核糖磷酸转移酶可以促进尿酸的分解。研究发现，桑黄具有降尿酸的作用，其主要机制是桑黄水提液中的有效成分具有抑制黄嘌呤氧化酶、同时还具有促进次黄嘌呤鸟嘌呤核糖磷酸转移酶的活性(刘帅阳等，2019；Guo et al.，2021)。

二、栽培现状

国内桑黄的栽培基本上有两种模式：一种是段木栽培，桑树、杨树、柞树都是栽培桑黄属的良好树种。挑选桑树、栎树等杂木，对其进行分段、消毒、接种、发菌与出菇。木段长度应保持在 20～30 cm，直径控制在 15～20 cm。另一种是人工袋料栽培，钟石等研究得到优化后的袋料栽培基质：木屑 50%，桑皮 10%，棉籽壳 30%，麸皮 8%，糖、石膏各 1%；桑枝段适量。接种后恒温 25 ℃、湿度约 90%，培养 30～40 d 菌丝体转黄，菌袋划出小口，给予昼夜温差刺激(20～27 ℃)，空气湿度增至 95%以上，促进原基分化，经 50～60 d 子实体发育成熟。

人工袋料栽培是高效获得桑黄子实体的一个主要途径。针对桑黄子实体栽培而言，有效成分所占比例是研究的重点，应基于桑黄子实体产量，采取优化人工栽培技术、注重日常管理等方法，对其菌种栽培方式予以针对性改进。

专题二 栽培技术

一、桑黄的段木栽培

1. 工艺流程

桑黄代用料覆土栽培工艺流程见图 4-59。

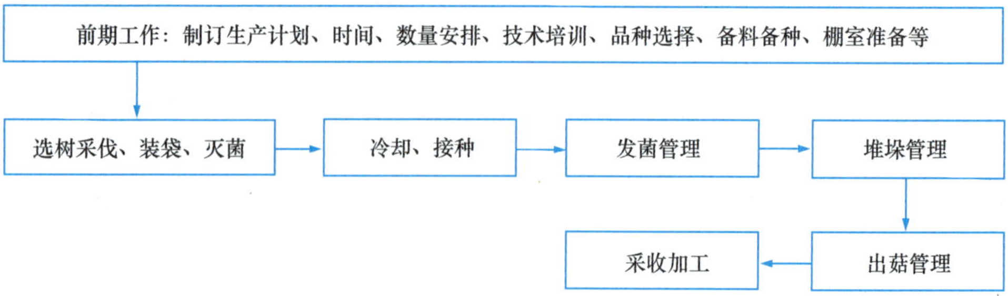

图 4-59 桑黄代用料覆土栽培工艺流程

2.管理技术

(1)选择树种、适时采收 杨树、桦树、柞树、桑树等阔叶树均为栽培桑黄的良好树种,以桑树上生长的桑黄子实体入药最佳,因为桑树自身也是中药材的一种。桑黄在利用桑树上的营养进行生长发育时,可以吸收桑树中的有效成分,这是桑树桑黄好于其他树种栽培桑黄的原因所在,最佳树龄在 6~10 年。

菇木的砍伐季节与桑黄菌段木栽培的成败及其产量的高低、质量的优劣,有着非常重要的关系。因此,对菇木的砍伐季节要求比较严格。一般要在树叶已落,树木处于休眠期,即冬季里砍伐最为适宜。此期树木中积累的蛋白质、淀粉及糖类等营养物质最为丰富,而且其形成层停止活动,韧皮部与木栓部贴合得很紧密,树木不易脱皮,正适合砍伐作菇木。在东北地区按节气,立冬至翌年惊蛰之间,即 11 月下旬至翌年 2 月中旬为最佳菇木砍伐期。

(2)原种制作 原菌种选择谷粒作培养基最好。一般用小麦、高粱及玉米粒均可。配制时谷粒中加入 1%石膏粉混拌。其制作方法按常规方法操作。在无菌条件下接入桑黄斜面母种(1 支斜面试管母种接 500 g 罐头瓶 6 瓶)。在 24~26 ℃温度下暗室培养,30 d 左右菌种可长满瓶。

(3)栽培种制作 栽培种的培养基配方:锯木屑(阔叶树)80%,麸皮 12%,玉米面 6%,石膏粉 1%,硫酸铵 1%,KH_2PO_4 0.3%。其制作方法按常规法操作,并在无菌条件下接入桑黄谷粒原种,1 瓶原种可接 750 g 罐头瓶 20 瓶。在 24~26 ℃下遮光发菌培养,40 d 菌丝可长满瓶。

(4)栽培时间 桑黄菌段木栽培多采用春季栽培,在东北地区,2 月下旬至 3 月中旬栽培为宜。

(5)段木准备 菇木应选择树的主干较长,大小适中,梢头直径在 4~8 cm 的柞、杨等阔叶树;也可选用林场清林时废弃的梢头枝桠材。将木材截成 20 cm 长的短木段,劈成两半,再将劈开的短木段捆拼成直径 15 cm 的段木捆,然后装入低压聚乙烯菌袋中。菌袋的底部和袋口的段木断面上要撒一层木屑麸皮营养料(木屑、麸皮比例为 3∶1,加适量水拌匀),扎好袋口,同时将段木袋捆扎两道,使段木与塑料袋贴合得较为紧密为好。

(6)灭菌 装好袋的木段,应及时灭菌。一般采用常压蒸汽湿热灭菌器灭菌。先将灭菌器内填足所需要的水,再将段木袋倒放于灭菌器中,按常规进行灭菌,4~5 h 灭菌器内温度升到 100 ℃,保温灭菌 10 h 左右,停止加温。待灭菌器内温度自然降至 70 ℃以下时再出锅。

(7)接种 灭菌后的段木袋温度降至 30 ℃以下便可接种。可采用无菌室、无菌箱、离子风接种器或超净工作台等接种。采用两头接种,接种量要求在 20%左右,以菌种封盖料面为度。由于段木袋较粗大,接种时最好是两人合作,即一人解开袋口绳,打开袋口,另一人将已备好的桑黄栽培种迅速撒入段木表面(尽量使菌种分布均匀些),接入菌种后立即封口,重新扎好袋口,待全部接种完毕再移入培养室内,放置在培养架上培养。如无培养架,也可在地面垫上砖头之后再按井字形摆放,堆高 3~5 层为宜。

(8)发菌培养 发菌培养阶段,保持适宜的温度至关重要。培养室的温度要求保持在 24~26 ℃,室内空气相对湿度控制在 60%~65%,适当通风换气,保持室内空气新鲜,遮光培养。在发菌过程中,每隔 10 d 左右翻堆 1 次,翻堆时将段木袋上下内外调换位置。倒堆的目的,一是观察桑黄菌丝生长情况,如发现污染,应及时采取措施。二是通风调温,保持上下内外发菌一致。在适宜的条件下,培养 45~60 d 黄色的桑黄菌丝可长满木段,达到生理成熟。

(9)出菇管理　栽培的前两天要将栽培室清扫干净，用5%的石灰水喷洒地面，再用1∶200的菌绝杀空间喷雾消毒，然后按空间1 m^3用2小包烟雾消毒剂进行熏蒸灭菌2 h，之后敞开门窗通风换气，待室内无异味时才可移进菌段。人工段木栽培桑黄的出菇期在4月下旬至5月上旬。当菌段已布满黄色菌丝体，并可见有深黄色的瘤状突起物时，便进入出菇期。此时，可将塑料袋的两端袋口打开，采取墙式栽培法摆放于栽培室或塑料保温栽培棚内；先在地面铺垫一趟砖，再将菌木段摆在砖上码成菌段墙，堆高5～6层(高70～80 cm)，两趟菌段墙之间留70 cm宽的作业道。这种墙式码堆法，菌木段可以两头出菇，产量高，便于管理。在桑黄子实体形成和生长发育的整个出菇期间，加强温度、湿度、通气及光照等条件的综合管理显得格外重要。

①温度。这个阶段温度保持在27～28 ℃为宜。低于20 ℃则不利于子实体的形成和发育，若超过31 ℃，其生长会受到抑制，甚至形成的子实体原基也会萎缩枯死。温度过高时，可在夜间开门窗通风或喷冷水降温。

②湿度。湿度对桑黄子实体的形成和生长发育起着至关重要的作用，湿度越低子实体形成和成熟的时间越长，而且子实体生长不整齐，体积小、产量低。湿度低于70%会明显抑制子实体的形成和生长。空气相对湿度在85%～95%最适于子实体的形成和发育。因此，在此期间要加强给水管理，子实体形成初期每天可向空间及地面喷水3～4次。在子实体生长发育期除向空中喷水外，还可直接往段木上喷雾状水，以利其生长发育。

③空气。桑黄是一种好氧菌。子实体形成期间需要足量新鲜空气，如通风不良，子实体形成缓慢，不利生长发育，并影响其产量。一般每日通风3次，每次20～30 min，有利于子实体的形成和生长。

④光照。适当的光照有利于桑黄子实体的形成和生长，在黑暗条件下不能正常形成子实体。桑黄子实体形成期需要散射光照，其强度为1 000 lx的散射光较适于子实体的形成和生长发育。但应避免阳光直射。在桑黄子实体形成后菌木表面往往会出现大量的棕色水样至酱油色分泌物，应及时排除袋外，如处理不当，会造成局部污染。

⑤采收。桑黄子实体生长较慢，一般从子实体形成到成熟为30 d以上。适时采收是保证桑黄产品优质、高产的重要环节。

人工段木栽培的桑黄子实体为马蹄形或扇形，木质，坚硬，单片或二三层叠生，基部较厚，边缘渐薄，钝圆，菌盖呈深黄至浅咖啡色。段木桑黄子实体无论是形态特征，还是产量质量都优于袋料栽培的桑黄，近似野生桑黄。

当菌盖不再生长，并见有少量孢子散发时便进入子实体成熟期。采收时要用尖刀从子实体基部割下，采大留小，边成熟边采收。

目前桑黄的加工，主要是干制。即将采收的鲜桑黄脱去水分，制成干品。干制前，要将培养基及树皮等杂质清除，大小分开。

二、桑黄袋料栽培

1.建棚

种植模式采取室内层架结构、建造合理的桑黄棚是取得桑黄高产的重要条件。根据桑黄的生物学特性，选择保温、保湿、通风良好、光线适量、排水顺畅、方便管理操作的桑黄大棚，要求桑黄棚地面清洁，墙壁光洁耐潮湿。桑黄棚大小要根据培养料多少而定，把桑黄棚建在有树荫、靠近水源的位置最合适。培养料入棚前要严格消毒，空间用甲醛 5 mL/m³ 和高锰酸钾 10 g/m³ 密封熏蒸 24 h 之后使用。东北地区利用自然温度栽培，春种以 4—5 月份最佳，夏种以 9—10 月份最好。

2. 配方选择

桑黄在生长发育过程中需要各种营养物质，可因地制宜就地取材，选用适合本地区的配方。目前，一般采用的配方是：柞树锯末 77%，麸皮 15%，玉米粉 5%，糖、磷肥和石膏各 1%，每 100 kg 栽培料加 JTD802 生长素 50 mg 。

3. 人工栽培料的制作

在配制栽培料时先将棉籽壳、木屑、麸皮、石膏粉等料拌均匀，培养料含水量 60%～65%，以用手攥紧时料成团指缝似滴不滴水为好。拌好料后即可用装袋机装袋。塑料袋规格可选用 15 cm×35 cm 或 17 cm×33 cm 的聚丙烯或聚乙烯筒袋，每袋装料 400～450 g，聚乙烯料袋采用常压灭菌 10～12 h，聚丙烯塑料袋采用高压灭菌，保持 2 h，待料冷却到 30 ℃以下时入无菌室内接种。一瓶栽培种可接种料袋 25～35 袋。将已接种的菌袋移入消毒好的培养室内，分层排放，一般每排放 6～8 层高，排架之间留有人行通道，每周上下翻倒一次，这样做一是可以平衡温度，二是经过翻动可增加袋内氧气，使发菌更快。

4. 发菌管理

发菌期间，培养室内保持 22～28 ℃，空气相对湿度要求 50%～60%，每天通风半小时，每隔 5～7 d 上下翻动菌袋一次。当菌丝体发满 2/3 时，移入培养棚内，松开料袋口，用手轻轻一提，留一点缝隙。棚内以散光为宜，避免强光直射。一般经 25～32 d，菌丝便可长满料袋。个别料袋菌丝发育不匀，可挑出单放。

5. 出菇管理

当菌丝长满后，可用刀片把菌袋两端割成 5 分硬币大小的圆形口，以利出菇。出菇时棚温保持在 18～26 ℃，空气相对湿度提高到 90%～95%，并提供散射光和充足的氧气。保持地面存有浅水层，每天向墙壁四周及空间喷水 3～4 次。每天上午 8 时以前及下午 4 时以后打开门及通风口换气，气温低时在中午 12 时至下午 2 时通风换气。原基膨大 3～5 d，逐渐形成菌盖，要增加喷水保湿，气温过高要喷水控温。通风不良易出畸形桑黄，出现畸芽要及时割掉。当菌盖颜色由白变浅黄再变成黄褐色，菌盖边缘白色基本消失，边缘变黄，菌盖开始革质化，背面弹射出黄褐色的雾状孢子时，表明桑黄子实体已成熟，即可及时采收（从割口到采收一般需 50 d 左右）。

6. 采收及采收后管理

桑黄采收前一周停止喷水，关闭通风口，通道地面铺上塑料薄膜，以便把散发的孢子粉收集起来。采收桑黄时从柄基部用剪刀切下或用手轻摘，有条件的烘干或晒干至含水量 12%，装袋置于干燥的室内保存或出售。

采收桑黄后，除去料袋口部的老菌皮，培养袋重新排放于棚内，提高湿度至 90%～95%，温度仍保持在 25 ℃左右，一周后，又可在原来菌柄上继续生长出子实体。按照前一阶段的方法培养管理，25～30 d 又可采收第二茬，一般可采收 3～4 茬。每 100 kg 干料可生产干桑黄成品 3 kg 以上。

专题三 产品开发

桑黄作为一种天然的无毒无副作用的保健品，因其具有抗肿瘤、耐氧化、增强人体免疫力等特殊功效，已经发展成为当今抗癌药物研究和开发领域的主流产品。目前已经研制生产了桑黄酒、桑黄茶以及口服液等多种食用药物产品。

1. 中药饮片

在中、日、韩的杨树桑黄商业栽培子实体有20年历史，发现其具有良好的保健功效，可以朝中药饮片等方向发展。有人利用小鼠急性毒性试验和遗传毒性试验考察了桑树桑黄子实体粉的毒性。结果表明，桑树桑黄子实体粉基本无毒性。目前，我国有几个省区以杨树桑黄为材料申报桑黄中药饮片，蜜炙或炒制可以缓和其苦寒药性，同时补益脾胃。

2. 食品添加剂

铁皮石斛桑黄菌丝体用途非常广泛，可以制成药品保健品或者作为特色食品添加剂的原料，具有非常好的市场前景，经济效益也非常显著。

3. 生物制剂

桑黄发酵是扩大桑黄产业产能、保护野生桑黄资源的有效手段。桑黄菌发酵产品的过程中具有能耗低、效率高、利用率高和低污染的特点，发酵产品也可以直接作为一种生物制剂进行研究和应用。

4. 化妆品

桑黄乙醇提取物是通过抑制黑色素合成的限速酶——酪氨酸酶的活性，从而减少细胞内黑色素的合成量，改善皮肤肤色，达到美白效果。

5. 酿酒

以桑黄菌丝液、大麦芽、酒花为原料进行酵母发酵，开发了桑黄精酿啤酒。此法不仅保留了桑黄的功效成分，并且口感极好，综合评价得分极高，具有很好的开发前景。

6. 桑黄茶饮料

以茶汁为培养基，以菌丝多糖含量作为评价指标，桑黄液体发酵茶饮料得到的茶饮料最终为棕红色，口感极佳并具有桑黄特有的风味。研究表明，不同年生的桑黄子实体均可作为功能性产品开发的原料。但是不同生长年限段木栽培桑黄子实体营养、活性成分含量以及抗氧化活性存在差异，因此在开发桑黄产品时，可以根据所需营养、活性成分的不同，在其含量达到最高值时进行采收。

桑黄未来的产品开发方向，除了可单独开发为药品、保健食品，也可以跟灵芝、虫草等其他食药用菌搭配使用，或跟其他健康食品做互补性配伍。韩国一些企业已推出含桑黄成分的护肤品，如洗面奶、面膜、紧致霜等，是未来开发的新方向之一。

单元十 白参菌栽培技术

知识目标

了解白参菌的药用价值和栽培现状。

熟悉白参菌生产的工艺流程和开发技术。

掌握白参菌实训生产计划的设计思路和制订方法。

能力目标

能应用所学知识进行生产计划的制订。

能完成白参菌栽培的全部生产操作。

能处理白参菌培养管理中出现的技术问题。

能全程进行生产管理并填写生产管理日志。

专题一 概述

白参菌，别名裂褶菌、白蕈、树花、鸡毛菌，隶属于真菌门担子菌亚门伞菌纲伞菌亚纲伞菌目裂褶菌科裂褶菌属。白参菌子实体小，覆瓦状散生或丛生，扇形或肾形，无柄或短柄，盖面密生绒毛、白色至浅灰色；盖缘内卷，有条纹、多瓣裂，菌褶狭窄，沿褶缘纵裂向外反卷。白参菌孢子印白色或淡肉色。孢子无色透明，圆柱形，(5～5.5) μm×2.5 μm，双核，孢子壁平滑。担孢子圆柱形至腊肠形，无色，光滑，大小为(4～6) μm×(1.5～2.5) μm。菌丝体白色、疏松、茸毛状，气生菌丝较旺。菌丝有隔，有分枝，粗细不均，直径 1.25～7.5 μm。单系菌丝系统，生殖菌丝有锁状联合，无色，交织排列，直径为 5～8 μm(图4-60)。

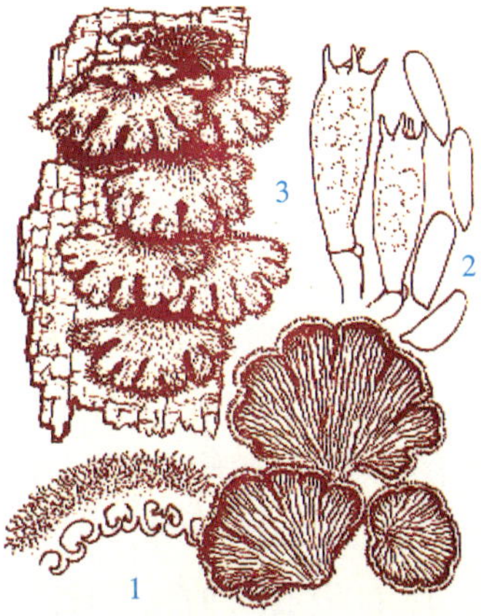

图 4-60 白参菌形态(卯晓岚)
1.子实体 2.孢子 3.担子

白参菌是一种食药兼用名贵珍稀菇菌。其子实体秀雅，质地脆嫩，味道清香，鲜美爽口；富含多糖、蛋白质、麦角甾醇、裂褶菌黄素；还含有多种酶。《中国药用菌生产与产品开发》记载：白参菌子实体中含有 31 种无机元素，包括 5 种常量元素和 26 种微量元素，其中人体必需的 7 种微量元素含量比较高，抗癌元素硒含量为 0.242 μg/g，可作为硒源加以利用。云南省农业科学院测试中心对人工栽培的白参菌分析，其含人体必需的 8 种氨基酸总量达 17.04%，并富含锌、铁、钾、钙、磷、硒、锗等，是一种营养比较全面的真菌。从白参菌中提取的多糖，对慢性细菌感染有显著的防御效能，对肿瘤有抑制作用;其菌丝深层发酵产出的有机酸,广泛应用于食品、医药工业及生物化学等方面。

一、药用价值

国内外医药研究表明,白参菌子实体中含有丰富的有机酸和具有抗肿瘤、抗炎作用的白参菌多糖。白参菌胞外多糖(SPG)又称裂褶菌素,是一种从白参菌子实体、菌丝体或发酵液中提取出来的水溶性多糖,结构以β-1-3-糖苷为主链,具有β-1-6-糖苷为侧链的葡聚糖。因其具有较好的水溶性和独特的活性结构,在调节免疫、抗肿瘤、抗辐射等方面有着显著的功效。

我国云南产的白参菌气香味鲜,称之为"白参",其性平、味甘,具有滋补强壮、扶正固本和镇静作用,可治疗神经衰弱、精神不振、头昏耳鸣和出虚汗等症。我国陕西等省,常将其与鸡蛋炖服,能促进产妇子宫提早恢复正常,并促进乳汁分泌,还有治疗妇女白带过多之功效。

目前,SPG 的抗癌、提高免疫力的作用已经成为研究的热点。国内医学研究表明,白参菌液体培养时可产生胞内和胞外多糖,这两种多糖都具有抗癌活性。《中国经济真菌》记载,白参菌含有白参菌多糖,试验表明对小白鼠吉田瘤和小白鼠肉瘤 37 的抑制率为 70%~100%。

日本学者铃木宗司等首先报道了能显著抑制肿瘤生长,能显著增加脾脏产生抗羊红细胞抗体的细胞数,并可增强迟发性皮肤过敏反应,提高细胞免疫功能。日本已将白参菌多糖试用于临床,治疗一些以消化道癌为主的胃癌、胰腺癌及直肠癌等,证明 SPG 作为一种免疫治疗剂对进行性癌的治疗有效。夏冬等试验表明,白参菌胞内多糖和胞外多糖具有促进机体细胞免疫功能的作用,对机体的体液免疫功能也有一定促进作用,并可恢复老年动物细胞免疫及体液免疫的功能,显示对延缓衰老可能有一定的意义。邵伟报道,用野生的白参菌子实体提取的 SPG 对小鼠艾氏实体瘤具有显著抑制作用,抑瘤率达 63%。赖晓莺等报道,SPG 是一种对外周血白细胞有较好保护和提升作用的新型多糖免疫调节剂,能促进受抑制的骨髓造血机能迅速恢复,使恶性肿瘤放、化疗后引起的白细胞下降较快得到回升。

李雪等采用醇沉淀法得到的白参菌胞外多糖对小鼠肉瘤 S-180 和肝癌 H22 具有较强的抑制作用,对肉瘤 S-180 的抑制率中剂量和高剂量均达 30%以上,其中中剂量最高达 48.86%,高剂量次之,也达 37.8%。对肝癌 H22 的抑制率三剂量组均达 30%以上,中剂量最好,达 55.47%。可以看出对肝癌 H22 的抑瘤效果要优于肉瘤 S-180,表明了白参菌胞外多糖对不同肿瘤的抑制活性可能存在一定的选择性。阳性药组虽然抑瘤效果最好,但是在服药期间食欲不佳,状态差,身体明显消瘦,从小鼠的体重、脾脏指数和胸腺指数的降低可以看出环磷酰胺对小鼠的损伤很大,在抑瘤的同时也降低了小鼠的免疫能力;而白参菌胞外多糖几个剂量组在服药期间小鼠食欲良好,体重均有所增加,其脾脏指数和胸腺指数均大于空白对照组。白参菌胞外多糖试验小鼠血清中 IL-18(一种多功能免疫调节蛋白,是重要的抗肿瘤细胞因子,可以通过多种途径发挥抗肿瘤作用)和 TNF-α(是由细菌脂多糖活化的单核巨噬细胞释放的细胞因子,与肿瘤细胞膜上的 TNF-α 受体结合,特异性地杀伤肿瘤细胞,对机体的正常细胞无害,可致肿瘤细胞坏死)的含量高于空白对照组,且对肉瘤 S-180 小鼠血清中 IL-18 和 TNF-α。此外,TNF-α 还在体外与 IFN-γ 协同作用,诱导肿瘤细胞凋亡。本试验中给药组小鼠血液中 IL-18 和 TNF-α 的含量较高,说明白参菌胞外多糖能够促进荷瘤小鼠分泌 IL-18 和 TNF-α,提高荷瘤小鼠特异性免疫功能,诱导肿瘤细胞凋亡,从而达到抗肿瘤作用。

王凤仙等报道,白参菌子实体和菌丝体提取物对金黄色葡萄球菌、大肠杆菌、痢疾杆菌、枯草杆菌以及乙型副伤寒沙门氏菌具有明显抑制作用。白参菌胞内多糖和胞外多糖均能显著抑制二甲苯致小鼠耳肿胀，其中白参菌胞外多糖中剂量的抑制率最高，白参菌胞内多糖高剂量的抑制率最高；且给药组的胸腺指数与脾脏指数较空白组均有所提高。这初步证明了白参菌多糖具有一定的抗炎作用，并在抗炎的同时在一定程度上提高了机体的免疫力。

日本学者发现，SPG 对动物的急慢性感染有防御作用，能防御葡萄球菌、大肠杆菌、铜绿假单胞菌等多种细菌引起的感染。小松信彦(1973)证实，裂褶多糖与抗生素联合使用，比两种药物各自单独使用时疗效更高。它与链霉素、庆大霉素或利福平联合使用时能起到提高抗生素效价、降低抗生素不良反应的作用。SPG 的体内抗菌作用可能与其增强机体抗感染免疫力有关。

白参菌能帮助身体储备更多的肝、肌糖原，降低运动后血乳糖(LD)和血清尿素氮(BUN)的增量，提高清除 BUN 的效率，促进身体在运动后的能量补给，从而达到抗疲劳的效果。郝瑞芳等以白参菌子实体干粉和白参菌发酵液饲喂小鼠，检测白参菌子实体干粉和发酵液对小鼠肝糖原含量、肌糖原含量、琥珀酸脱氢酶(SDH)活力、乳酸脱氢酶(LDH)活力、血清尿素氮(BUN)含量及血乳酸(LD)含量的影响。结果表明，试验 1 组、试验 2 组和试验 3 组小鼠的肝糖原含量、SDH 活力及 LDH 活力极显著高于对照组(饲喂 100 基础饲料)($P<0.01$)；试验 1 组和试验 2 组的肌糖原含量显著高于对照组；运动后试验 1 组、试验 2 组和试验 3 组小鼠的 BUN 增量和 LD 的水平显著低于对照组，说明白参菌具有明显解除运动疲劳的作用。

二、栽培现状

人们食用、药用白参菌的时间较早，《新华本草纲要》《中国药用真菌》《云南食用菌》《福建菌类图鉴》等著作对其有详细记载。野生白参菌多见于枯树、腐木上，其朵型小，无柄或短柄。我国人工驯化栽培始于 20 世纪 80 年代。1984 年，上海农业科学院食用菌研究所将生长在乌柏树倒木上的白参菌接种在 PDA 培养基上培养菌丝，并进行了培养基优化试验。1990 年，曹素芳通过组织分离法获得白参菌菌种，并在液体培养基上获得子实体。1996 年，云南农业大学食用菌研究所对野生白参菌菌种进行筛选驯化研究，采用以木屑、麦麸为主的培养料进行栽培试验取得成功，可以采收 3 潮菇，生物学效率在 35%～50%。罗星野等也实现了裂褶菌的引种驯化并栽培成功，改野生裂褶菌的片状小朵形为菊花瓣状大朵形，提升了外观和产量，2000 年申请专利(专利公开号：CN 1306084A)。2000 年，万勇在湖南省永顺县黄土界林场的菇木上采集裂褶菌，通过组织分离获得母种，并进行驯化栽培研究。结果表明，以麦麸、杂木屑为原料栽培，生物学效率均超过 10%。2006 年，福建古田县菌都农业开发公司在春季进行商品化示范栽培 3 批，获得理想效果。随着引种驯化的成功，先后在山东省，福建古田，云南的昆明、玉溪、普洱等地实现了商业化栽培。

白参菌子实体的人工栽培采用代料栽培，栽培模式有两种：一种是多层次立体栽培，即以塑料袋装入培养料作为载体，在菇棚内搭建多层架床，形成多层次立体栽培，可连续生产收获 4～6 潮菇，生物学效率可达 200%以上，是一种高产栽培技术；另外一种是工厂化栽培，生产的白参菌大小均匀、朵形好，分类标准，更利于白参菌在市场的流通与推广。

专题二 栽培技术

一、白参菌的多层立体栽培

(一)工艺流程

白参菌代用料栽培工艺流程见图 4-61。

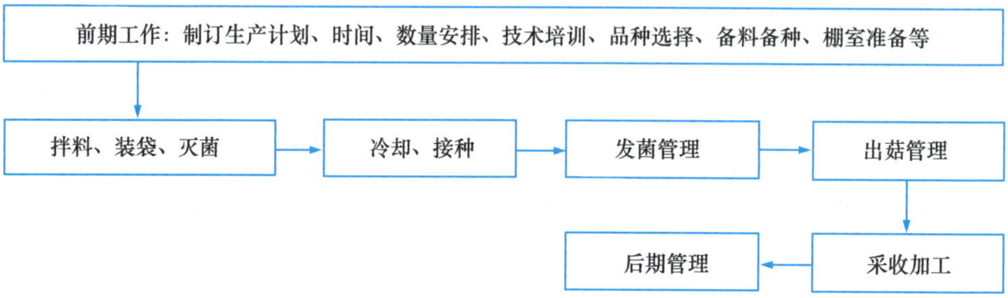

图 4-61 白参菌代用料栽培工艺流程

(二)管理技术

1.场地选择和菇棚要求

白参菌栽培场地要选择环境清洁，地势平坦或缓坡地，交通方便，靠近水源，用电方便的地方。为了防止积水，地势宜高，排水方便，而且要坐北朝南，利于保温。为了防止制种时产生杂菌污染，栽培生产场所应当远离制种场所，并处于制种场所的南面。栽培场地选定后，剔除土中的石块、杂物，为了减少病虫害的发生，可在周边和土中撒些生石灰消毒。

菇棚高 2.5 m，每棚 250～300 m^2，竹木作骨架。棚顶盖黑色薄膜加草帘，四周茅草或草帘围护；棚内搭摆袋架，架宽 90～100 cm，分设架床 8 层，层距 25 cm；地面整平夯实，铺上细沙。每个架床用塑料薄膜覆盖成保湿棚。保湿好的专用菇棚不必盖膜。庭院如有对流门窗的房间，也可用于栽培。

2.栽培季节

白参菌属于中温型菌类，菌丝生长适温 23～26 ℃，出菇适温 16～23 ℃，从接种到采收仅 20 d 左右。其最佳栽培季节，秋栽 9—10 月，春栽 3—5 月。福建古田县春秋两季各种 2 茬，其他地区可根据当地气温情况而定。为了充分利用房棚空间和最适时间，每年可以安排生产 4～6 茬，也可实施控温工厂化周年生产。栽培季节总体要求“三对应”：对应当地气候、海拔，因地制宜确定最佳播种期；对应种性温型特征，选好对路菌种；对应播种期，提前 3 个月制种，确保不误栽培季节。

3.配方选择

白参菌是典型的木腐生类型的药用菌，代用料栽培原料来源广泛(表 4-24)。

表 4-24 白参菌栽培料配方 %

配方	杂木屑	豆秸	棉籽壳	玉米芯	麸皮	玉米粉	蔗糖	石灰	石膏	过磷酸钙	碳酸钙
一	88				10			1	1		
二	80	8			10		1		1		
三	60		20		10	8	1		1		
四		8	80		10		1		1		
五			58	20	18	2			1	1	
六	28		50		18	2			1		1

注：培养料含水量 65%，pH 灭菌前 6.5～7。

4. 菌袋制作

栽培袋分为短袋与长袋两种。短袋规格(17～18) cm×(22～26) cm×0.003 cm，为低压聚乙烯塑料袋，每袋装干料 250～300 g，用皮筋或撕裂膜绳扎口，装料的松紧度一致，一头或两端扎口处不粘培养料。长袋为规格 12 cm×55 cm×0.004 cm 的成型塑料折角袋，每袋装干料量 500 g。料袋采用常压灭菌，灭菌的罩膜内鼓大气后 5 h，料温度达 100 ℃时开始计时，保持 18～24 h，灭菌效果好。

5. 灭菌接种

料袋灭菌后，需冷却至 28 ℃以下方可接种。为防止“病从口入”，严格进行无菌操作，做到“四消毒”：接种箱(室)使用前，采用紫外线或气雾消毒；菌种、料袋和工具搬入后再次进行气雾消毒；操作人员身手消毒；菌种迅速通过酒精灯火焰消毒，接入料袋内。接种时，长袋打 6 个接种穴，接入菌种后胶布封口；短袋的拔出袋口棉塞，接入菌种后复原棉塞。

6. 发菌管理

接种后的菌袋，摆放于培养室层架上或平地垒叠培养。发菌培养环境要求适温、干燥、避光、通风。温度以 23～26 ℃为好，不低于 18 ℃，也不可超过 32 ℃；空气相对湿度 70%以下，注意防潮；门窗遮阳避光；每天通风 2 次，更新空气。室内养菌一般 7 d 左右，袋壁上菌丝浓白密集。白参菌整个养菌期仅 10 d，当手指按压袋面有凹陷时，即可离室转入棚内。

7. 开口诱蕾

(1)开口诱蕾法 菌袋进入菇房上架摆袋催蕾要区别不同袋形。短袋拔去袋口的棉塞，拉直袋膜，增氧保湿诱蕾；也可采取袋壁四周每隔 8 cm，用锋利刀片划 1～2 cm 的出菇口后，将菌袋竖立或倒置摆放于地面或预先铺好塑料薄膜的菇床架上，多口出菇的方式，袋间距离 1 cm 左右。长袋进房后，横排于架层上适应环境 2 d，再把穴口上的胶布撤掉，穴口向上长菇。菌袋开口摆放后，上面覆盖塑料薄膜，使之形成一个适于菇蕾分化的稳定小环境。覆盖的薄膜每隔 3 h 掀动 1 次，排出过多的二氧化碳，促使菇蕾快速形成。同时调节室温，控制湿度，通风，并给予光照刺激，诱导菇蕾形成。菇蕾形成需要温度在 16～23 ℃，空气相对湿度 85%左右，在空间喷雾状水，并覆盖架层罩膜保湿；提供光照强度为 50 lx 左右的散射光；每天喷水时，结合揭膜通风，使空气中二氧化碳含量在 0.01%～0.03%。菌袋开口后原基形成一般需要 4～6 d，当菇蕾形成并稍有分化时，揭去覆盖的薄膜，重新排放菌袋，加大菌袋间距至 4～6 cm，以利于子实体生长。

(2)脱袋铺料诱蕾法　菇床上先铺薄膜,再将培养成熟的菌袋,脱去塑料膜,掰成蚕豆粒大小菌丝块铺于菇床上,厚度为 5~7 cm,铺好后用木板轻轻拍平,覆盖塑料薄膜。菇蕾形成时温度宜 16~22 ℃,空间喷雾状水,保持空气相对湿度 90%左右,并覆盖架层罩膜保湿。提供光照强度为 50 lx 左右的散射光;每天喷水时,注意揭膜通风;每隔 3 h 左右掀动覆盖膜 1 次,以补充料面的氧气。经 7~8 d,料面开始形成菇蕾。菇蕾形成后,用小竹片将覆盖的塑料薄膜撑起,使覆盖膜和菌块表面有 1~2 cm 距离,促使菇蕾开片。菇蕾开片后,即将覆盖膜全部揭掉,以利于子实体生长。

8. 出菇管理

(1)温度　温度应控制在 18~23 ℃,不低于 18 ℃,不超过 25 ℃。气温高时,夜间开门窗通风,白天密闭门窗,同时进行室内空间喷水。气温低于 12 ℃时,应采取加湿措施,白天开南门、南窗,夜间关闭门窗。若子实体尚未分化,只要不出现冻害,仍可形成子实体。

(2)湿度　根据子实体生长发育需要,空气相对湿度应保持在 85%~95%;每天早、中、晚向空间喷雾状水 1 次,不宜直喷于菇体上。喷水视子实体生长情况而定,子实体小时少喷,子实体大时要及时多喷,晴天每天喷水 1~2 次,雨天或空间湿度大时,不喷水,检测标准是以喷后 2 h,子实体上不出现水珠为度。

(3)通风　菇棚内需要充足的氧气,每天开窗通风 1~2 次,保持室内有清新的空气。气温低时,白天开门窗;气温高时,夜间开门窗。

(4)光照　长菇需要 100~300 lx 散射光线。光照强度超过 500 lx 时,子实体生长速度会减慢。

9. 采收与加工

从接种至采收约 20 d,当子实体叶片平展、开始散发孢子时,说明子实体已成熟,应及时采收。推迟采收时间子实体重量不仅不会增加,反而会影响下一潮菇蕾形成,降低产量。采收时应用锯齿小刀从基部切下,并除净基部培养基与杂质。采收前 1 d 停止喷水,避免脆断损坏朵形。第一潮子实体采收后,停止对菌袋或菌块喷水,生息养菌 1~2 d 后,再按前述方法催蕾,进行下一潮子实体培养,管理同第一潮菇,7 d 后又产出第二潮菇。管理得当一般可采收 2~3 潮菇,生物转化率 40%~50%。长袋的单产 200~250 g,短袋的单产 100~150 g。

二、白参菌工厂化栽培

(一)菌种制备

1. 母种

试管培养基配方(PDA):马铃薯 200 g、葡萄糖 20 g、琼脂 20 g,水 1 000 mL,pH 自然。按照配方制作斜面固体培养基,在超净工作台中接入白参菌菌种后,置于培养室。温度控制在 23~25 ℃,黑暗培养。定期观察菌丝正常与否,是否存在污染情况,如果有污染及时挑出。白参菌菌丝 6 d 长满试管。

2. 液体三角瓶菌种

液体培养基配方:马铃薯 200 g、葡萄糖 20 g、蛋白胨 5 g、磷酸二氢钾 3 g、硫酸镁 1.5 g,水

1 000 mL,pH 自然。按照配方制作液体培养基,待三角瓶冷却至 23 ℃,在超净工作台中接入白参菌母种,置于恒温摇床,转速在 172 r/min、温度控制在 23～25 ℃,黑暗培养。定期检查菌丝球生长状态,当三角瓶静止时菌液不分离,菌丝球大小均匀,直径在 2～3 mm,菌液不浑浊,即达到发酵终点。摇床培养时间为 6 d,即可接入发酵罐中。

3.液体发酵罐菌种

1 000 L 发酵罐配方:黄豆粉 1 kg、玉米粉 1 kg(黄豆粉和玉米粉应为粉末状,不能有小颗粒,避免接种时堵住枪头)、酵母膏 1 kg、葡萄糖 4 kg、白砂糖 4 kg、硫酸镁 1 kg、磷酸二氢钾 2 kg、消泡剂 80 g,水 800 L,pH 自然。

按照配方制作发酵罐,严格按照操作步骤进行灭菌,待罐温降至 23 ℃,接入发酵完成的液体三角瓶菌种。发酵罐室内温度控制在 23～25 ℃,黑暗培养。发酵罐内保持 CO_2体积分数在 0.3%以下,保证发酵罐内氧气充足。当发酵液体停止供气时,菌液不分离,菌丝球大小均匀,大小在 2～3 mm,排气口为菌香气味,无臭腥等其他异味,即发酵结束。发酵罐培养时间为 4 d,经检测无污染,即可接入制作的菌包中。

(二)菌包制作

栽培料配方:硬杂木屑 50%、玉米芯 28%、麦麸 18%、玉米粉 2%、轻质碳酸钙 1%、石膏 1%,含水量 60%～62%。

保证所有的原材料新鲜无霉变,按照上述配方准确称取各种原材料,依次加入搅拌机中。经 3 次搅拌后,快速水分测定仪测定含水量在 60%～62%,pH 计测定培养料 pH 在 4.5～5.5,即可传入全自动打包机料筒内,进行打包。平均每包重量 1.20～1.25 kg,装料高度控制在 19.0～19.5 cm。装袋结束后及时装入高温高压灭菌锅内,灭菌温度 124 ℃时保持 150 min。灭菌后测定 pH,控制在 4.0～4.5。保持菌包内孔洞完整。灭菌结束后将菌包移入万级净化车间,保证冷却一、冷却二、冷却三车间环境洁净度在万级。当菌包中心温度降至 23 ℃,即可进行接种。

(三)接种

1.液体菌种品质的测定指标

(1)菌丝球大小的测定方法　发酵完成后进行取样,发酵液中取出 20 个菌丝球测量直径,再除以 20 得到平均直径,进行比较即可,平均直径较小(一般在 2 mm 左右)的菌种品质较好。

(2)菌丝球密度的测定方法　取 2 mL 发酵液置于平皿中,在下面放置一张黑白相间的格子纸,然后进行计数。平均菌丝球密度在 32～35 个/mL 较好。

(3)菌丝干重的测定方法　液体菌种发酵结束后,取发酵液 50 mL,3 000 r/min 离心 10 min 收集菌丝体,干燥箱 80 ℃干燥至恒重,用电子天平称量。以菌丝体干重在 2.8～3 g 为标准。

(4)显微镜观察方法　取少量发酵液进行显微镜微观观察,观察菌丝的生长情况。重点观察菌丝分枝、隔膜、锁状联合等是否正常,观察是否有游动的细菌、酵母菌等杂菌。

2.液体菌种的选择

发酵罐接种后的第 3 周、第 4 周进行取样,将取料口通 125 ℃蒸汽进行消毒,灭菌 20 min。

取 50 mL 发酵液到无菌三角瓶中，在超净工作台中将其回接到苯酚红细菌检测液体培养基和细菌固体培养基中，放置于 35 ℃培养箱中培养。次日观察回接情况，苯酚红培养基是否变黄，细菌培养基是否生长杂菌；另取少量发酵液进行镜检，观察是否有细菌等污染。使用当日，先取样镜检，镜检正常，2 次回接的苯酚红液体培养基和细菌固体培养基正常，发酵罐菌种菌丝球大小在 2～3 mm，菌丝球密度均匀，菌种为菌香味道，无臭刺鼻等味道，即可使用。

3. 自动接种机消毒

将蒸汽发生器加热到 128 ℃，通过发酵罐连接接种机的管道将蒸汽通入自动接种机中，确保接种机每根管道冷水排干净，当压力表压力达到 0.1 MPa 开始计时，灭菌 60 min。计时结束，通入液体菌种进行冷却，接种机管道冷却至 23 ℃，开始接种。

接种人员严格按照百级净化车间标准进行着装、消毒。开始接种时，先测试 12 支接种枪头是否喷料正常，每包接种量控制在 25～30 g，确保菌种不外漏，喷射后沿着套环向下流，枪头直喷射料面至孔洞内，直到洞底部为标准。

(四)发菌管理

1. 菌丝定植培养

接种后的菌包移入培养房进行菌丝定植培养，培养房温度控制在 23～25 ℃，前 7 天不通风，第 8 天进行通风。保持培养房内二氧化碳体积分数为 0.3%～0.5%，定期测量包心温度，不能超过 26 ℃。菌丝完全盖住料面后，即第 10 天转入大培养库。

2. 菌丝发热期培养

进库后，培养房温度保持在 21～23 ℃，长满菌丝后温度提高至 23～25 ℃，第 18 天菌包长满，第 19 天进入出菇房。

(五)出菇管理

菌包移入网格式出菇房，具体管理如下。

第 1 天，将菌包插入网格中，去掉盖子套环，割掉袋口 5 cm，确保不影响料面；控制出菇房温度 18～20 ℃，光照 300 lx 左右，采用超声波加湿保持菇房内空间湿度 88%左右。

第 2～6 天，原基形成阶段，菇房温度保持 18～20 ℃，光照 300 lx 左右，湿度 88%，二氧化碳体积分数控制在 0.03%～0.05%。第 5 天料面出现白色子实体状隆起，原基逐渐长大，并明显长出袋口。

第 7～10 天，保持上述温度湿度光照，随着原基的分化，需增加换气次数，控制室内二氧化碳的体积分数在 0.01%～0.03%。

第 11 天，达到成熟标准，当子实体叶片平展即可采收，采收的前一天停止浇水。

第 12 天，第一潮菇采收后，将料面清理干净，房间停止浇水 2 d，再按上述方法出菇管理，进行第二潮菇培养。10 d 后又产出第二潮菇。工厂化管理一般采收 2 潮菇，每包平均产量 120～150 g，生物学效率 45%左右。

(六)采收

当白参菌子实体叶片平展时达到采收标准，用采菇刀从子实体基部割下，清理菇根基料；按照销售要求，称重装盒包好保鲜膜，放入泡沫箱中；转入 2～4 ℃冷库，货架期为 12～14 d。

专题三　产品开发

白参菌是近年开发的药用菌新品种，产品开发在食品和生活用品领域也取得了长足的发展。

1. 在药品与保健品中的应用

白参菌多糖同抗肿瘤药物一起使用可延长肺癌和胃癌患者的生命。白参菌多糖结合放疗用于宫颈癌晚期的免疫治疗，白参菌多用于消化系统肿瘤的中晚期治疗，均可延长患者的生命。

2. 在食品行业的应用

食品添加剂体系中，非吸附性水溶性大分子如多糖被广泛用作增稠剂和稳定剂。它们的作用在于能以极小的量使分散介质的流变性发生显著的改变，因而使分散相粒子均匀地悬浮在介质中以获得所要求的稳定性。其中白参菌多糖因为具有显著的增加体系黏度和形成弱凝胶结构的特点而可以被使用于食品或其他产品，以提高 O/W 乳状液的稳定性。目前，黄原胶被广泛地用作增稠剂和稳定剂。但是，研究发现，只有当添加的黄原胶达到一定量后才能得到所期望的稳定作用。在低于某一临界浓度时，黄原胶的存在非但不能改善稳定性，反而会大大地降低体系的稳定性。对 O/W 乳状液体系，这种黄原胶引起的失稳表现为短时间内发生分层。据研究，对给定的大分子，这个临界浓度的数值取决于体系的组成及分散相体积分数，另外还受乳化剂、分散相粒子尺寸以及环境温度和其他因素的影响。白参菌多糖的临界浓度比黄原胶低一些，而其乳化性、乳化稳定性要高于黄原胶，白参菌多糖的黏度要比黄原胶的大很多倍。

事实上，进一步进行白参菌多糖用作食品添加剂研究工作是很有必要的。首先，白参菌多糖是经过微生物发酵用物理方法提取的多糖，它无毒，无副作用；其次，白参菌多糖极易溶于水、黏度大、乳化稳定性好；最后，白参菌多糖据有很好的、独特的生理活性。以上性质，一般的增稠剂和稳定剂是没有的，所以开发白参菌多糖作为食品添加剂是很有意义的。

3. 在化妆品行业的应用

白参菌多糖是由裂褶菌深层发酵产生的一种中性的胞外多糖，它可以延缓皮肤衰老。日本在 1999 年申请了将其用于化妆品的专利，国内还没有相关研究报道，但市场上已有相关产品。通过和常用的化妆品如保湿剂甘油、透明质酸钠、聚乙二醇、壳聚糖进行吸湿和保湿性能的对比，白参菌多糖试样表现出良好的吸湿和保湿性能，因而是一种有很大开发价值的天然保湿剂。研究中还发现，白参菌多糖粗品也表现出良好的吸湿和保湿性能，且含有较多的蛋白质、核酸等营养成分，具有很高的研究价值。

4. 在工业中的应用

白参菌多糖广泛的生物活性已逐渐被人们认知，其独特活性和来源的天然性在保障人体健康的应用中具有很大潜力。随着对白参菌多糖生物活性研究的深入，多糖的生物活性机理、功效因子会更加明确，它的应用领域也将会拓宽。比如，白参菌多糖还可用于工业废水处理、清洁用品、纺织上浆、造纸、印刷工业及钻井、选矿、炸药工业等领域，可谓应用前景广阔。

模块五 药用菌常见病虫害防治技术

知识目标

掌握食用菌不同生产阶段常见病虫害的识别与防治知识。

能力目标

能识别食用菌病虫害的种类及为害症状。
能制定病虫害的综合防治措施。
能处理生产实践中发生的病虫害并进行综合防治。

单元一　概述

食用菌在其生长和发育过程中，会受到多种病菌和害虫为害，影响了食用菌的产量和品质，严重时甚至导致绝收。人工栽培的食用菌，按照发病的原因，可以分为病原性病害（侵染性病害）和生理性病害（非侵染性病害）两大类。病原性病害是受到其他有害微生物的侵染而引起的，生理性病害是因不适宜的环境条件或不恰当的栽培措施造成的。

食用菌病虫害的防治必须坚持“以防为主，防重于治”的原则，采取生态防治、物理防治、生物防治和化学防治相结合的综合防治措施，确保食用菌生产达到高产、优质、高效和安全的目的（表 5-1）。

表 5-1　食用菌综合防治措施

防治措施	具体范畴	使用建议
生态防治	环境控制、原料选择、品种选择、栽培管理措施等	提倡多使用
物理防治	设障阻隔、灯光诱杀、日光暴晒、低温处理、高温灭菌等	提倡多使用
生物防治	利用细菌、真菌、病毒本身或其代谢产物等	未来趋势，积极倡导
化学防治	使用化学药剂进行防治	补救措施，少使用

单元二　菌丝体阶段侵染性病害防治技术

专题一　侵染性病害识别

1. 木霉

（1）为害特点　为害双孢蘑菇、香菇、黑木耳、银耳等。木霉菌丝繁殖迅速，常在短时间内暴发，对多种食用菌造成严重危害（图 5-1 至图 5-5）。

图 5-1　木霉显微结构

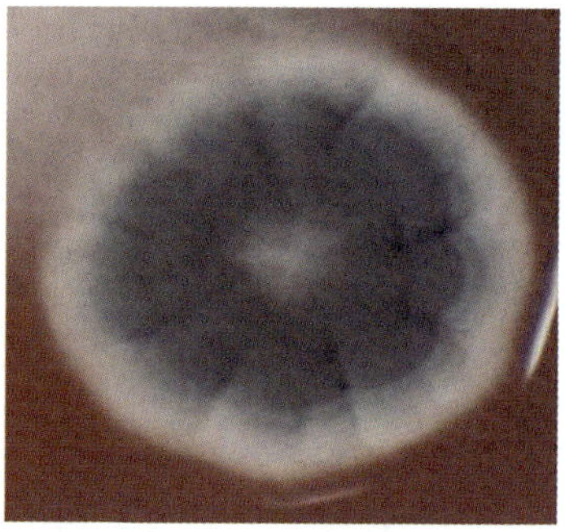

图 5-2　木霉菌落

图 5-3　木霉感染原种

图 5-4　木霉感染形成拮抗线

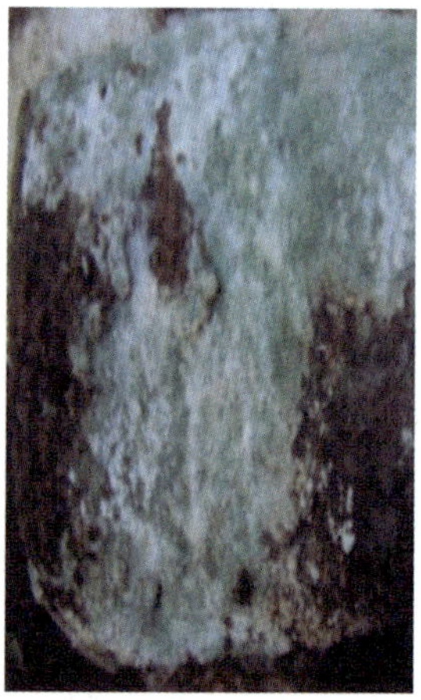

图 5-5　木霉感染香菇菌棒

（2）发生规律　木霉孢子萌发适温为 25～30 ℃，空气相对湿度为 95%。分生孢子可在空气中传播，培养料、覆土和菌事操作都可将木霉孢子带入栽培场和培养室。木霉为害症状见表 5-2。

表 5-2　木霉为害症状

为害时期	主要表现
初期	产生灰白色棉絮状的菌丝
中期	从菌丝层中心开始向外扩展
后期	菌落转为深绿色并出现粉状物的分生孢子，菌落为浅绿、黄绿、蓝绿等颜色

2. 青霉

(1)为害特点　该菌在食用菌制种和栽培阶段都可发生(图 5-6 至图 5-10)。

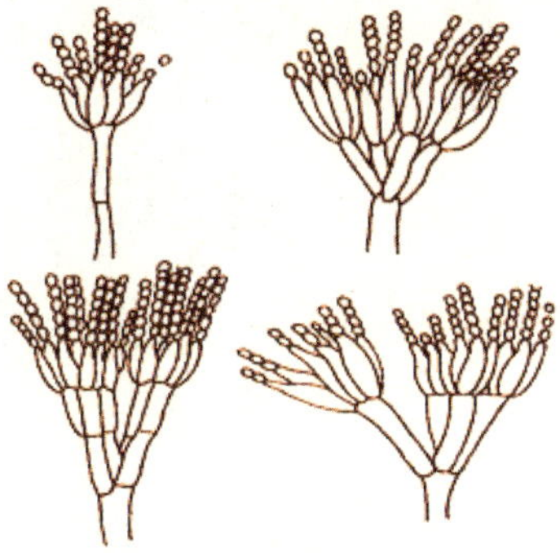

图 5-6　青霉显微结构

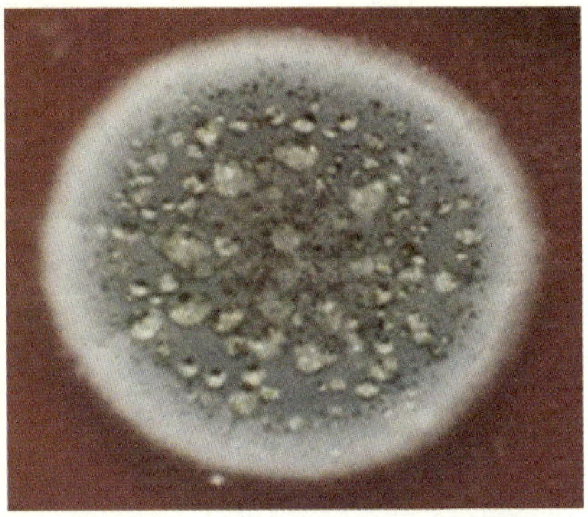

图 5-7　青霉菌落 1

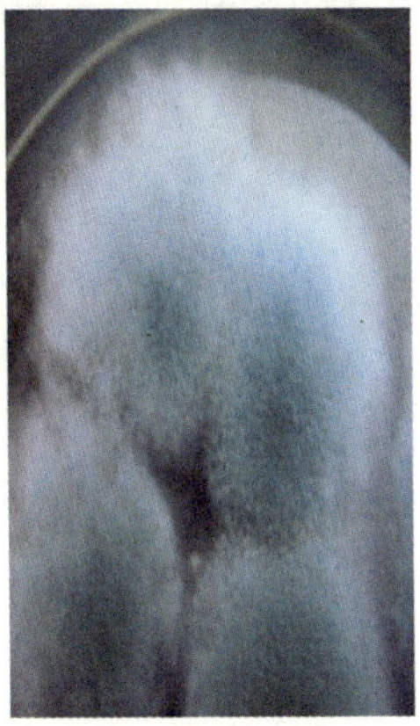

图 5-8　青霉菌落 2

图 5-9　青霉感染原种

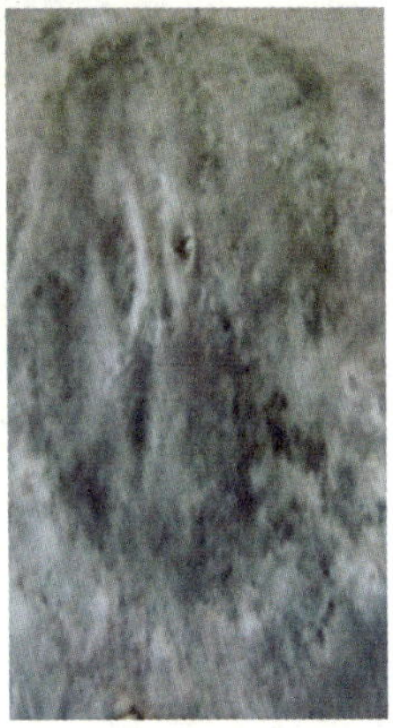

图 5-10　青霉感染香菇菌棒

(2)发生规律　菌丝生长适温为 20～30 ℃，空气相对湿度为 80%～90%，其传播主要由孢子随空气飞散而传播。食用菌制种如消毒不严、棉塞潮湿、培养室温度高、湿度大、通风不良、培养料偏酸等都易感染此菌。青霉为害症状见表 5-3。

表 5-3　青霉为害症状

为害时期	主要表现
初期	与食用菌菌丝相似，不易区分，菌落初为白色
中期	菌落很快转为松棉絮状，气生菌丝密集
后期	逐渐出现疏松单个的浅蓝色至绿色粉末状菌落，大部分呈灰绿色

3. 曲霉

(1)为害特点　常见的种类有黄曲霉、黑曲霉、白曲霉等,为害双孢蘑菇、草菇、灵芝等菌种和培养料,抑制菌丝生长(图 5-11 至图 5-14)。

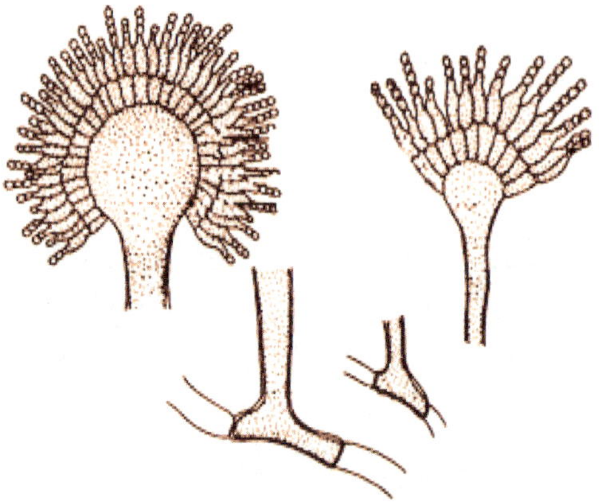

图 5-11　曲霉显微结构

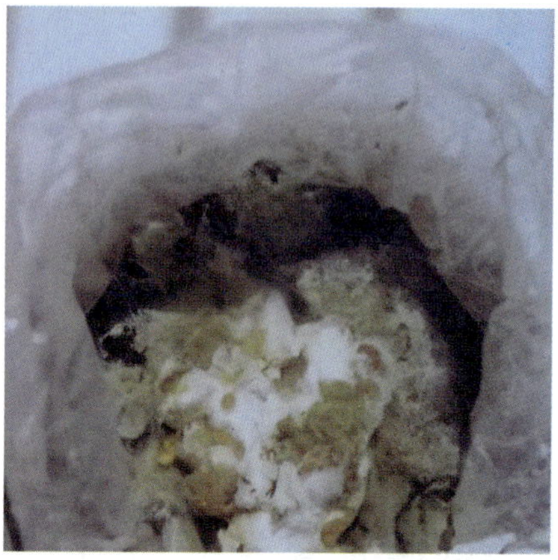

图 5-12　黄曲霉感染菌袋

图 5-13　黑曲霉感染大米培养基

图 5-14　黄曲霉感染大米培养基

(2)发生规律　温度高、湿度大曲霉菌易发生,主要靠空气传播,培养料本身带菌或培养室消毒不严格是污染的主要原因。曲霉为害症状见表 5-4。

表 5-4　曲霉为害症状

为害时期	主要表现
初期	白色绒毛状菌丝体
中期	扩展较慢,菌落较厚
后期	很快转为黑色或黄绿色的颗粒性粉状霉层

4. 链孢霉

(1)为害特点　为害各种食用菌,蔓延迅速,暴发性强,对菌种威胁很大,严重时导致生产场所报废(图 5-15 至图 5-18)。

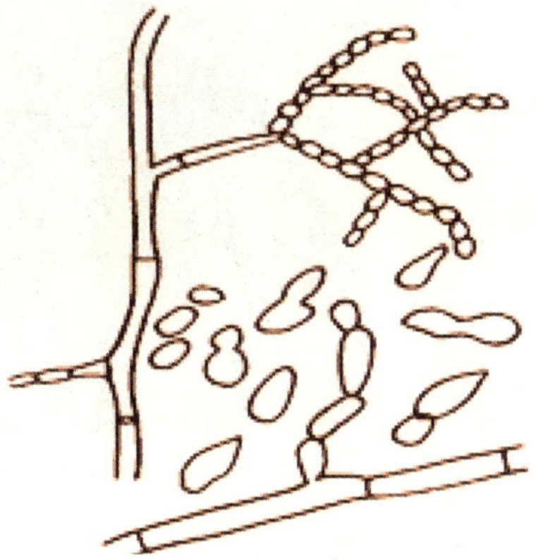

图 5-15　链孢霉显微结构

图 5-16　链孢霉感染大米培养基

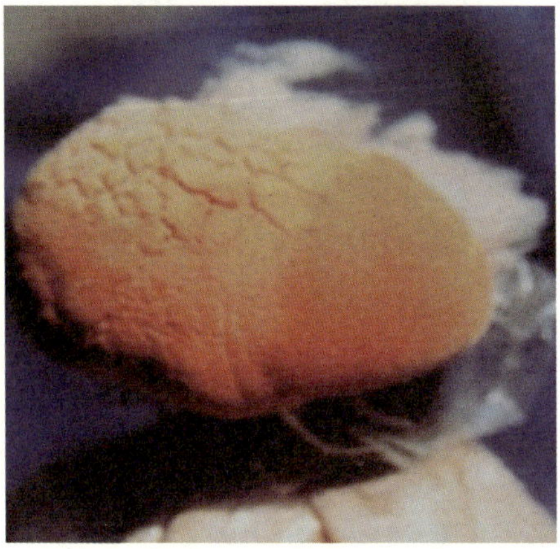

图 5-17　链孢霉感染菌种

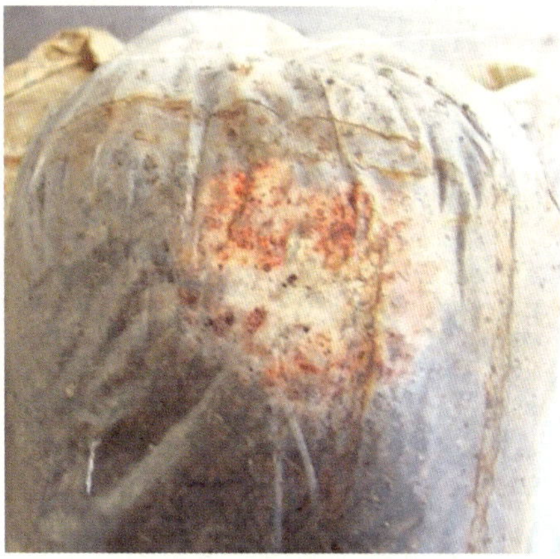

图 5-18　链孢霉感染菌袋

(2)发生规律　链孢霉的生活力很强，分生孢子耐高温，在温度 25 ℃以上，空气相对湿度在 85%～90%，繁殖极快，2～3 d 就可完成一代。传播方式主要为粉状孢子随气流扩散飞扬传播。制种或培养菌种期间，培养料灭菌不彻底，接种箱和培养室消毒不严，接种操作带菌，特别是棉塞受潮时易发生感染。链孢霉为害症状见表 5-5。

表 5-5　链孢霉为害症状

为害时期	主要表现
初期	菌落初为白色粉粒状
中期	菌落很快变为橘黄色绒毛状，蔓延迅速
后期	在培养料表面形成一层团块状的孢子团，呈橙红色或粉红色

5. 毛霉

(1)为害特点　毛霉菌丝生长迅速，能深入培养料中，争夺水分和养分，并抑制食用菌菌丝的生长(图 5-19 至图 5-23)。

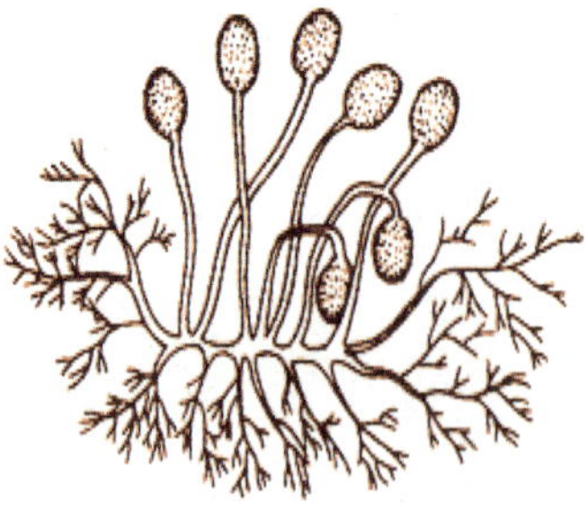

图 5-19　毛霉显微结构

图 5-20　毛霉感染大米培养基

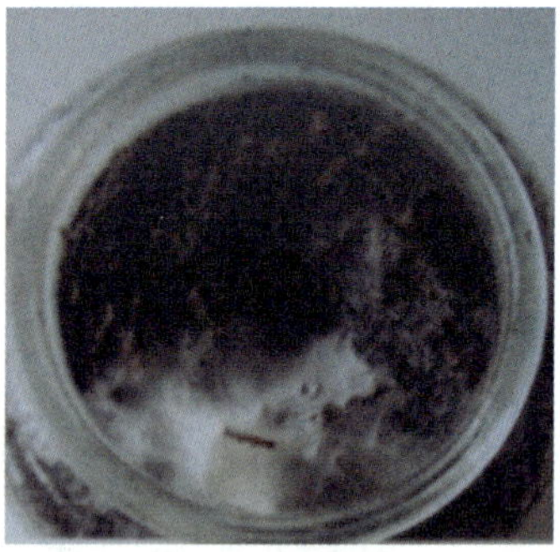

图 5-21　毛霉感染接种部位

图 5-22　毛霉感染原种

图 5-23　毛霉感染栽培种

(2)发生规律　毛霉在自然界分布很广,土壤和空气中都有毛霉的孢子存在,毛霉的孢子随气流传播,在温度 25～30 ℃,空气相对湿度 85%～95%,通风不良的情况下极易发生。毛霉为害症状见表 5-6。

表 5-6　毛霉为害症状

为害时期	主要表现
初期	菌落初为白色,棉絮状
中期	老后变为黄色、灰色或浅褐色
后期	不形成黑色颗粒状霉层(孢子囊)

6.根霉

(1)为害特点　又称黑色面包霉,为害多种食用菌(图 5-24 至图 5-26)。

(2)发生规律　根霉同毛霉一样,在自然界分布广泛,土壤和空气中都有它的孢子,通常在气温高、通风不良的条件下易大量发生。根霉为害症状见表 5-7。

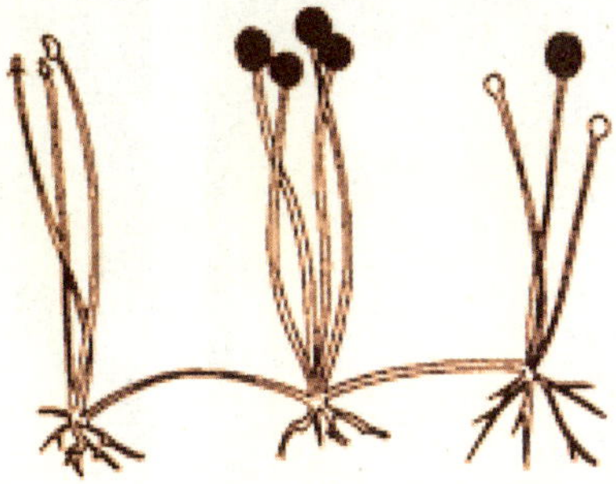

图 5-24 根霉显微结构

图 5-25 根霉菌落

a

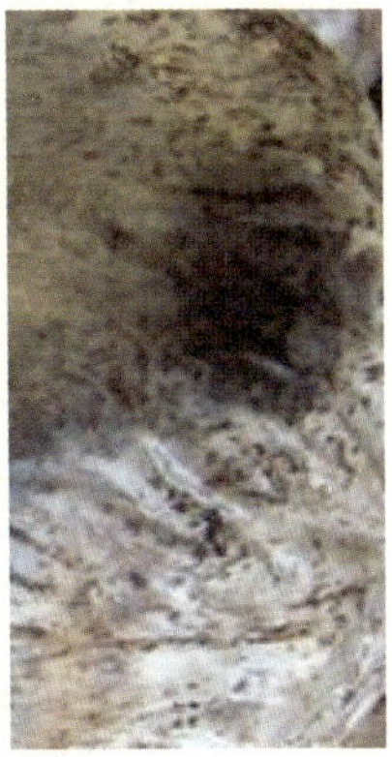

b

图 5-26 根霉感染菌袋

表 5-7 根霉为害症状

为害时期	主要表现
初期	菌落初为白色棉絮状,菌丝白色透明,与毛霉相比,气生菌丝少
中期	后变为淡灰黑色或灰褐色
后期	在培养料表面形成一层黑色颗粒状霉层(孢子囊)

7.细菌

(1)为害特点 使食用菌菌丝生长不良或不能生长,严重时,培养料会变质、发臭、腐烂(图5-27)。

(2)发生规律 细菌广泛存在于土壤、空气、水和各种有机物中,靠空气、水、昆虫等进行传播。细菌适于生活在高温、高湿及中性、微碱性的环境中。灭菌不彻底是细菌发生的主要原因,环境温度过高、培养料过湿、通风不好、中性或微碱性时,易发生细菌污染。细菌为害症状见表 5-8。

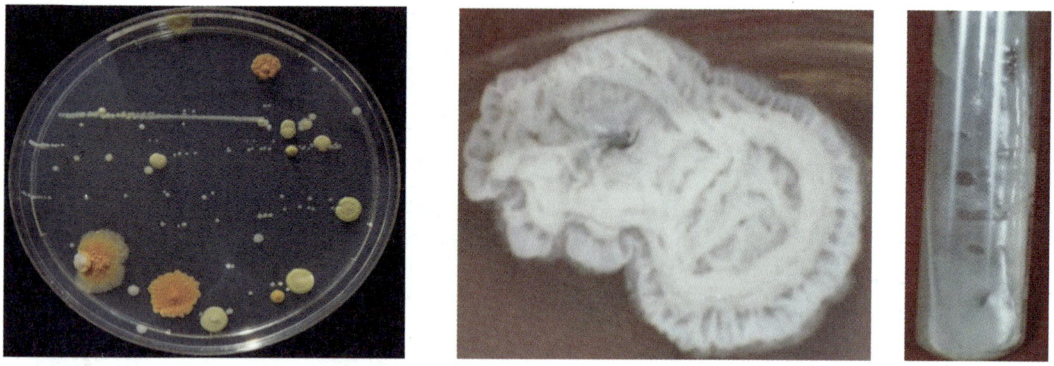

a　　b　　c

图 5-27　细菌菌落

表 5-8　细菌为害症状

污染对象	主要表现
母种	细菌菌落多为白色、无色或黄色，黏液状，常包围食用菌接种点
培养料	呈现黏湿、色深、散发出恶臭气味

8.酵母菌

(1)为害特点　可污染各级菌种和栽培袋，尤其以母种培养基上最为常见。在培养料上多数不能形成菌丝，抑制食用菌菌丝生长，引起培养料酸败(图 5-28、图 5-29)。

图 5-28　酵母菌菌落

a　　b

图 5-29　酵母菌感染菌袋

(2)发生规律　酵母菌喜欢生长在含糖量高又带酸性的环境里。培养料水分过大，装料时压得太实，通气不良，环境温度超过 25 ℃，空气湿度过大时该菌易发生。酵母菌为害症状见表 5-9。

表 5-9　酵母菌为害症状

为害时期	主要表现
前期	菌落表面光滑、湿润，有黏稠性，不透明，大多呈乳白色，少数呈粉红色
中后期	被酵母菌感染的培养料会产生浓重的酒味

9.黏菌

(1)为害特点　病原菌为绒泡菌、煤绒菌等,也可以统称为白黏菌、黄黏菌。菇床或菌块、菌袋上一旦发生黏菌,在条件适宜时,其营养体即黏稠的菌落 1 d 就可以扩散几厘米到几十厘米,很快覆盖整个床面,同时伴随细菌和线虫大量发生,造成毁灭性灾害(图 5-30、图 5-31)。

图 5-30　白黏菌菌落

图 5-31　黄黏菌菌落

(2)发生规律　病原菌来自土壤、培养料或空气,环境潮湿、阴暗、有机质丰富、细菌多的条件利于病原菌发生和蔓延。黏菌为害症状见表 5-10。

表 5-10　黏菌为害症状

为害时期	主要表现
初期	黏菌营养体生长,床面出现白色、黄白色、鲜黄色或土灰色菌落,没有菌丝
中期	继续扩展,前缘呈现扇状或羽毛状,边缘清晰
后期	培养料变潮湿,逐渐腐烂,菌丝消失,子实体水浸状腐烂

专题二　侵染性病害防治

侵染性病害综合防治及化学防治分别见表 5-11、表 5-12。

表 5-11　菌丝体阶段常见病害的综合防治

生态防治	物理防治	生物防治	化学防治
①选择适于本地区的栽培模式 ②选择高产、抗病、适合本地区和所选栽培模式的品种 ③配方 C/N 合理 ④根据栽培品种的特点和栽培季节掌握好制种和栽培的最佳时间	①培养料使用前要暴晒 ②栽培环境设置防虫网、利用黑光灯诱杀 ③创造适于生长的环境条件	使用微生物或其代谢产物喷洒、拌料,如农用抗生素,但现在处于起步阶段	①使用食用菌登记使用药品 ②使用其他药品要注意国际、国内农药使用的相关规定,不能使用禁用药品 ③常见病害的化学防治详见表 5-12

表 5-12　菌丝体阶段常见病害的化学防治

药剂名称	使用方法	防治对象	农药类别
石炭酸	3%～4%溶液环境喷雾	细菌、真菌	非食用菌登记使用药品；非 2004 年 1 月欧盟禁用农药；非《中华人民共和国农药管理条例》不允许使用的药品
甲醛	环境、土壤熏蒸、患部注射	细菌、真菌	
新洁尔灭	0.25%水溶液浸泡、清洗	真菌	
高锰酸钾	0.1%药液浸泡消毒	细菌、真菌	
硫酸铜	0.5%～1%环境喷雾	真菌	
波尔多液	1%药液环境喷洒	真菌	
石灰	2%～5%溶液环境喷洒，1%～3%比例拌料	真菌	
漂白粉	0.1%药液环境喷洒	细菌	
来苏尔	0.5%～0.1%环境喷雾；1%～2%清洗	细菌、真菌	
硫黄	小环境燃烧	细菌、真菌	
多菌灵	1∶800 倍药液喷洒，0.2%比例拌料	真菌	
苯来特	1∶500 倍药液拌土；1∶800 倍药液拌料	真菌	
百菌清	0.15%药液环境喷雾	真菌	
代森锌	0.1%药液环境喷洒	真菌	
霉得克	拌料、喷雾	细菌、真菌	食用菌登记使用药品
菇丰	拌料、喷雾	木霉	
克霉灵	100 倍拌料，30～40 倍注射或喷雾	细菌、真菌	
优氯克霉灵	拌料、喷雾	木霉	

单元三　菌丝体阶段生理性病害防治技术

专题一　菌丝徒长与防治

菌丝徒长主要发生在覆土栽培的种类，俗称“冒菌丝”（表 5-13、图 5-32）。

表 5-13　菌丝徒长的识别与防治

原因	主要症状	防治措施
菇床的空气相对湿度过大，通风不良	气生菌丝旺盛出现	避免中午喷水、加大通风、降低
环境和培养料温度过高	覆土层出现“菌被”	控制菇房温度、及时用齿耙划破徒长的菌丝层、慎重选用气生型菌株

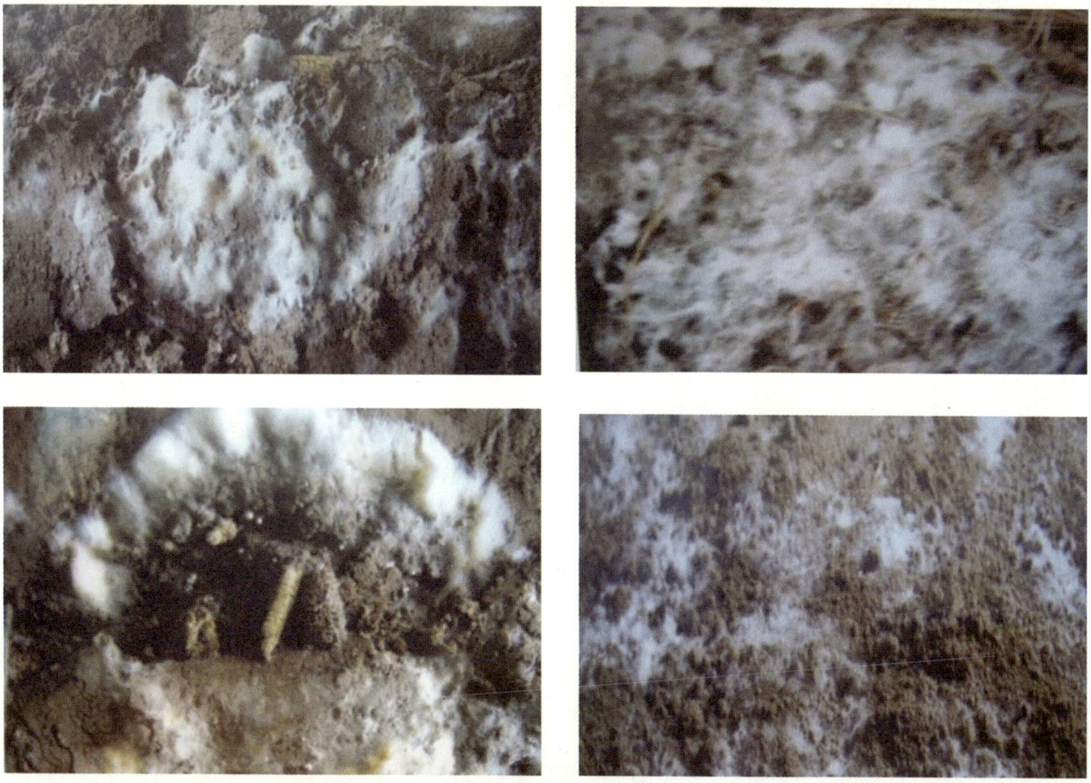

图 5-32　菌丝徒长

专题二 菌丝萎缩与防治

菌丝萎缩主要发生在覆土栽培的食用菌种类，常在发菌与出菇阶段出现菌丝发黄、发黑、萎缩、断菌甚至死亡的现象（表5-14、图5-33、图5-34）。

表 5-14 菌丝萎缩的识别与防治

原因	主要症状	防治措施
C/N太低导致氨中毒	菌丝死亡	调节合理的C/N
发酵时间过长，培养料酸化、过于腐熟	菌丝成细线状	适度发酵
覆土层喷水过多渗入料层造成培养料过湿、缺氧	菌丝萎缩	浇水不可过多、过急
CO_2浓度过高	菌丝发黄死亡	加强通风
温度过高造成“烧菌”	菌丝萎缩、死亡	控制环境和料温适度

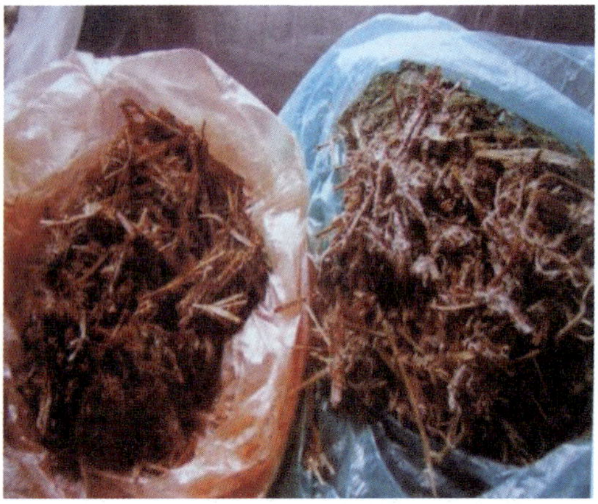

图 5-33 菌丝萎缩

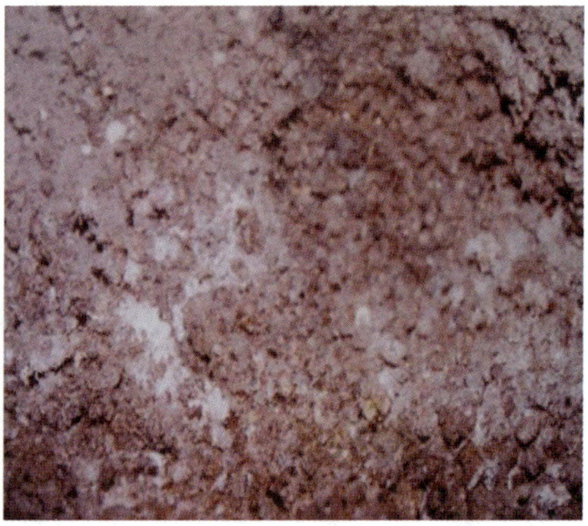

图 5-34 断菌

单元四　菌丝体阶段虫害防治技术

专题一　常见虫害识别

1. 菇蚊

菇蚊(图 5-35a)以幼虫为害食用菌的菌丝体，几乎涉及所有食用菌，以平菇、双孢蘑菇、香菇、金针菇、黑木耳、银耳、猴头等受害最重。幼虫可在培养料内穿行觅食，能把菌丝咬断吃光，造成“退菌”，并使料面发黑，成为松散渣状。子实体受害后，发黄、干枯死亡。

2. 菇蝇

菇蝇(图 5-35b)为害平菇、双孢蘑菇、黑木耳、银耳等。菇蝇幼虫可为害食用菌的培养料、菌丝(也为害子实体)。幼虫在培养料内，不仅取食菌丝，还分泌排泄有毒的物质，使食用菌菌丝生长受到抑制，菌丝体颜色变红。由于幼虫在培养料内穿行，还可使培养料变质，导致杂菌发生。

3. 瘿蚊

瘿蚊(图 5-35c)以幼虫为害食用菌，是双孢蘑菇、平菇等栽培中发生普遍、为害最重的一种害虫，也为害黑木耳、银耳、金针菇等种类。幼虫生长在培养料中，在培养料及覆土中大量繁殖，取食食用菌的菌丝和培养料中的养分，从而影响发菌，使菌丝衰退。

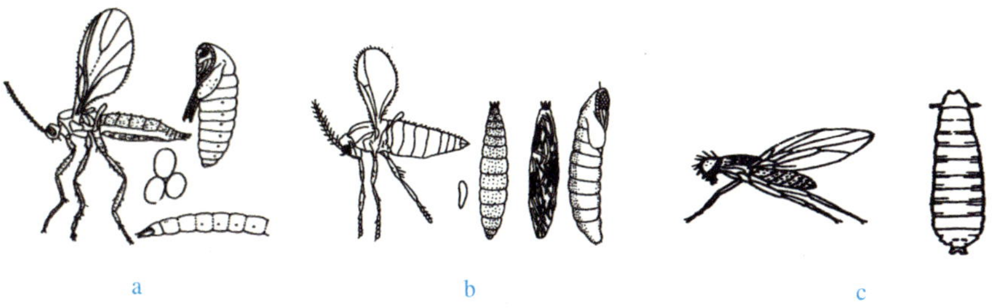

图 5-35　菌丝体阶段主要害虫(一)

a. 菇蚊　b. 菇蝇　c. 瘿蚊

4. 螨类

螨类在菌种生产和栽培过程中，可直接取食菌丝，造成菌丝枯萎、衰退，严重时能把大部分菌丝吃光。螨类多喜温暖、潮湿环境，常潜伏在棉子皮、麦麸、米糠、稻草中产卵，可随着这些原料带入菇房(图 5-36a)。

5. 线虫

有口针的线虫，以口针刺入菌丝内，吸食细胞液，使菌丝生长受阻，甚至萎缩衰退。线虫本身的活动范围很小，随培养料、覆土和水进入菇房。同时，人、工具、昆虫等也可将线虫带入，进行传播(图 5-36b)。

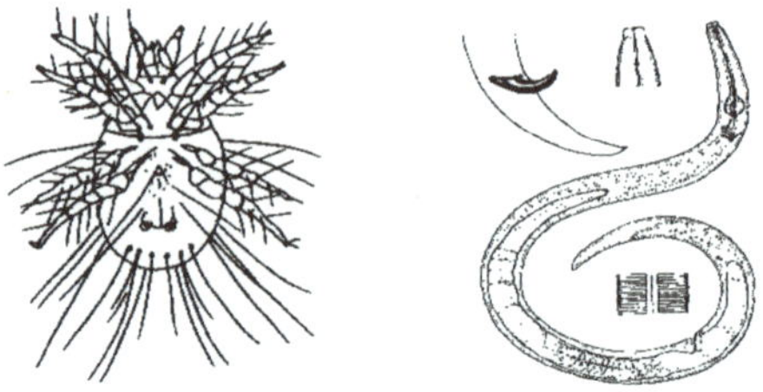

a　　　　b

图 5-36　菌丝体阶段主要害虫(二)

a. 螨类　b. 线虫

专题二　常见虫害防治

菌丝体阶段常见虫害的综合防治参照表 5-11，化学防治参见表 5-15。

表 5-15　菌丝体阶段常见虫害的化学防治

药剂名称	使用方法	防治对象	农药类别
石炭酸	3%～4%溶液环境喷雾	成虫、虫卵	非食用菌登记使用药品；非 2004 年 1 月欧盟禁用农药；非《中华人民共和国农药管理条例》不允许使用的药品
甲醛	环境、土壤熏蒸	线虫	
高锰酸钾	0.1%药液浸泡消毒	线虫	
漂白粉	0.1%药液环境喷洒	线虫	
硫黄	小环境燃烧	成虫	
50%二嗪农	1 500～2 000 倍药液喷雾	双翅目昆虫	
45%马拉松	2 000 倍药液喷雾	双翅目昆虫、跳虫	
48%乐斯本	2 000 倍药液喷雾	双翅目昆虫	
40%速敌菊酯	1 000 倍药液喷雾	双翅目昆虫、跳虫	
10%氯氰菊酯	2 000 倍药液喷雾	双翅目、鞘翅目昆虫	
50%辛硫磷	1 000 倍药液喷雾	双翅目昆虫	
80%敌百虫	1 000 倍药液喷雾	双翅目昆虫	
20%速灭杀丁	2 000 倍药液喷雾	双翅目昆虫	
25%菊乐合酯	1 000 倍药液拌覆土	双翅目昆虫、跳虫	
除虫菊粉	20 倍药液喷雾	双翅目昆虫	
鱼藤精	1 000 倍药液喷雾	双翅目昆虫、跳虫、鼠妇	
氨水	小环境熏蒸	双翅目昆虫、螨类	
73%克螨特	1 200～1 500 倍药液喷雾	螨类	
食盐	5%～10%药液喷雾	蛞蝓、蜗牛	
蜗牛敌	1.5～3.0 kg 药剂加 50 kg 豆饼	蛞蝓、蜗牛	
锐劲特	5%悬浮剂 2 000 倍药液喷雾	昆虫、螨类等	食用菌登记使用药品
菇净	1 500 倍药液喷雾	昆虫、螨类	

单元五　子实体阶段侵染性病害防治技术

专题一　子实体阶段侵染性病害识别

1.湿泡病

(1)为害特点　病原微生物为菌盖疣孢霉,主要感染子实体,不感染菌丝体(图 5-37a)。

(2)发生规律　菌盖疣孢霉的厚垣孢子可在土壤中休眠数年,初侵染主要来源于土壤;菇棚内的再度侵染、病害蔓延,是菇床上的病菇。病菇上的菌盖疣孢霉孢子在喷水期间散向四周传播,人、昆虫、螨类、气流等也可传播。双孢蘑菇从开始感染菌盖疣孢霉到发病需 10 d 左右,比正常出菇要早 4～5 d。出菇室高温、高湿、通风不良时发病严重,10 ℃以下极少发病。菌盖疣孢霉为害症状见表 5-16。

表 5-16　菌盖疣孢霉为害症状

为害时期(或部位)	主要表现
菇蕾	形成表面覆盖白色绒毛状菌丝的马勃状组织块并逐渐变褐,渗出暗褐色汁液
菌柄	变褐,基部有绒毛状病菌菌丝
子实体初期	严重感染时分化受阻,形成畸形菇;轻度感染时,菌柄肿大出现褐色斑点
子实体末期	感染部位出现角状淡褐色斑点,病菇变褐腐烂,渗出褐色的汁液并散发恶臭气味

2.干泡病

(1)为害特点　病原微生物为菌生轮枝霉,主要感染双孢蘑菇、金针菇,感染速度快(图 5-37b)。

(2)发生规律　初侵染来源主要是覆土及周围环境中的菌生轮枝霉孢子。菇床发病后,通过喷水孢子溅向四周传播。昆虫、螨类、人和工具、气流也可传播。菇房内气温高于 20 ℃,湿度较大时,有利于干泡病发生。菌生轮枝霉为害症状见表 5-17。

表 5-17　菌生轮枝霉为害症状

为害时期(或部位)	主要表现
菇蕾	形成与褐腐病相似的组织块,但颜色暗、块体小、质地干、不能分化菌柄和菌盖
菌盖	产生许多不规则针头大小褐色斑点,逐渐扩大产生灰白色凹陷
菌柄	菌柄加粗变褐,外层组织剥裂
后期	病菇干裂枯死、菌盖歪斜畸形、菇体腐烂速度慢、不分泌褐色汁液、无特殊臭味

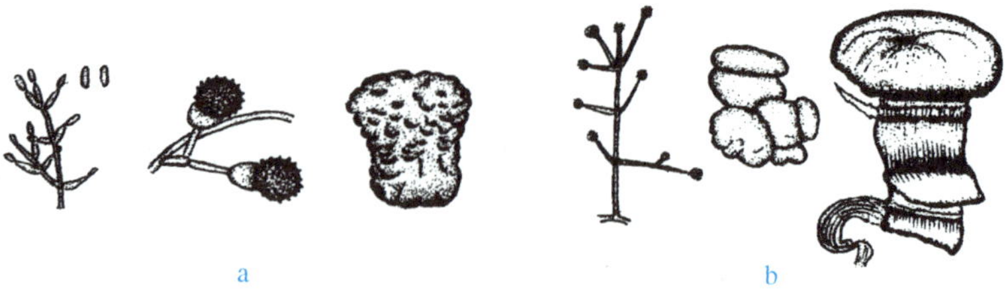

图 5-37　子实体阶段侵染性病害病原微生物(一)

a. 疣孢霉　b. 轮枝霉

3. 软腐病

(1)为害特点　病原微生物为树状匍枝霉，主要为害双孢蘑菇、平菇和金针菇等。此病在菇房只是小范围发生，很少大面积流行(图 5-38a)。

(2)发生规律　树状匍枝霉广泛存在于土壤中，覆土中的树状匍枝霉常是初侵染来源，孢子萌发后，在覆土或菇体表面形成菌落，并在短期内产生孢子，通过覆土、水滴、虫类、人体及气流传播。其菌丝生长最适温度为 25 ℃左右，最适 pH 在 3～4，在空气相对湿度过大，覆土层或培养料过湿条件下易发病。树状匍枝霉为害症状见表 5-18。

表 5-18　树状匍枝霉为害症状

为害时期	主要表现
初期	料面上出现一层灰白色棉毛状(也称蛛网状)菌丝，蔓延迅速
中期	扩展至整个菇床，把子实体全部“吞没”，只看到一团白色的菌丝
后期	菌丝变成水红色，蔓延至整个子实体，淡褐色水渍状软腐，不畸形，手触即倒

4. 细菌性斑点病

(1)为害特点　病原微生物为托拉斯假单孢杆菌，主要为害双孢蘑菇、平菇、金针菇的菌盖，不深入菌肉，病菇不腐烂(图 5-38b)。

(2)发生规律　该菌在自然界分布广泛，通常生存于土壤或不洁净的水中。可通过空气、水、覆土、蚊蝇、线虫、工具和人为传播。覆土有细菌，或用水不洁，菇房通风不好，在高温、高湿、菇体表面积水时，都易导致该病的发生。细菌性斑点病为害症状见表 5-19。

表 5-19　细菌性斑点病为害症状

为害时期	主要表现
初期	病斑很小，淡黄色
中期	逐渐扩大为暗褐色圆形或梭形中间凹陷的病斑，几个到几十个，表面有薄的菌脓
后期	斑点干后菌盖开裂，形成不规则的子实体

5. 细菌性软腐病

(1)为害特点　病原微生物为荧光假单孢杆菌，主要为害双孢蘑菇、凤尾菇、金针菇。该病菌侵染后，发病部位多从菌盖开始，有时也先感染菌柄。细菌性软腐病为害症状见表 5-20。

表 5-20　细菌性软腐病为害症状

为害时期	主要表现
初期	菌盖上可出现淡黄色水渍状斑点
中期	迅速扩展,当病斑遍及整个菌盖或延至菌柄,子实体变为褐色
后期	子实体软腐,有黏性,并散发出恶臭气味,湿度大时菌盖上可见乳白色菌脓

(2)发生规律　病菌可通过不清洁的土壤、水、菇蝇、螨类进行传播。高温、高湿的环境,有利于此病发生。

6.白色石膏霉

(1)为害特点　别名粪生帚霉,主要为害覆土层,是双孢蘑菇等覆土栽培种类的常见杂菌。该病菌侵染后,菌丝生长受抑制,甚至造成绝收(图 5-38c)。

(2)发生规律　病原菌通过土壤、空气、培养料中的粪土、昆虫等进行传播。高温、高湿、培养料发酵不彻底、碱性过强等利于此病的发生。白色石膏霉为害症状见表 5-21。

表 5-21　白色石膏霉为害症状

为害时期	主要表现
初期	白色菌斑外缘绒毛状,中心粉状,有光泽,似涂抹石灰
中期	菌斑转成黄色面粉样
后期	菌丝自熔,培养料变黑、变黏,产生恶臭

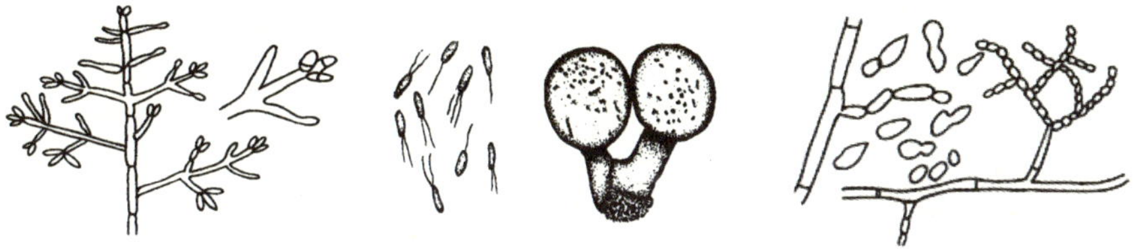

a　b　c

图 5-38　子实体阶段侵染性病害病原微生物(二)

a.树状轮枝霉　b.托拉斯假单孢杆菌　c.白色石膏霉

7.褐色石膏霉

(1)为害特点　别名菌床团丝球菌,主要为害覆土栽培的种类,出菇期在覆土层发生。该病菌侵染后,出菇量锐减(图 5-39a)。

(2)发生规律　培养料发酵不足、过熟、含水量过大、碱性过强、高温高湿是发生此病的主要原因。褐色石膏霉为害症状见表 5-22。

表 5-22　褐色石膏霉为害症状

为害时期	主要表现
初期	大量白色浓密的菌斑
中期	菌斑中央逐渐变成褐色,呈颗粒状,触摸手感滑
后期	菌斑干枯龟裂

8.胡桃肉状菌

(1)为害特点　别名假菌块,主要为害覆土栽培的种类,发生在第一潮菇的覆土与培养料间发生，是毁灭性的杂菌（图 5-39b、图 5-40）。

（2）发生规律　病原菌可以通过堆肥、覆土、工具等传播。高温、高湿是诱导菇床上该病原菌暴发的主要原因，培养料偏酸也利于该病的发生。胡桃肉状菌为害症状见表 5-23。

表 5-23　胡桃肉状菌为害症状

为害时期	主要表现
初期	菌丝黄白色，有时橙色或奶油色毡状
中期	形成子座，似胡桃，有皱褶，初期白色
后期	子座后期黄色或淡棕红色，有明显的漂白粉味

9. 鬼伞

（1）为害特点　病原菌为粪鬼伞、大根鬼伞、晶粒鬼伞和毛鬼伞等，菌丝体阶段和子实体阶段都出现，为害菌种、栽培袋，但以覆土栽培中出现较普遍，与菌丝争夺培养料的营养，抑制菌丝生长（图 5-41）。

（2）发生规律　病原菌可以通过空气、覆土等传播。培养料发酵温度偏低、发酵不彻底，环境高温、潮湿，卫生条件差等利于此病的发生。鬼伞为害症状见表 5-24。

表 5-24　鬼伞为害症状

为害时期	主要表现
初期	菌丝体白色，易与食用菌菌丝混淆，但生长速度快
中期	很快形成点状白色子实体原基，料袋内细长的白色菌柄贴袋壁生长迅速
后期	子实体单生、丛生，很快枯萎或墨化

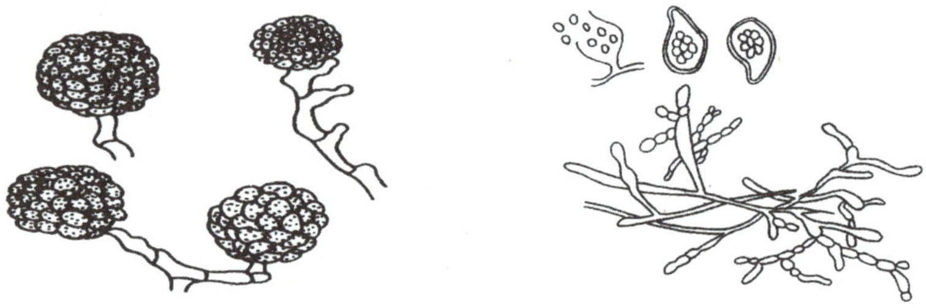

a　　　b

图 5-39　子实体阶段侵染性病害病原微生物（三）

a. 褐色石膏霉显微结构　b. 胡桃肉状菌显微结构

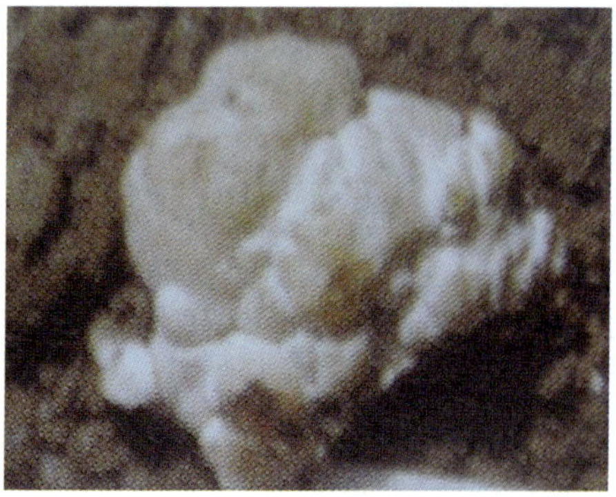

图 5-40　胡桃肉状菌

图 5-41　鬼伞

10. 总状炭角菌病

(1)为害特点　病原菌为总状炭角菌。鸡腿菇栽培一般第一潮菇结束后在覆土层大量发生,造成鸡腿菇栽培减产甚至绝收,为害是毁灭性的。目前对该病原菌的研究还存在诸多空白(图 5-42)。

a

b

图 5-42　总状炭角菌子座

(2)发生规律　病原菌孢子通过土壤、空气传播。高温、高湿、通风不畅是导致该病发生的主要原因。总状炭角菌是典型的伴生菌,其为害症状见表 5-25。

表 5-25　总状炭角菌为害症状

为害时期	主要表现
初期	菌丝体白色,易与食用菌菌丝混淆
中期	料袋内形成菌索,分泌黄褐色色素;覆土层中出现极其粗壮的、丛生的菌索
后期	在覆土层表面形成丛生的子实体

专题二　子实体阶段侵染性病害防治

子实体阶段常见侵染性病害的综合防治措施参照表 5-11,化学防治措施参照表 5-12。

单元六　子实体阶段生理性病害防治技术

子实体阶段的生理性病害主要表现为畸形，其常见的生理性病害及防治措施见表 5-26。

表 5-26　子实体阶段常见的生理性病害及防治

原因	主要症状	防治措施
CO_2浓度高	因品种不同，症状差异较大。如灵芝长成鹿角状，平菇只长菌柄不长菌盖，猴头则出现珊瑚状分枝	改善环境条件，可以得到缓解或彻底改善
温度过低	香菇形成菌柄、菌盖不分化的“荔枝菇”，平菇菌盖表面出现瘤状或颗粒状的突起，形成“瘤盖菇”	
湿度过大	菌盖上又长出小菇蕾，出现二次分化现象	
光线不足	香菇和平菇出现菌柄偏长、菌盖过小的“高脚菇”	
用药不当	往往造成严重畸形	
其他原因	出现地雷菇、空心菇、硬开伞等	

单元七　子实体阶段虫害防治技术

专题一　常见虫害识别

1.跳虫

跳虫俗称烟灰虫，为害多种食用菌，代表种类为紫跳虫(图 5-43)。

(1)为害特点　为害子实体时，常从菌褶侵入，被害子实体菌褶出现缺刻，菌盖表面形成无表皮的小坑，似“麻子”，喜食幼菇，将菇咬得百孔千疮，不堪食用(也为害菌丝体，咬食菌丝使菌丝萎缩死亡，并常隐藏于料的缝隙中)。

(2)发生规律　跳虫喜湿喜腐，在垃圾堆、枯草和腐殖质较多的菜园地上常有跳虫栖息。特别是在连续下雨后转晴数量尤多，若食用菌菇床有机质丰富、湿度较高、温度又适宜，紫跳虫常迁移到菇床为害子实体。收菇结束，多数随着清除废料而进入肥料堆或土壤中生活。

2.蛞蝓

蛞蝓又称鼻涕虫，为害多种食用菌(图 5-44)。

(1)为害特点　直接取食菇蕾、幼菇或成熟的子实体；子实体被啃食处留下明显的缺刻或凹陷斑块，影响菇蕾发育和子实体的商品价值。

(2)发生规律　喜阴湿，不耐干燥，喜黑暗，厌光，夜间觅食，啃食菇蕾和菇盖，影响产量和质量。

3.其他害虫(有害动物)

为害菌丝体的害虫和有害动物一般也对子实体造成为害。菇蚊幼虫为害食用菌的子实体；瘿蚊幼虫为害食用菌，菇蕾受害后枯死或发育不良，子实体全面受害，严重影响产量和质量；菇蝇幼虫为害子实体，导致菇体出现许多孔洞，从而使食用菌失去商品价值；子实体形成阶段发生螨害，螨类可咬食菇蕾，造成菇蕾枯死或子实体萎缩，同时螨类还可传播病菌；线虫为害，菇蕾受害变软、腐烂，菌盖受害时先在中央变黄，呈水浸状变软、腐烂。线虫不仅直接造成食用菌减产，而且伤口利于细菌侵染，同时又是病毒传播的媒介。

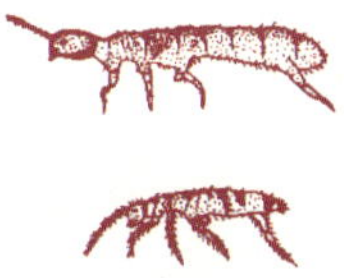

图 5-43　跳虫

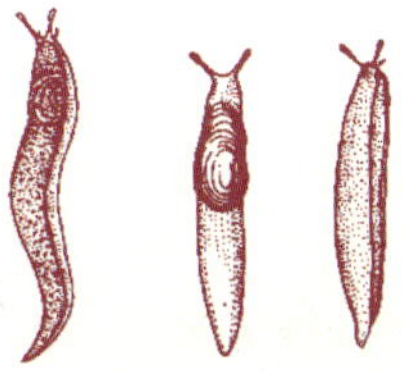

图 5-44　蛞蝓

专题二 常见虫害防治

子实体阶段常见虫害（动物为害）的综合防治措施参照表5-11，化学防治措施参照表5-15。

超级链接

领“菌”致富乡村路 “蘑菇院士”强国梦

李玉，1944年1月30日生，男，汉族，山东济南人，菌物学家，中共党员。1967年毕业于山东农学院，后获日本筑波大学博士学位。曾任吉林农业大学校长。现任吉林农业大学教授、博士生导师，国际药用菌学会理事长。

致力于菌物科学与食用菌工程技术和产业化研究，建成了位居国内前列水平的菌类种质资源库，其中仅黏菌就报道了400余种，发表新种55个，此前尚无中国人命名的新种。在食用菌领域筛选培育出60个品种，6个通过国审；创新改进了全日光栽培黑木耳等8项关键技术，改变了传统栽培模式；累计推广50多亿袋（菌包），创造直接经济效益近60亿元。在学术刊物上发表论文655篇，其中110篇被“SCI”收录或引用，出版著作25部。建立了教育部食药用菌工程研究中心，创办了《菌物研究》学术期刊，在我国创建了较完整的菌物科学与食用菌工程人才培养体系。先后获国家自然科学二等奖1项、教育部高等学校科学研究优秀成果奖（科学技术）科技进步一等奖1项、吉林省科技进步一等奖3项，获得专利17项，对我国的菌物事业作出了突出贡献。

2009年当选为中国工程院院士。2020年5月，获得第二届全国创新争先奖。2020年12月，被中央宣传部、中国科协等6部门授予2020年“最美科技工作者”荣誉称号。2021年2月25日，中共中央、国务院授予李玉“全国脱贫攻坚楷模”荣誉称号。

荣誉奖项

1. 国家级有突出贡献的中青年科技（管理）专家、优秀教育工作者。
2. 1992年获得国务院特殊政府津贴。
3. 先后4次当选吉林省省管优秀专家和高级专家。
4. 2011年9月，荣获“第六届高等学校教学名师”称号。
5. “黏菌代表类群系统研究”，国家自然科学奖二等奖，排名第一，2007年。
6. “食用菌新品种选育、配套丰产技术研制及产业化创新体系建设”，吉林省科技进步一等奖，排名第一，2008年。

7.“重要黏菌类系统分类学研究”,吉林省科技进步一等奖,排名第一,2002年。

8.“北方食用菌高产、高效栽培新模式”,吉林省科技进步二等奖,排名第一,2001年。

9.“高等农业院校产学研合作教育研究与实践”,国家级教学成果奖二等奖,排名第一,2005年。

10.“药用菌物资源及其开发利用”,吉林省科学技术进步一等奖,排名第一,2015年。

11.2015年荣获戴芳澜终身成就奖。

12.2010年荣获何梁何利科学与技术进步奖。

13.2020年5月,获得第二届全国创新争先奖。

14.2020年12月,被中央宣传部、中国科协等6部门授予2020年“最美科技工作者”荣誉称号。

15.全国脱贫攻坚总结表彰大会于2021年2月25日上午在北京人民大会堂隆重举行。李玉院士获得“全国脱贫攻坚楷模”荣誉称号。

李玉是“小木耳大产业”的领路人,是国内“南菇北移”“北耳南扩”等食用菌产业发展战略的首倡者,探索出“科技专家+示范基地+农业技术员+科技示范户+辐射带动农户”的食用菌科技扶贫模式。2012年以来,率团队深入全国40多个深度贫困地区,每年280余天奔走在河北、山西、安徽、贵州、云南、陕西等地传授种植技术。推动建立31个食用菌技术推广基地,扶持食用菌龙头企业22个,帮扶800余个村、3.5万余贫困户实现彻底脱贫。

科研成果

在科学研究上,李玉先后主持并带领团队完成菌类科技与工程研究项目如国家科技部、农业农村部、“973”“863”“948”以及国家自然科学基金国际合作重点及面上项目等国家和省部级项目50余项。

李玉致力于菌物科学与食用菌工程技术和产业化研究,将基础理论与应用技术相结合,以创新成果为依托,研究解决北方食用菌工程技术难题,促进了食用菌产业升级。建成了位居国内前列水平的菌类种质资源库,其中仅黏菌就报道了400余种,占世界已知种的2/3,发表新种46个,此前尚无中国人命名新种,为近年国际上发表新种总数的1/17,出版了国内外独有的“目”一级专著2部及这一领域第一本英文专著和《中国真菌志—黏菌卷》。在国内外收集、评价上万份菌种和凭证标本,报道了45个新种,100余个国内新记录种。筛选并培育出39个食用菌品种,有6个品种通过国家认定,集成创新了6个北方主要食用菌标准技术体系,指导培训技术骨干8 000多人,带动农户3万户,累计推广50多亿袋(菌包),创造直接经济效益近60亿元。

研究成果处于国际领先水平，在学术刊物上发表论文500余篇，其中70余篇被“SCI”收录或引用，出版著作20余部，获得国家已授权发明专利16项，先后获国家自然科学二等奖1项，国家教学成果二等奖1项，吉林省科技进步一等奖2项，对我国的菌物事业作出突出贡献。

在产业化理论方面，李玉率先提出了食用菌产业是“循环经济”发展模式中重要的产业一环，提升了食用菌产业的地位。针对吉林省地处黄金玉米带，但存在产量高效益低这一“新东北现象”，提出了“南菇北移”“东木西草”“建设百公里食药用菌长廊”等合理化建议，被省政府采纳，并付诸实施成为新的产业亮点。

在人才培养方面，李玉甘当人梯，培养了菌物学领域的硕士研究生100余名，博士研究生40余名，博士后40余名。在我国创建了较完整的菌物科学与食用菌工程人才培养体系。

在产学研平台建设方面，李玉建立了“食药用菌教育部工程研究中心”“吉林省食用菌创新中心”“中俄菌物资源保育中心”“中国白俄罗斯菌物资源保育中心”。创办了《菌物研究》杂志。创建了食用菌专科专业和应用生物科学(食药用菌方向)本科专业、建成相关的博士点和博士后流动站并成为省部级重点学科、国家重点实验室(培育基地)，在国内率先形成了专科、本科、硕士、博士、博士后的较完整的菌物学科体系。建设了21个产业化示范基地。主持召开了“第八届海峡两岸菌物学学术研讨会”“中日及泛亚太地区菌物学论坛”“第五届国际药用菌大会”等国内外大型学术会议，扩大了吉林农业大学及菌物学科在国际上的影响，为菌物学科搭建了良好的产学研平台。

人物评价

李玉是世界上第一个为黏菌新种定名的中国人，也是我国第一个对黏菌属、科、目级进行系统分类的学者。他致力于菌物科学与食用菌工程技术和产业化研究，建成了位居国内前列水平的菌类种质资源库，其中仅黏菌就报道了400余种，发表新种36个，此前尚无中国人命名新种。在食用菌领域筛选培育出39个品种，6个通过国审；创新改进了全日光栽培黑木耳等8项关键技术，改变了传统栽培模式；累计推广50多亿袋(菌包)，创造直接经济效益近60亿元。

技能训练

附录技能训练部分分实验实训和生产实训两个部分，实验实训可以随堂完成，生产实训需要安排足够的连续时间完成，提前进行报备。

实验实训部分设置了8个内容，涵盖了药用菌制种基本条件、制种技术、菌种选育、病虫害防治等相关内容。生产实训部分设置了4个内容，主要从生产角度对原种、栽培种制作进行生产训练，同时以灵芝、鸡腿菇、蛹虫草为代表品种，分别对药用木腐菌、草腐菌、子囊菌的生产进行生产训练。

授课教师可以根据课程课时设置情况选择相应的技能训练内容开展教学，同时实验实训和生产实训具有连续性，可以根据实际开展情况开展平行和交叉训练，统筹利用时间。

实验实训一　药用菌生产设备、设施的使用与维护

第一部分：技能训练过程设计

药用菌制种基本条件

一、目的要求讲解

向学生讲明制种设备的构造与设施的设计、使用的实用性、重要性。

二、设备、设施准备

提前报批和准备实训用品。

三、仪器用具准备

按照实验实训的要求准备好仪器、用具，课程开始前主讲教师和实验员要对仪器、设备、设施的使用状态进行检查和必要的维修；检查水、电供给和安全状况。

四、技能训练过程设计

1. 在老师的引领下参观实验实训室和生产车间。

2. 结合老师的讲解、自己的实际观察以及理论课程的学习，进一步熟悉设备、设施的构造与生产环境的设计。

3. 通过老师的实物演示操作，掌握设备、设施的使用方法与管理维护措施。

4. 教师鼓励或抽点学号，让学生当众随机讲解一种或几种制种设备的使用方法。

5. 当堂完成实训作业。

五、技能训练评价

实验实训考核评价标准分为技能考核和素质评价两个部分，采取学生走上讲台介绍实验结果的形式，对学生实验技能和综合素质进行培养和锻炼。每个技能训练项目设置一个单项技能考核评价记录卡，全部单项考核评价记录卡共同装订成册，一式二份，学生、主讲教师各一份。实验实训总成绩的平均值占期末课程理论考试总成绩的 30%（理论课程考勤、课堂提问、作业完成情况、课堂笔记记录情况等的平均成绩占期末理论课总成绩的 10%；期末理论课考试卷面满分 100 分，占期末理论课总成绩的 60%）。

六、技能训练后记

本次技能训练课程通过教师为学生演示、讲解达到实物直观教学的效果；鼓励学生走上讲台，在活泼、欢快、和谐的学习氛围中既学习了实训技能又锻炼了学生的综合素质；但是需要指出的是，为了保证实验课的设计效果，对主讲教师、实验人员的职业素质提出了更高的要求。

第二部分：技能训练考核评价

一、基本信息

学生姓名	所在专业、班级	考核评价时间	技能考核得分	素质评价得分	最后得分	主讲教师签字

二、考核评价形式与标准

1. 考核评价形式

考核评价类别		考核评价形式	成绩
走上讲台展示结果	学生自主参与	教师在实验过程中进行技能考核和素质评价，教师对进行实验结果展示的学生进行现场赋分和点评，免交实验报告	85～100 分
	教师抽点参与	教师在实验过程中进行技能考核和素质评价，教师对进行实验结果展示的学生进行现场赋分和点评，免交实验报告	85～95 分 （不包括 85 分）
未走上讲台展示结果		教师在实验过程中进行技能考核和素质评价，实验课结束的时候当堂交实验报告，教师课后批阅学生的实验报告	80 分以下 （不包括 80 分）

2. 考核评价标准

考核评价项目	考核评价观测点	分值	主讲教师评价	平均分
技能考核 （60 分）	仪器、设备使用的熟练和准确程度	30		
	讲解效果（或实训报告）	30		
素质评价 （40 分）	专业思想、学习态度	10		
	语言表达、沟通协调	10		
	合作意识、团队观念	10		
	参与教师实训前的准备和实训后的处理工作	10		

第三部分：技能训练技术环节

一、技能训练要求

熟悉加工设备、设施的使用方法，掌握加工设备、设施的管理维护。

二、技能训练设备、设施

加工设备和设施。

三、技能训练方法步骤

1. 在老师的引领下参观实验实训室和实验实训基地。

2. 结合老师的讲解、自己的实际观察以及理论课程的学习，进一步熟悉栽培设备的构造与使用。

3. 通过老师的实物演示操作，掌握栽培设施的使用方法、设计与管理维护。

四、技能训练作业

1. 绘制手提式高压蒸汽灭菌锅的剖面图。

2. 绘制菌种场的建筑布局平面图。

3. 绘制日光温室结构平面图。

实验实训二　加富 PDA 培养基制作

第一部分:技能训练过程设计

母种培养基制作

一、目的要求讲解

向学生讲明 PDA 培养基与加富 PDA 培养基制作的异同、适用性和重要性。

二、材料用品准备

提前报批和准备实验用品;按照 4 人/组准备 6 组实训用品,每组按 500 mL 制作量准备。实验材料及用品详见教材内容。

三、仪器用具准备

按照实验实训的要求准备好仪器、材料、用具;课程开始前主讲教师和实验员要对仪器、设备、设施的使用状态进行检查和必要的维修;检查水、电供给和安全状况。

四、技能训练过程设计

1. 在学生实验操作前教师进行实物直观演示和讲解加富 PDA 培养基制作流程及操作关键。

2. 学生按照实验实训的要求,在教师演示、讲解、指导的基础上,完成实验操作。

3. 教师鼓励或抽点学号让学生走上讲台,通过制作好的试管培养基、棉塞向其他学生展示自己的实验结果,谈自己的实验心得,或总结实验的操作流程及要点。

五、实训考核评价

略

六、技能训练后记

略

第二部分:技能训练考核评价

一、基本信息

略

二、考核评价形式与标准

1. 考核评价形式

略

2.考核评价标准

考核评价项目	考核评价观测点	分值	主讲教师评价	平均分
技能考核（60分）	棉塞制作效果	10		
	培养基制作效果	10		
	仪器、设备使用的熟练和准确程度	10		
	讲解效果(或实训报告)	30		
素质评价（40分）	专业思想、学习态度	10		
	语言表达、沟通协调	10		
	合作意识、团队观念	10		
	参与教师实验前的准备和实验后的处理工作	10		

第三部分:技能训练技术环节

一、目的要求

熟悉加富PDA培养基制作的工艺流程,掌握加富PDA培养基制作的关键技术。

二、材料用品

选用表5-4加富PDA培养基1进行制作。材料包括马铃薯、葡萄糖、琼脂、麸皮、玉米面、黄豆粉、磷酸二氢钾、硫酸镁、维生素B_1、普通棉花、纱布、报纸、皮套等。

三、仪器用具

电饭锅、手提式高压蒸汽灭菌锅、18 mm×180 mm试管、20 mL注射器、玻璃棒、1 000 mL量杯、菜刀、砧板、托盘天平、剪刀、烧杯、培养皿等盛器、削皮器、塑料筒等。

四、方法步骤

1.确定制作量

根据实验实训人数确定使用量,一般每人制作10～20支培养基供后续实验实训课用。

2.制备营养液

①马铃薯去皮,挖掉芽眼,切成黄豆大小的块。称量后用略多于用量的水煮20 min左右,至马铃薯块酥而不烂,再用4层纱布过滤,取其滤液定容至1 000 mL。

②琼脂称好后,用剪刀剪成2 cm长的小段,再用清水浸泡,以利于熬煮时融化。

③将琼脂条放入电饭锅滤液中边煮边搅拌,至全部融化。

④切断电饭锅电源,将葡萄糖等可溶性药物加入营养液中,并不断搅拌使之完全溶解,营养液的pH不需要特意调制。

3.营养液分装

①趁电饭锅有余热,用20 mL医用注射器分装营养液。营养液以装入试管的1/5～1/4容量为宜,一般18 mm×180 mm试管,注入10 mL营养液即可。不要使培养液粘到近管口的壁上,每次用注射器抽取营养液后都要用纱布擦干净注射器口。装好后最好置于盛有凉水的

塑料筒中，以促进凝固，便于下一步操作。

②营养液装好后，制作循环使用的纱布棉塞或一次性使用的不包纱布的棉塞，棉塞松紧适度为试管长度的 1/5，2/3 插入试管，1/3 长留在管外。

③每 10 支试管捆成一束，管口一端用防潮纸包好，待灭菌。

4. 灭菌

按照手提式高压蒸汽灭菌锅的操作规程对培养基进行灭菌。一般 123 ℃灭菌 30 min。灭菌结束后待压力降到“0”，打开锅盖取出已灭菌物品。

5. 摆斜面

趁热将试管摆成斜角，培养基以试管长度的 1/2～2/3 为宜，斜面制成后，如不马上使用，可在 5 ℃的冰箱中保存待用。

五、实训作业

1. 总结棉塞制作的主要技巧，与同学们比较制作数量和制作质量。
2. 总结培养基制作过程中需要注意的几个关键环节，并分析操作的得失。

实验实训三 母种扩繁与培养

第一部分:技能训练过程设计

母种扩繁技术

一、目的要求讲解

向学生讲明母种扩繁与培养的重要性和使用范围。

二、材料用品准备

提前报批和准备实验用品;按照 4 人/组准备 6 组实训用品。

三、仪器用具准备

按照实验实训的要求准备好仪器、用具,课程开始前主讲教师和实验员要对仪器、设备、设施的使用状态进行检查和必要的维修;检查水、电供给和安全状况。

四、技能训练过程设计

1. 讲课之前,请学生把待接试管、母种、工具等放入超净工作台或接种箱中(超净工作台在接种操作前 30 min 开启紫外线灯,20 min 前开启风机;接种箱用气雾消毒剂熏蒸 30 min 后使用)。

2. 在学生实验操作前教师进行实物直观演示和讲解母种扩繁与培养操作流程及关键。

3. 学生按照实验实训的要求,在教师演示、讲解、指导的基础上,在实验台面分组练习。

4. 学生按照实验实训的要求,在超净工作台或接种箱中实际操作。

5. 教师鼓励或抽点学号让学生走上讲台,总结实验的操作流程及要点。

五、技能训练评价

略

六、技能训练后记

略

第二部分:技能训练考核评价

一、基本信息

略

二、考核评价形式与标准

1. 考核评价形式

略

2. 考核评价标准

考核评价项目	考核评价观测点	分值	主讲教师评价	平均分
技能考核（60 分）	母种转管动作规范	10		
	母种转管观察效果	10		
	仪器、设备使用的熟练和准确程度	10		
	讲解效果（或实训报告）	30		
素质评价（40 分）	专业思想、学习态度	10		
	语言表达、沟通协调	10		
	合作意识、团队观念	10		
	参与教师实验前的准备和实验后的处理工作	10		

第三部分：技能训练技术环节

一、目的要求

熟悉母种扩繁的工艺流程，熟练掌握母种扩繁的操作技术。

二、材料用品

斜面母种、待接试管斜面培养基、酒精棉球、火柴、口取纸等。

三、仪器用具

超净工作台、接种箱、接种镐、酒精灯、培养皿、镊子、油笔、气雾消毒剂、恒温培养箱等。

四、方法步骤

1. 物品、用具准备

将接种用的相关物品、用具整齐有序地放入超净工作台或接种箱中备用。

2. 接种设备预处理

超净工作台在接种操作前 30 min 开启紫外线灯，20 min 前开启风机，达到时间后，关闭紫外线灯，风机照开，暗光 30 min 后即可接菌；接种箱用气雾消毒剂熏蒸 40 min 后使用。

3. 接种操作

①将洗净的双手伸入超净工作台或接种箱内，用酒精棉球擦拭双手、培养皿、接种工具、母种试管壁和接种台面，之后点燃酒精灯。

②以左手四指并拢伸直，手心向上，把待接试管放在中指和无名指之间，斜面向上，菌种试管放在食指和中指之间，拇指按住两支试管的下部管口取齐。

③右手拿接种镐，将镐头和接种时进入试管的杆部进行烧灼灭菌。

④左手将两支试管的管口部分靠近火焰，右手同时夹住两个棉塞（右手无名指和小手指夹一个，小手指和鱼际处夹一个），并立即以火焰烧灼试管口。操作过程中，试管口处于火焰无菌区。

⑤将烧过的接种镐，伸入菌种管内经管壁冷却，然后取火柴头大小的菌种块，轻轻抽出接

种镐(注意不要在火焰上烧灼菌种),迅速将接种镐伸进待接试管中,在斜面中部放下菌种,抽出接种镐放于母种试管中供连续使用(一般转管的数量不止一支,需要连续使用接种镐)。

⑥烧灼棉塞至微焦,在无菌区塞好棉塞(注意不要用试管口去迎棉塞;连续转管操作只塞接种结束的试管,菌种管棉塞继续拿在手中,如果转管操作需要将母种使用完,那么母种试管棉塞在操作之初就可以放置在操作台面的培养皿中)。

⑦接种完毕后,及时贴上标签,注意规范标签书写内容。

4. 培养

接种后,在 22 ℃的恒温培养箱中避光培养,及时淘汰染杂的试管,一般 10 d 左右菌丝可长满管,一些特殊的品种时间要长一些。

实验实训四　小麦原种培养基制作

第一部分:技能训练过程设计

一、目的要求讲解

向学生讲明小麦原种培养基制作的重要性,掌握谷物培养基制作的关键技术。

二、材料用品准备

提前报批和准备实验用品;按照 4 人/组准备 6 组实训用品。麦粒要提前进行泡制。

三、仪器用具准备

按照技能训练的要求准备好仪器、用具,课程开始前主讲教师和实验员要对仪器、设备、设施的使用状态进行检查和必要的维修;检查水、电供给和安全状况。

四、技能训练过程设计

1. 在学生实验操作前教师进行实物直观演示和讲解,小麦原种培养基制作流程及操作关键。

2. 学生按照实验实训的要求,在教师演示、讲解、指导的基础上,完成实验操作。

3. 教师鼓励或抽点学号让学生走上讲台,总结实验的操作流程及要点。

五、技能训练评价

略

六、技能训练后记

略

第二部分:技能训练考核评价

一、基本信息

略

二、考核评价形式与标准

1. 考核评价形式

略

2. 考核评价标准

考核评价项目	考核评价观测点	分值	主讲教师评价	平均分
技能考核（60 分）	麦粒煮制效果	10		
	麦粒装瓶效果	10		
	高压灭菌锅使用的熟练和准确程度	10		
	讲解效果（或实训报告）	30		
素质评价（40 分）	专业思想、学习态度	10		
	语言表达、沟通协调	10		
	合作意识、团队观念	10		
	参与教师实验前的准备和实验后的处理工作	10		

第三部分：技能训练技术环节

一、材料用品

优质小麦、木屑、蔗糖、尿素、石膏、高压聚丙烯封口塑料膜、皮套等。

二、仪器用具

10 kg 盘秤、电饭锅、漏勺（孔隙适中）、塑料大盆、500 mL 罐头瓶、立式高压蒸汽灭菌锅等。

三、方法步骤

1. 泡小麦：冬天浸泡 24～48 h，夏天浸泡 10～12 h，泡好的小麦用清水漂洗干净。

2. 煮小麦：煮至充分吸水、无白心。煮后小麦不能在电饭锅中久放，以防煮开花。

3. 木腐生菌类添加 10％的木屑效果更好。木屑用煮小麦的水拌料，按料∶水＝1∶0.5 的比例拌和，同时添加木屑干重 0.5％的蔗糖，0.5％的尿素，1％的石灰。

4. 装瓶：将小麦粒捞出后，趁热摊平，使表面多余水蒸发，装至瓶肩处即可。如需拌木屑，将 50％调好的木屑混于麦粒中，其余在瓶内麦粒铺 1 cm 厚作过桥。培养双孢菇菌种或快速培养菌种，可装半瓶麦粒，后期进行摇瓶处理。

5. 封瓶口：分别封两层塑料，内层塑料封剪菱形接种孔。

6. 灭菌：麦粒菌种一般采用高压灭菌方式，于 126 ℃左右维持 2 h 即可。

实验实训五　菌种质量的鉴定与保藏

第一部分：技能训练过程设计

药用菌菌种质量的鉴定

一、目的要求讲解

向学生讲明菌种质量鉴定与保藏对药用菌生产的重要性。

二、材料用品准备

提前报批和准备实验用品；按照 4 人/组准备 6 组实训用品。需要鉴定和保藏的菌种提前准备。

三、仪器用具准备

按照技能训练的要求准备好仪器、用具，课程开始前主讲教师和实验员要对仪器、设备、设施的使用状态进行检查和必要的维修；检查水、电供给和安全状况。

四、技能训练过程设计

1. 在学生实验操作前教师进行实物直观演示和讲解：菌种质量的微观检测是重点和难点内容。

2. 学生按照实验实训的要求，在教师演示、讲解，指导的基础上，完成实验操作。

3. 教师鼓励或抽点学号让学生走上讲台，总结实验的操作流程及要点。

五、技能训练评价

略

六、技能训练后记

略

第二部分：技能训练考核评价

一、基本信息

略

二、考核评价形式与标准

1. 考核评价形式

略

2.考核评价标准

考核评价项目	考核评价观测点	分值	主讲教师评价	平均分
技能考核（60分）	菌种外观鉴定	10		
	菌种微观鉴定	10		
	菌种液体鉴定	10		
	菌种保藏操作	10		
	讲解效果(或实训报告)	20		
素质评价（40分）	专业思想、学习态度	10		
	语言表达、沟通协调	10		
	合作意识、团队观念	10		
	参与教师实验前的准备和实验后的处理工作	10		

第三部分：技能训练技术环节

一、材料用品

准备正在培养和培养结束的药用菌母种、原种、栽培种若干，优质的药用菌母种、液体石蜡、麦粒和木屑培养基制作素材等。

二、仪器用具

10 kg 盘秤、电饭锅、漏勺(孔隙适中)、塑料大盆、500 mL 罐头瓶、200 mL 试管、立式高压蒸汽灭菌锅等制作麦粒和木屑培养基的用具、用品。显微镜以及镜检的相关仪器设备。

三、方法步骤

1.对母种、原种、栽培种进行宏观、微观、液体培养检测，对检测的菌种质量进行文字和图像记录。

2.制作小麦和木屑培养基，用试管做容器，进行菌种保藏，并贴好标签。制作方法略。

实验实训六　子实体组织分离

第一部分:技能训练过程设计

子实体组织分离

一、目的要求讲解

向学生讲明子实体组织分离技术的适用性和重要性。

二、材料用品准备

提前报批和准备实验用品;按照 4 人/组准备 6 组实训用品。

三、仪器用具准备

按照综合实训的要求准备好仪器、材料、用具;课程开始前主讲教师和实验员要对仪器、设备、设施的使用状态进行检查和必要的维修;检查水、电供给和安全状况。

四、技能训练过程设计

1. 在教师演示、讲解、指导的基础上,学生进行子实体组织分离操作。
2. 操作结束后组织学生进行演示、讲解。
3. 学生课余时间分组进行培养观察、转管纯化,不占用上课时间。

五、技能训练评价

略

六、技能训练后记

略

第二部分:技能训练考核评价

一、基本信息

略

二、考核评价形式与标准

1. 考核评价形式

略

2. 考核评价标准

考核评价项目	考核评价观测点	分值	主讲教师评价	平均分
技能考核（60分）	种菇选择、准备工作	10		
	种菇处理、移取组织块	10		
	接种培养、转管纯化	10		
	讲解效果（或实训报告）	30		
素质评价（40分）	专业思想、学习态度	10		
	语言表达、沟通协调	10		
	合作意识、团队观念	10		
	参与教师实训前的准备和实训后的处理工作	10		

第三部分：技能训练技术环节

一、目的要求

熟悉子实体组织分离的基本原理和方法，掌握子实体组织分离的关键技术。

二、材料用品

平菇、灵芝、金针菇等新鲜子实体、试管斜面培养基、95%酒精、75%酒精棉球、火柴、口取纸、记号笔等。

三、仪器用具

超净工作台、酒精灯、尖头镊子、螺纹镊子、接种针、培养皿、废物罐等。

四、方法步骤

1. 种菇选择

在栽培示范厂选择生长健壮、无病虫害、菇形正、大小适中、颜色正常、尚未散发孢子、七八分成熟的单朵菇，作为分离菌种的种菇使用。最好在第二批菇中采摘。采摘后如果不马上进行分离，用托盘盛装置于冰箱中保鲜一夜，使子实体略失水，有利于降低污染率。

2. 准备工作

将实验用的材料用品和仪器用具准备好，摆放整齐，并按照超净工作台的使用方法使其处于使用状态。

3. 种菇处理

在超净工作台的无菌区，按照无菌操作规程，进行常规的手部消毒和器械的烧灼灭菌。随后用75%酒精棉球对子实体进行擦拭消毒，也可以将子实体表面直接在酒精灯火焰上方轻轻烧灼，以不烤焦为宜，起到杀死和固定表面微生物的作用。

4. 移取组织块

大型子实体如灵芝、平菇、双孢蘑菇等可以直接将子实体沿菌柄迅速纵向撕开，用烧灼灭菌后的尖头镊子直接移取菌盖、菌柄、菌褶交界处或菌盖边缘的组织块，大小不要超过火柴头。

中、小型子实体如金针菇等，采用生长点组织分离法。即用尖头镊子快速击掉菌盖，用镊子尖移取菌柄尖端的生长点。胶质菌类如黑木耳组织分离一般是取尚未完全伸展的胶质耳基团，移取中央无菌组织进行分离。

5.接种培养

将移取的组织块迅速接种到试管斜面培养基中，塞好棉塞。菌种分离结束后，贴好标签，将个别组织块接种位置偏离的试管调整好，每 10 支一捆，将棉塞端包好，置于恒温箱中进行适温培养。培养期间每天都要检查菌种的萌发与生长情况，对污染的试管及时挑选、处理。

6.转管纯化

多数食用菌分离后培养 3～5 d，即可见到组织块的周围长出白色菌丝，当菌丝团直径接近 1 cm 时，挑选无杂菌、长势旺的试管，用接种针挑取菌丝生长的前端移接到新的试管培养基上，再经过 7～10 d 培养，菌丝体长满试管，即为纯菌种。

五、技能训练作业

1.分析分离的试管菌种发生污染的原因。

2.观察组织块生长情况，并填写观察记录。

实验实训七　单孢子杂交育种

第一部分：技能训练过程设计

孢子分离技术

一、目的要求讲解

向学生讲明单孢子杂交育种技术的适用性和重要性。

二、材料用品准备

提前报批和准备实验用品；按照 4 人/组准备 6 组实训用品。

三、仪器用具准备

按照综合实训的要求准备好仪器、材料、用具；课程开始前主讲教师和实验员要对仪器、设备、设施的使用状态进行检查和必要的维修；检查水、电供给和安全状况。

四、技能训练过程设计

（一）教师预实验

1. 教师提前选择好杂交菌株，并制备好父本和母本的相应多孢子液。

2. 学生做完实训后，教师利用业余时间对实训结果提前进行镜检观察，选择出不同观察结果，以供下次实训课学生观察。

（二）学生实验操作

1. 在学生实验操作前教师进行实物直观演示和讲解单孢子杂交育种技术制作流程及操作关键。

2. 学生按照综合实训的要求，在教师演示、讲解、指导的基础上，进行获得单孢子菌落的操作。

3. 学生课余时间分组进行观察、镜检，获得单孢子菌落，不占用上课时间。

4. 在教师演示、讲解、指导的基础上，学生进行单孢子菌落之间的杂交。

5. 学生课余时间分组进行观察、镜检，获得双核菌丝，不占用上课时间。

6. 在教师演示、讲解、指导的基础上，学生进行转管繁殖。

7. 学生课余时间分组进行观察、镜检，不占用上课时间。

8. 在教师演示、讲解、指导的基础上，学生进行杂交品种鉴定，并总结整个实训流程。

五、技能训练评价

略

六、技能训练后记

略

第二部分：技能训练考核评价

一、基本信息

略

二、考核评价形式与标准

1. 考核评价形式

略

2. 考核评价标准

考核评价项目	考核评价观测点	分值	主讲教师评价	平均分
技能考核（60分）	单孢子菌落获得效果	10		
	单孢子菌落杂交效果	10		
	仪器、设备使用的熟练和准确程度	10		
	讲解效果（或实训报告）	30		
素质评价（40分）	专业思想、学习态度	10		
	语言表达、沟通协调	10		
	合作意识、团队观念	10		
	参与教师实训前的准备和实训后的处理工作	10		

第三部分：技能训练技术环节

一、目的要求

熟悉单孢子杂交育种技术的基本原理；掌握单孢子杂交育种技术的操作方法。

二、材料用品

试管母种、远缘优秀灵芝品种的新鲜子实体和试管母种、平板培养基、200 mm×20 mm 无菌试管、95％酒精、75％酒精棉球、无菌水、试管斜面培养基、火柴、口取纸、记号笔等。

三、仪器用具

解剖镜、超净工作台、酒精灯、尖头镊子、螺纹镊子、接种针、无菌移液管、培养皿、烧杯等、恒温培养箱。

四、方法步骤

1. 选择亲本

选择优秀的菌株作为杂交育种的亲本。其中一个亲本为当地当家菌株，另一个亲本为野生菌株或亲缘关系较远的优秀菌株。

2. 获取单核菌株

参考本书相关内容，采用试管插割法等方法获得孢子，注意在操作时略有不同之处是用空白的无菌试管获取孢子；采用单孢子分离的方法如平板稀释分离法，连续稀释并镜检获得单孢子；在平板培养基上培养单孢子获得单核菌丝，将镜检进一步确定为单核菌丝的移接到新的试管培养基上培养，得到单核菌株。

3. 单核菌株标记

灵芝的有性繁殖方式属于四极性异宗配合，单核菌丝没有锁状联合，而杂交后产生的双核菌丝具有明显的锁状联合，因此，可以根据这个特点从形态上对单核菌丝进行标记。

4. 杂交配对培养

用“单×单”或“单×双”方式将亲本单核菌株两两配对杂交。

①“单×单”杂交　在平板培养基上接入杂交亲本的单核菌丝各 1 块，距离为 2 cm，在适宜的温度下培养。当两单核菌丝发生接触时，用解剖镜检查接触处的菌丝体是否已经双核化。

②“单×双”杂交　在平板培养基上，分别接种单核菌丝体和双核菌丝体各 1 小块，两者相距约 1 cm，在适宜温度下培养。当单、双核菌落刚接触时，挑取远离双核菌丝体一侧的单核菌落边缘上的菌丝进行镜检，检查接触处菌丝是否已经双核化。

5. 转管繁殖

用接种针将镜检确认为双核化的菌丝体挑取 1 小块(肉眼可见即可)移接到新的试管培养基上培养，保存备用。

6. 初筛、复筛

将杂交成功的菌株进行初步比较试验，淘汰大部分表现一般的菌株；再经过进一步的比较试验，选出少数具有明显优良性状的菌株。

7. 试验、示范、推广

进行大面积生产试验，将优良菌株逐步示范推广。

五、技能训练作业

1. 对杂交成功的菌株进行初步的生物学特性比较并详细记录。

2. 对初筛的杂交菌株进行栽培试验，进一步了解其农艺性状并进行详细记录。

实验实训八　药用菌病虫害的识别与防治

第一部分:技能训练过程设计

药用菌病原性病害的识别与防治(一)

药用菌生理性病害的识别与防治(二)

一、目的要求讲解

向学生讲明药用大型真菌病虫害识别与防治技术的实用性和重要性。

二、材料用品准备

提前报批和准备实验用品;按照 4 人/组准备 6 组实训用品。

三、仪器用具准备

按照综合实训的要求准备好仪器、材料、用具;课程开始前主讲教师和实验员要对仪器、设备、设施的使用状态进行检查和必要的维修;检查水、电供给和安全状况。

四、技能训练过程设计

1. 在教师演示、讲解、指导的基础上,学生进行病原菌采集、识别与鉴定。

2. 操作结束后组织学生进行演示、讲解。

五、技能训练评价

略

六、技能训练后记

略

第二部分:技能训练考核评价

一、基本信息

略

二、考核评价形式与标准

1. 考核评价形式

略

2.考核评价标准

考核评价项目	考核评价观测点	分值	主讲教师评价	平均分
技能考核（60分）	病原菌（害虫、有害动物）采集种类与典型性	10		
	病原菌（害虫、有害动物）宏观识别	10		
	病原菌微观鉴定	10		
	讲解效果（或实训报告）	30		
素质评价（40分）	专业思想、学习态度	10		
	语言表达、沟通协调	10		
	合作意识、团队观念	10		
	参与教师实训前的准备和实训后的处理工作	10		

第三部分：技能训练技术环节

一、目的要求

在病虫害为害症状宏观观察的基础上，通过微观镜检观察进一步确认主要病虫害的种类，在此基础上能制定出配套的综合防治措施。

二、材料用品

被侵染的各级菌种、培养料、吸水纸、火柴、无菌水、乳酚油（浮载剂）、革兰氏染液、香柏油、福尔马林、橡胶手套、杀菌杀虫相关药品等。

三、仪器用具

显微镜、放大镜、解剖镜、接种针、尖头镊子、载玻片、盖玻片、酒精灯、广口瓶、捕虫网、毒瓶、量筒、量杯、塑料喷壶、医用注射器、扫除工具等。

四、方法步骤

（一）生产场地实地观察、取样

1.病害观察

到生产场地实地观察菌种、栽培袋、子实体的病害，并取样。

2.虫害观察

到生产场地实地观察菌种、栽培袋、子实体的虫害，并取样。

3.动物为害观察

到生产场地实地观察菌种、栽培袋、子实体的动物为害，并取样。

（二）室内镜检观察、诊断

1.外观观察

取被为害的菌种、栽培袋、子实体等，用肉眼或放大镜观察，初步确定病原物种类和害虫、有害动物的种类。

2. 镜检观察

按照微生物镜检的常规操作进行显微观察，进一步确定病原物种类和害虫、有害动物的种类。

(三)综合防治

在上述实训工作的基础上，在老师的指导下以小组为单位汇总观察结果，确认病虫害种类，认真分析病虫害发生的原因，制定配套的综合防治措施并到为害现场具体实施。

五、实训作业

完成下表。详细记录病虫害的观察与识别情况以及所采取的综合防治措施，对防治效果进行跟踪记录。

为害症状	观察结果	防治措施	防治效果	记录人	记录时间

生产实训一　灵芝原种、栽培种制作

第一部分：技能训练职业要求

原种、栽培种培养基制作

实训生产时间：2 d

实训生产环境：食用菌生产车间

技能等级要求：生产实训、关键技能。要求达到熟悉灵芝原种、栽培种生产工艺流程；学会灵芝原种、栽培种实训生产计划的制订方法；掌握主要生产环节的操作技能；能够处理灵芝原种、栽培种生产中出现的实际问题；在灵芝原种、栽培种生产的基础上能够进行其他品种原种、栽培种的生产；污染率控制在5%以内，实现投入、产出平衡。

职业素质目标：自觉遵守企业员工准则，适应企业生产环境，融入企业文化氛围，在实训生产过程中能够吃苦耐劳，具有成本意识，具备团队观念。

职业能力目标：能够按照生产操作规程准确操作，具备原种、栽培种生产的设计、组织、实施能力。

企业导师职责：企业技术人员任导师，负责协调企业内部员工生产和学生生产实训的具体设计、实施，实训过程中对关键技术进行演示操作和详细讲解，并直接参与对学生的技能考核和素质评价。

主带教师职责：30～60人班级设主带教师1名。主带教师负责根据“教学计划”和“实践教学大纲”的具体要求与企业导师共同设计技能训练内容和评价标准，协调和落实企业生产、学生生产实训的准确衔接与有机融合；配合企业导师组织全程生产实训，实训现场随时进行技术指导；与企业导师共同对学生进行生产实训的全程技术考核和素质评价；组织副带教师、基地管理学生、生产实训组长、食用菌协会学生全过程开展实习的后续管理工作；与企业共同为学生创造真实的职业实训环境，在全真的生产环境中模拟企业化管理，培养学生的职业素质和职业能力。

副带教师职责：辅助主带教师共同完成实训生产的各个环节。在主带教师的总体安排下，侧重对学生进行考勤、分组、分工、产品质量检测、岗位安全监督、实训生产管理文件记录等。

第二部分：技能训练考核评价

实训生产本着“以考核评价为手段，以巩固提高为目的”的原则，采取以过程考核评价为主，以期末集中考核评价为辅，技能考核评价和职业素质、职业能力考核评价并重的形式；按照实训技能的自然划分设置单项技能考核评价记录卡，全部单项考核评价记录卡装订成册，一式三份，学生、企业导师、主副带教师各一份；日常的实训生产考核评价在实训生产过程中进行，学期末的考核评价在实训生产结束后灵活选择时间开展；本学期的实训生产总成绩的平均值占期末总成

绩的 70%，期末实训生产考核评价成绩以课程论文答辩的形式开展，占总成绩的 30%。

一、实训生产日常考核评价记录

1. 基本信息

学生姓名	所在专业、班级	考核评价时间	学生组长	企业导师	主、副带教师	最后得分

2. 考核评价标准

考核评价项目	考核评价观测点	分值	学生自评	学生组长评价	企业导师评价	主、副带教师评价	平均分
技能考核（42 分）	实训生产工艺流程掌握	3					
	实训生产计划制定	3					
	配方确定	3					
	实训生产物料预算	3					
	培养基制作准备工作	3					
	拌料操作	3					
	装瓶（袋）操作	3					
	灭菌处理	3					
	出锅冷却	3					
	实训生产后期清理、入库等工作	2					
	接种准备工作	4					
	接种操作技术	4					
	实训生产后期清理、入库等工作	2					
	培养检查工作	3					
素质评价（28 分）	专业思想、学习态度	3					
	文明生产、遵章守纪	3					
	语言表达	2					
	自觉自律	2					
	适应承受	2					
	沟通协调	2					
	组织实施	2					
	设计管理	2					
	应变决策	2					
	创造创新	2					
	合作意识	3					
	团队观念	3					

续表

考核评价项目	考核评价观测点	分值	学生自评	学生组长评价	企业导师评价	主、副带教师评价	平均分
专项评价（30分）	参加食用菌专业学习协会	5					
	在教学实训基地勤工俭学	5					
	在校内企业勤工俭学	5					
	参加校内大学生自主创业项目	5					
	参与教师科研课题	5					
	寒、暑假社会企业实践锻炼	5					
合计	100						

注：表中分值为满分数值，在考核评价的过程中，可以划分为优秀、良好、合格、基本合格、不合格5个等级，分别按照0.9～1.0、0.8～0.89、0.7～0.79、0.6～0.69、0.59（含0.59）以下的权重系数赋分。

二、实训生产期末课程答辩考核评价记录

1. 基本信息

学生姓名	所在专业、班级	考核评价时间	企业导师	主、副带教师	最后得分
考核评价结果	学生自评	企业导师评价	主、副带教师评价	平均分	
主观命题得分					
自主选题得分					
综合印象	—				

2. 考核评价标准

项别	具体内容
主观命题（40分）	企业导师和主副带教师根据学生在日常的实训生产中出现的实际问题，本着“考核评价是手段、巩固提高是目的”的原则，有针对性地进行命题。
自主选题（50分）	学生围绕本学期实训生产的内容进行自主选题，选题内容可以是专业知识、专业技能，也可以是实训生产、勤工俭学、社会实践等的心得体会，还可以是个人创造发明、科研观点，也可以将自己搜集的数据资料、典型案例、行业发展前沿动态等知识进行介绍，只要与实训生产内容相关都可以。
综合印象（10分）	主考教师根据学生的综合素质和现场发挥情况灵活赋分。
主观命题考核评价	1. 考核评价在实训生产结束后灵活安排时间，分期、分批进行。学生以实训生产小组为单位（一般为6～8人），推荐主答1名，副答2名，抽签选题后，准备时间为1周，1周后进行课程答辩。 2. 课程答辩每个小组需要经历4个环节。第一个环节，主答根据命题进行3 min的全面陈述，副答进行2 min的补充；第二个环节，主考教师针对第一个环节的陈述进行现场提问，主答、副答回答3 min，之后组员进行2 min的补充；第三个环节，主答进行总结；第四个环节，主考教师进行现场点评、赋分。 3. 要求其他实训生产小组参加答辩会。

续表

项别	具体内容
自主选题 考核评价	1. 考核评价在实训生产结束后灵活安排时间，在主观命题考核评价后以小组为单位分期、分批进行。 2. 课程答辩每名学生需要经历 3 个环节。第一个环节，1 名学生进行 5 分钟的自由陈述；第二个环节，主考教师针对陈述内容进行现场提问；第三个环节，主考教师进行现场点评、赋分。 3. 要求其他实训生产小组参加答辩会。

注：主观命题考核评价由主考教师根据小组综合表现给出小组平均分，主答加 8 分，副答加 5 分，组员参与补充回答每次加 1 分。

第三部分：技能训练技术环节

一、确定实训生产项目

与校企合作企业共同研究，结合企业目前生产运行的实际情况以及学生的后续学习（灵芝生产技术是栽培技术学习的重要内容），确定学生的实训生产项目为灵芝原种、栽培种生产。

二、下达实训生产任务

实训生产项目一：40 瓶灵芝原种 3 月 20 日投入使用实训生产项目。

实训生产项目二：600 袋灵芝栽培种 4 月 25 日投入使用实训生产项目。

三、实训生产组织实施

（一）确定生产工艺流程

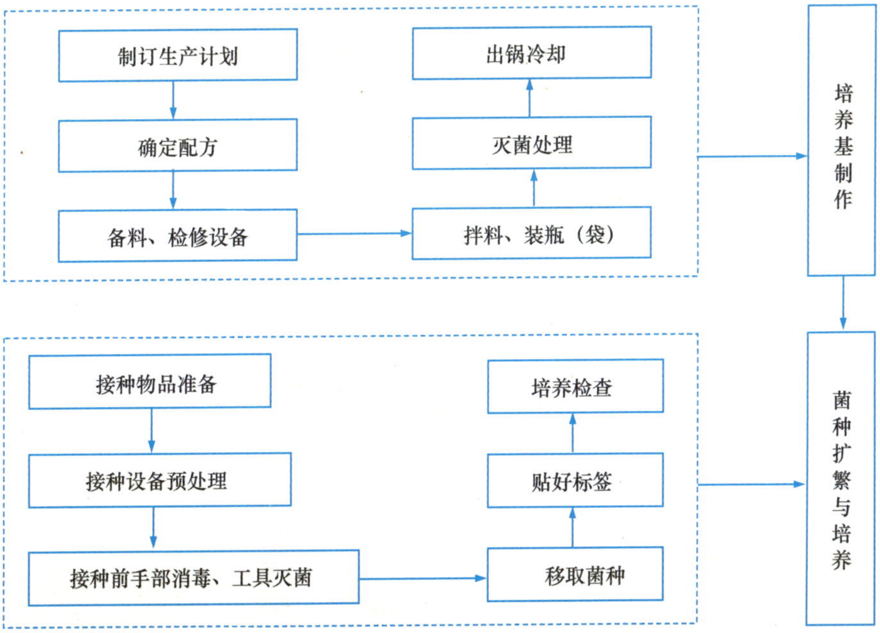

实训生产工艺流程

(二)实训生产计划制订

1.时间数量

原种			栽培种		
数量	接种时间	使用时间	数量	接种时间	使用时间
40 瓶	2 月 20 日	3 月 20 日	600 袋	3 月 20 日	4 月 25 日

2.配方确定

原种选用小麦培养基配方;栽培种配方选用:木屑 80%、玉米粉 3%、蔗糖 0.5%、石膏 1%、尿素 0.5%、过磷酸钙 1%、磷酸二氢钾 0.2%、硫酸镁 0.1%,料:水=1:1.2。

3.实训生产用具、设备、设施准备

实训前按照实训生产的工艺流程和数量要求提前报批和清点实训用具,对实训设备、设施进行全面检修。

4.实训生产物料及预算

(1)原种生产物料及预算　500 mL 罐头瓶使用的优质小麦每瓶约 250 g,其他如木屑、蔗糖、尿素、石膏、高压聚丙烯封口塑料膜、罐头瓶、皮套等详细的物料预算略。

(2)栽培种生产物料及预算

物料种类	物料数量	单价	成本/元
原种	40 瓶	1.5 元/瓶	60.00
木屑	240 kg	0.40 元/kg	96.00
麸皮	36 kg	1.00 元/kg	36.00
玉米面	9 kg	2.00 元/kg	18.0
蔗糖	1.5 kg	4.00 元/kg	6.0
石膏	3 kg	1.00 元/kg	3.0
尿素	1.5 kg	1.60 元/kg	2.4
过磷酸钙	3 kg	0.60 元/kg	1.80
磷酸二氢钾	0.6 kg	10.00 元/kg	6.0
硫酸镁	0.3 kg	10.00 元/kg	3.0
栽培种袋	650 个	0.10 元/ 个	65.0
封口绳	0.5 kg	4.00 元/kg	2.0
95%酒精	2 瓶	5.00 元/瓶	10.0
气雾消毒剂	5 盒	3.00 元/盒	15.0
脱脂棉	1 包	12.00 元/包	12.0
记号笔	2 支	2.00 元/支	4.0
火柴	1 盒	0.10 元/盒	0.2
烧柴	5 kg	4.00 元/kg	20.0
煤	250 kg	0.7 元/kg	175.0
其他			100.0
成本合计			635.4

注:直径 15 cm×长 35 cm×厚 0.005 cm 栽培种袋按照 0.5 kg 干料/袋计算;表中数据仅供教学实训生产参考。

四、实训生产管理实施

1. 在企业导师和主副带教师的指导和组织下，按照实训生产项目和工艺流程的具体要求，根据企业生产和专业实训的实际需求，熟练完成灵芝原种、栽培种制作的全程生产操作，为灵芝栽培实训生产项目做准备。

2. 在企业导师和主副带教师的指导下，以小组为单位，利用业余时间不定期到实训基地参与日常管理，定期以小组为单位进行生产总结和交流，并准确、及时地体现在生产管理日志中。

3. 日常管理中，充分发挥基地管理和食用菌专业协会学生的作用从事日常管理，实现投入与产出平衡。

生产实训二　木腐菌栽培技能训练——灵芝栽培

第一部分：技能训练职业要求

灵芝栽培技术

实训生产时间：2 d

实训生产环境：食用菌生产车间

技能等级要求：要求熟悉灵芝生产工艺流程，掌握灵芝栽培实训生产计划的设计思路和制订方法；能应用所学知识进行灵芝生产计划的制订；能完成灵芝全熟料覆土栽培的全部生产操作；能处理灵芝生产管理中出现的技术问题；能全程进行灵芝生产管理并填写生产管理日志；污染率控制在5%以内，实现投入、产出平衡。

职业素质目标：略

职业能力目标：略

企业导师职责：略

主带教师职责：略

副带教师职责：略

第二部分：技能训练考核评价

略

第三部分：技能训练技术环节

一、确定生产项目

与校企合作企业共同研究，结合企业目前生产运行的实际情况以及学生的后续学习，确定学生的实训生产项目为灵芝室外畦床栽培技术。

二、下达生产任务

1.0 万袋代用料室外畦床栽培，6 月下旬灵芝采收。

三、制订生产计划

1.时间数量

项目	装袋播种	脱袋覆土	采收期
时间	4 月 20 日	5 月下旬	6 月 20 日
数量	1.0 万袋		500 kg

2.配方选择

木屑75%、麸皮24%、石膏1%，料∶水=1∶(1.3～1.4)，pH自然。

3.物料预算

物料种类	物料数量	单价	成本/元
木屑	4 500 kg	0.40元/kg	1 800.00
麸皮	1 440 kg	1.30元/kg	1 872.00
石膏	60 kg	0.50元/kg	30.00
低压聚乙烯筒袋	1万个	6.00元/100个	600.00
扎口绳(塑料包装绳)	10 kg	4.00元/kg	40.00
栽培种	400袋(17 cm×33 cm)	2.00元/袋	800.00
煤	1.5 t	1 000.00元/吨	1 500.00
其他(人工费、消毒药品等)			3 000.00
成本合计			9 642.00
产量(子实体)	500 kg		
售价		40.00元/kg	
销售收入			20 000.00
利润			10 358.00

注：栽培袋按照0.6 kg干料/袋装计算；表中数据仅供教学生产实训参考。

四、实训生产管理实施

1.在企业导师和主副带教师的指导和组织下，按照实训生产项目和工艺流程的具体要求，根据企业生产和专业实训的实际需求，熟练完成灵芝栽培的全程生产操作。

2.在企业导师和主副带教师的指导下，以小组为单位，利用业余时间经常到实训基地参与日常管理，定期以小组为单位进行生产总结和交流，并准确、及时地体现在生产管理日志中。

3.日常管理中，充分发挥基地管理和食用菌专业协会学生的作用从事日常管理，实现投入与产出平衡。

生产实训三　草腐菌栽培技能训练——鸡腿菇栽培

第一部分：技能训练职业要求

鸡腿菇栽培技术

实训生产时间：2 d

实训生产环境：食用菌生产车间

技能等级要求：要求熟悉鸡腿菇生产工艺流程，掌握鸡腿菇栽培实训生产计划的设计思路和制订方法；能应用所学知识进行鸡腿菇生产计划的制订；能完成鸡腿菇覆土栽培的全部生产操作；能处理鸡腿菇生产管理中出现的技术问题；能全程进行灵芝生产管理并填写生产管理日志；污染率控制在5%以内，实现投入、产出平衡。

职业素质目标：略

职业能力目标：略

企业导师职责：略

主带教师职责：略

副带教师职责：略

第二部分：技能训练考核评价

略

第三部分：技能训练技术环节

一、确定生产项目

与校企合作企业共同研究，结合企业目前生产运行的实际情况以及学生的后续学习，确定学生的实训生产项目为鸡腿菇露地套种栽培生产。

二、下达生产任务

667 m^2露地棚架葡萄套种鸡腿菇，鲜品9月下旬上市。

三、制订生产计划

1.时间数量

项目	装袋播种	脱袋覆土	出菇始期
时间	8月15日	9月5日	9月25日
数量	1.0万袋	60～70畦	12 500 kg

2. 配方确定

玉米芯 84%、麸皮 10%、玉米粉 2%、石灰 2%、石膏 1%、过磷酸钙 1%，料∶水=1∶1.3，pH 7.5～8。

3. 用具、设备、设施准备

略

4. 物料预算

物料种类	物料数量/kg	单价	成本/元
玉米芯	4 410 kg	0.64 元/kg	2 822.40
麸皮	525 kg	1.30 元/kg	682.50
玉米粉	105 kg	3 元/kg	315.00
石灰	105 kg	0.12 元/kg	12.60
石膏	52.5 kg	0.50 元/kg	26.25
过磷酸钙	52.5 kg	1.50 元/kg	78.75
栽培种	880 袋(17 cm×33 cm)	2 元/袋	1 760.00
搭建拱棚材料、用工及其他			1 000.00
成本合计			6 697.50
产量	4 000 kg		
售价		5 元/kg	
销售收入			20 000.00
利润			13 302.50

注：栽培袋按照 1.5 kg 干料/袋装计算；表中数据仅供教学生产实训参考。

四、实训生产管理实施

1. 在企业导师和主、副带教师的指导和组织下，按照实训生产项目和工艺流程的具体要求，根据企业生产和专业实训的实际需求，熟练完成鸡腿菇栽培的全程生产操作。

2. 在企业导师和主、副带教师的指导下，以小组为单位，利用业余时间不定期到实训基地参与日常管理，定期以小组为单位进行生产总结和交流，并准确、及时地体现在生产管理日志中。

3. 日常管理中，充分发挥基地管理和食用菌专业协会学生的作用从事日常管理，实现投入与产出平衡。

生产实训四　子囊菌栽培技能训练——蛹虫草栽培

蛹虫草栽培技术

第一部分：技能训练职业要求

实训生产时间：2 d

实训生产环境：食用菌生产车间

技能等级要求：要求熟悉蛹虫草生产工艺流程，掌握蛹虫草栽培实训生产计划的设计思路和制订方法；能应用所学知识进行蛹虫草生产计划的制订；能完成蛹虫草覆土栽培的全部生产操作；能处理蛹虫草生产管理中出现的技术问题；能全程进行蛹虫草生产管理并填写生产管理日志。污染率控制在5%以内，实现投入、产出平衡。

职业素质目标：略

职业能力目标：略

企业导师职责：略

主带教师职责：略

副带教师职责：略

第二部分：技能训练考核评价

略

第三部分：技能训练技术环节

一、确定生产项目

与校企合作企业共同研究，结合企业目前生产运行的实际情况以及学生的后续学习，确定学生的实训生产项目为蛹虫草栽培生产。

二、下达生产任务

1.0万瓶蛹虫草生产，10月上旬鲜品采收。

三、制订生产计划

1. 时间数量

项别	栽培时间	出草时间
时间	7—8月	9—10月
数量		100 kg

2. 配方确定

1 000 mL 营养液：蛋白胨 5 g、葡萄糖 5 g、磷酸二氢钾 1 g、硫酸镁 0.5 g、维生素 B_1 20 m维生素 B_6 20 mg、pH 8。750 mL 罐头瓶装 30 g 大米，注入 40 mL 营养液；500 mL 罐头瓶装 25 g 大米，注入 35 mL 营养液。

3. 用具、设备、设施准备

略

4. 物料预算

项目	物料数量	单价	成本/元
大米	300 kg	3.00 元/kg	900.00
蛋白胨	40 瓶(250 g/瓶)	30.00 元/瓶	1 200.00
葡萄糖	20 瓶(500 g/瓶)	12.00 元/瓶	240.00
磷酸二氢钾	2 瓶(500 g/瓶)	12.00 元/瓶	24.00
硫酸镁	1 瓶(500 g/瓶)	12.00 元/瓶	12.00
维生素 B_1	8 瓶(100 片/瓶)	3.00 元/瓶	24.00
维生素 B_6	8 瓶(100 片/瓶)	3.00 元/瓶	24.00
500 mL 和 750 mL 罐头瓶	10 500 个	0.20 元/个	2 100.00
封口膜	10 500 个	12.00 元/600 个	210.00
液体菌种	200 瓶(200 mL/瓶)	1.00 元/瓶	200.00
95%酒精	10 瓶(500 mL/瓶)	5.00 元/瓶	50.00
气雾消毒剂	5 盒(50 g/盒)	3.00 元/盒	15.00
脱脂棉	1 包(500 g)	15.00 元/包	15.00
记号笔	2 支	2.00 元/支	4.00
燃料	1 t	700.00 元/t	700.00
其他			1 000.00
成本合计			6 718.00
产量	100 kg		
售价		150.00 元/kg	
销售收入			15 000.00
利润			8 282.00

注：上表中的数据仅供实训教学参考。

四、实训生产管理实施

1. 在企业导师和主副带教师的指导和组织下，按照实训生产项目和工艺流程的具体要求，根据企业生产和专业实训的实际需求，熟练完成蛹虫草栽培的全程生产操作。

2. 在企业导师和主副带教师的指导下，以小组为单位，利用业余时间不定期到实训基地参与日常管理，定期以小组为单位进行生产总结和交流，并准确、及时地体现在生产管理日志中。

3. 日常管理中，充分发挥基地管理和食用菌专业协会学生的作用从事日常管理，实现投入与产出平衡。

参考文献

[1] 卯晓岚.中国经济真菌[M].北京:科学出版社,1998.

[2] 黄年来.中国大型真菌原色图鉴[M].北京:中国农业出版社,1998.

[3] 黄毅.食用菌栽培(上、下册)[M].北京:高等教育出版社,1998.

[4] 卯晓岚.中国大型真菌[M].郑州:河南科学技术出版社,2000.

[5] 崔颂英.食用菌生产与加工[M].北京:中国农业大学出版社,2007.

[6] 崔颂英.药用大型真菌生产技术[M].北京:中国农业大学出版社,2009.

[7] 崔颂英.食用菌栽培技术[M].沈阳:东北大学出版社,2009.

[8] 崔颂英.食用菌生产[M].北京:中国农业大学出版社,2011.

[9] 牛长满.食用菌生产分部技术图解[M].北京:化学工业出版社,2014.

[10] 孟庆国.食用菌规模化栽培技术图解[M].北京:化学工业出版社,2021.

[11] 崔颂英.图说食用菌生态栽培技术[M].北京:化学工业出版社,2023.